Wärmebrückenberechnung

Jetzt diesen Titel zusätzlich als E-Book downloaden und 70 % sparen!

Als Käufer dieses Buchtitels haben Sie Anspruch auf ein besonderes Kombi-Angebot: Sie können den Titel zusätzlich zum Ihnen vorliegenden gedruckten Exemplar für nur 30 % des Normalpreises als E-Book beziehen.

Der BESONDERE VORTEIL: Im E-Book recherchieren Sie in Sekundenschnelle die gewünschten Themen und Textpassagen. Denn die E-Book-Variante ist mit einer komfortablen Volltextsuche ausgestattet!

Deshalb: Zögern Sie nicht. Laden Sie sich am besten gleich Ihre persönliche E-Book-Ausgabe dieses Titels herunter.

In 3 einfachen Schritten zum E-Book:

❶ Rufen Sie die Website **www.beuth.de/e-book** auf.

❷ Geben Sie hier Ihren persönlichen, nur einmal verwendbaren E-Book-Code ein:

254144842K7FD5A

❸ Klicken Sie das „Download-Feld" an und gehen dann weiter zum Warenkorb. Führen Sie den normalen Bestellprozess aus.

Hinweis: Der E-Book-Code wurde individuell für Sie als Erwerber dieses Buches erzeugt und darf nicht an Dritte weitergegeben werden. Mit Zurückziehung dieses Buches wird auch der damit verbundene E-Book-Code für den Download ungültig.

Wärmebrückenberechnung

Mehr zu diesem Titel

... finden Sie in der Beuth-Mediathek

Zu vielen neuen Publikationen bietet der Beuth Verlag nützliches Zusatzmaterial im Internet an, das Ihnen kostenlos bereitgestellt wird. Art und Umfang des Zusatzmaterials – seien es Checklisten, Excel-Hilfen, Audiodateien etc. – sind jeweils abgestimmt auf die individuellen Besonderheiten der Primär-Publikationen.

Für den erstmaligen Zugriff auf die Beuth-Mediathek müssen Sie sich einmalig kostenlos registrieren. Zum Freischalten des Zusatzmaterials für diese Publikation gehen Sie bitte ins Internet unter

www.beuth-mediathek.de

und geben Sie den folgenden Media-Code in das Feld „Media-Code eingeben und registrieren" ein:

M254146416

Sie erhalten Ihren Nutzernamen und das Passwort per E-Mail und können damit nach dem Log-in über „Meine Inhalte" auf alle für Sie freigeschalteten Zusatzmaterialien zugreifen.

Der Media-Code muss nur bei der ersten Freischaltung der Publikation eingegeben werden. Jeder weitere Zugriff erfolgt über das Log-In.

Wir freuen uns auf Ihren Besuch in der Beuth-Mediathek.

Ihr Beuth Verlag

Hinweis: Der Media-Code wurde individuell für Sie als Erwerber dieser Publikation erzeugt und darf nicht an Dritte weitergegeben werden. Mit Zurückziehung dieses Buches wird auch der damit verbundene Media-Code ungültig.

Wärmebrückenberechnung

Dipl.-Ing. Torsten Schoch

Wärmebrücken-
berechnung

2., vollständig überarbeitete Auflage

Beuth Verlag GmbH · Berlin · Wien · Zürich

Bauwerk

© 2015 Beuth Verlag GmbH
Berlin · Wien · Zürich
Am DIN-Platz
Burggrafenstraße 6
10787 Berlin

Telefon: +49 30 2601-0
Telefax: +49 30 2601-1260
Internet: www.beuth.de
E-Mail: kundenservice@beuth.de

Das Werk einschließlich aller seiner Teile ist urheberrechtlich geschützt.
Jede Verwertung außerhalb der Grenzen des Urheberrechts ist ohne schriftliche Zustimmung
des Verlages unzulässig und strafbar. Das gilt insbesondere für Vervielfältigungen, Übersetzungen,
Mikroverfilmungen und die Einspeicherung in elektronische Systeme.

Die im Werk enthaltenen Inhalte wurden vom Verfasser und Verlag sorgfältig erarbeitet und
geprüft. Eine Gewährleistung für die Richtigkeit des Inhalts wird gleichwohl nicht übernommen.
Der Verlag haftet nur für Schäden, die auf Vorsatz oder grobe Fahrlässigkeit seitens des Verlages
zurückzuführen sind. Im Übrigen ist die Haftung ausgeschlossen.

Druck und Bindung:
Zakład Graficzny Colonel S.A., Kraków

Gedruckt auf säurefreiem, alterungsbeständigem Papier nach DIN EN ISO 9706.

ISBN 978-3-410-25414-0

Vorwort zur 2. Auflage

Die vorliegende 2. Auflage des Buches "Wärmebrückenberechnung" setzt die kompakte Darstellung dieses zugegeben vielfältigen Themas fort. Viele Anregungen nach der ersten Auflage flossen in die Änderungen der einzelnen Kapitel ein. So wich das 8. Kapitel, was überwiegend der Anwendung eines EDV-Programms gewidmet war, einem neuen mit dem Ziel, weitere Einzelberechnungen einzufügen und das richtige Vorgehen bei der Berechnung solcher Details noch umfassender darzustellen.

Auch die Randbedingungen im Kapitel 10 werden noch übersichtlicher dargestellt und deren korrekte Anwendung in der Präambel erläutert. An dieser Stelle sei all jenen gedankt, die mit klugen Einlassungen diese Änderungen erst ermöglichten.

Nicht zuletzt sind viele kleinere, auf den ersten Blick wahrscheinlich gar nicht zu erkennende, Änderungen eingeflossen, die vor allem aus Gesprächen in meinen Seminaren und aus dem fast täglichen Beschäftigen mit dem Thema "Wärmebrücken" entstammen. Dem Wunsch von vielen Lesern, besser nachvollziehen zu können, warum ein gewählter Berechnungsansatz richtig – oder besser: richtiger – ist, komme ich an der ein oder anderen Stelle hoffentlich näher. Insbesondere in den neu eingefügten Einzelbeispielen werden die möglichen Wege, die sich aus der Normung ergeben können, aufgezeigt und umgesetzt. Mag es im Detail manchmal noch verwirrend wirken, wenn Verluste über Wärmebrücken – bedingt durch die Methodenwahl – so unterschiedlich ausfallen können und trotzdem lange nicht falsch sein müssen, so zeigen die Beispiele, wie mit nur kurzen Abfragen der richtige Weg gefunden werden kann.

Änderungen, die mit der neuen DIN 4108-2 aus dem Jahre 2013 einhergehen, sind mit der neuen Auflage des Buches vollumfänglich berücksichtigt worden.

Auch die 2. Auflage richtet sich zuallererst an diejenigen, die als Architekt oder Ingenieur tagtäglich die richtige Entscheidung über die Planung, Berechnung und Ausführung von Details zu treffen haben. Aber auch Studierende werden genügend Anregungen finden, sich dem Thema "Wärmebrücken" mit wissenschaftlichem Blick zu nähern.

Das Projektbeispiel im Kapitel 9 soll helfen, das für Einzelbeispiele erlernte Wissen auf ein Gebäude zu übertragen, die Wärmebrücken richtig "freizuschneiden" und Randbedingungen zu wählen, die der nationalen oder europäischen Norm entsprechen. Da der Ausdruck solcher Detailberechnungen viele Seiten umfassen kann, werden nur ausgewählte in diesem Buch dargestellt. Aber: Die Beuth-Mediathek bietet die Möglichkeit, sich alle Details anzuschauen und, wenn nötig, diese auszudrucken. Wer das passende PC-Programm hat, der kann diese Details auch gern als Vorlage für eigene Berechnungen verwenden.

Mein besonderer Dank gilt dem Beuth Verlag, insbesondere Herrn Sven Bergander, der sich schon nach zu kurzer Zeit auf eine 2. Auflage eingelassen und mit dafür Sorge getragen hat, dass die erste schnell vergriffen war.

Neumünster, Juni 2015   Torsten Schoch

Inhaltsverzeichnis

	Vorwort	5
1	Wirkungsweise von Wärmebrücken	8
1.1	Einleitung	8
1.2	Begriffe	13
1.3	Physikalisch-mathematischer Exkurs	22
1.4	Klassifizierung von Wärmebrücken	40
1.4.1	Geometrisch bedingte Wärmebrücken	40
1.4.2	Stofflich bedingte Wärmebrücken	53
2	Normative Grundlagen	64
3	Berücksichtigung zusätzlicher Wärmeverluste über Wärmebrücken	68
3.1	Grundlagen	68
3.2	Berechnung der Transmissionswärmeverluste unter Beachtung des Einflusses der Wärmebrücken	74
4	Modellierung von Wärmebrücken	79
5	Nachweis der Gleichwertigkeit nach Beiblatt 2	108
5.1	Einleitung	108
5.2	Methoden des Gleichwertigkeitsnachweises	108
5.3	Empfehlungen zur energetischen Betrachtung	121
6	Berechnung von Wärmebrücken bei mehr als zwei Temperaturrandbedingungen	124
7	Berechnung von dreidimensionalen Wärmebrücken	129
8	Beispielberechnungen von Wärmebrücken	137
8.1	Allgemeines	137
8.2	Beispiele	137
9	Projektbeispiel	150
9.1	Ansichten, Schnitte, Grundrisse, U-Werte	150
9.2	Werksplanung	152
9.3	Übersichtsplan der Wärmebrücken	162
9.4	Übersicht über alle Wärmebrücken	164
9.5	Berechnung der Bauteillängen	167
9.6	Detaillierter Ausdruck ausgewählter Wärmebrücken	168
10	Randbedingungen für die Berechnung	178
10.1	Allgemeines	178
10.2	Übersicht	179
10.3	Details	180
	Normenverzeichnis	236
	Literaturverzeichnis	238
	Stichwortverzeichnis	240

1 Wirkungsweise von Wärmebrücken

1.1 Einleitung

Was sind eigentlich Wärmebrücken? In der allgemeinen Wahrnehmung werden sie häufig der Auslöser von Krankheiten und von zusätzlichen Wärmeverlusten gleichermaßen, wobei die erstgenannte Wahrnehmung sicherlich überwiegt. Sie können auf Bildern von Wärmekameras selbst dem Laien auf schnellem Wege zugänglich gemacht werden (siehe Bild 1, links). Sobald ein Bild z.B. in Wohnungen wie das im Bild 1 (rechts) sichtbar wird, haben die Gutachter das Sagen, streiten Mieter und Vermieter über Ursachen. Nicht nur, aber auch deswegen wird den Planern angeraten, möglichst wärmebrückenarm zu konstruieren. Die Fachliteratur definiert diesen Begriff nicht, enthält aber einige wichtige Hinweise, was zu tun ist, um Bauschäden aufgrund von Wärmebrücken zu vermeiden und einen wirtschaftlichen Wärmeschutz zu ermöglichen.

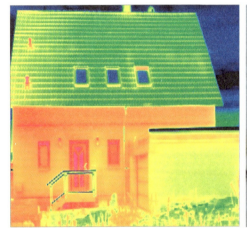

Bild 1: Wärmebrücken im Thermobild sowie Schimmelpilzbildung

In [Lutz-2002] werden Wärmebrücken einheitlich als örtlich begrenzte Bereiche von Konstruktionen mit einem erhöhten Wärmestrom definiert, der sowohl aufgrund von geometrischen (z.B. Ecken) als auch aus konstruktiven (stofflichen) Einflüssen (Anwesenheit von Materialien mit erhöhter Wärmeleitfähigkeit) ausgelöst werden kann. Gemäß Wikipedia (www.wikipedia.com) sind Wärmebrücken „Bereiche in Bauteilen eines Gebäudes, durch den Wärme schneller nach außen transportiert wird als durch die angrenzenden Bauteile". Nach Hauser [2001] spricht als Ursache für die Entstehung von Wärmebrücken vor allem das Vorhandensein mindestens eines Materialwechsels in der Bauteilebene oder – alternativ oder parallel wirkende – geometrische Voraussetzungen (Ecken, Kanten). Das Zusammentreffen beider ist nach Hauser [2001], [Schoch-2009], [Lohmeyer-2001] und [Kleber-1969] bei Baukonstruktionen häufig anzutreffen.

In der DIN EN ISO 10211 [2008] werden Wärmebrücken bezeichnet als „Teil der Gebäudehülle, wo der ansonsten gleichförmige Wärmedurchlasswiderstand signifikant verändert wird". Einen Weg, um eine Änderung des Wärmedurchlasswiderstandes letztlich als „signifikant" zu erkennen, wird von der Norm nicht dargeboten. Als Ursache für diese „Signifikanz" werden drei Lösungen angeboten:

- die vollständige oder teilweise Durchdringung der Gebäudehülle durch Baustoffe mit unterschiedlicher Wärmeleitfähigkeit;
- die Änderungen der Dicke der Bauteile und
- eine unterschiedlich große Differenz zwischen Innen- und Außenfläche, wie sie bei Wand-, Fußboden- und Decken-Anschlüssen auftritt.

In [Heindl et al.-1987] werden Wärmebrücken als Bereiche innerhalb einer Konstruktion charakterisiert, die im Vergleich zu anderen – in der Regel benachbarten – wärmedurchlässigen Bereichen keinen zur Plattenebene senkrechten Wärmestrom erkennen lassen. Die Krümmung der Isothermen (das sind die Linien gleicher Temperatur, vergleichbar mit Höhenlinien einer Geländekarte, die jeweils für eine Höhe stehen) und die resultierende Ablenkung der Wärmestromlinien (in Richtung der Wärmebrücke) zeigen zum Ort des größten Wärmestroms. Einen vergleichbaren Ansatz findet auch Hens [2007], er definiert Wärmebrücken als "spots on the envelope where hat transfer develops in two or three dimensions". Diese Definition ermöglicht eine von der Ursache der Wärmebrücke unabhängige Beurteilung, denn ob diese örtliche Anomalie des Wärmestromverlaufes geometrisch oder konstruktiv initiiert wird, spielt de facto keine Rolle mehr. Mit diesem Ansatz wird es möglich, Wärmebrücken vor allem über die Leitwerte zu charakterisieren (siehe auch Abschnitt 1.2) und, wenn von stationären Verhältnissen bei der Berechnung ausgegangen wird, über einfache Beziehungen die an der Oberfläche vorhandenen Temperaturen zu ermitteln.

Durch den lokal erhöhten Wärmefluss sinkt die Oberflächentemperatur auf der Seite mit der höheren Temperatur (Bauteilinnenseite). Daraus folgend ergeben sich vor allem zwei grundsätzliche Problemfelder im Zusammenhang mit Wärmebrücken:

1. Erhöhte Transmissionswärmeverluste über das Außenbauteil. Die Temperaturdifferenz zwischen innen und außen ist im stationären Fall immer höher als in den angrenzenden Bereichen.

2. Das Absinken der Oberflächentemperatur führt bei einer gegebenen relativen Feuchte der einströmenden Raumlufttemperatur zu deren "Auffeuchtung" auf der Bauteiloberfläche.

Wird das Absinken der Oberflächentemperatur als "Kälte" interpretiert, ist eine Bezeichnung dieser Abschnitte als Kältebrücke durchaus naheliegend. Allein der zweite Hauptsatz der Thermodynamik verbietet es uns, die Begriffe Brücke und Kälte zu vereinen. Wärme fließt bei Vorhandensein einer Temperaturgradienten immer vom Reservoir hoher zum Reservoir niedriger Temperatur. Daher kann es keine "Brücke" der Kälte zur Wärme geben, wir bleiben daher bei dem üblichen Terminus "t". Beide oben dargestellten Phänomene im Bereich von Wärmebrücken werden im Bild 2 anhand einer simplen Wärmebrücke erläutert. Ein Mauerwerk wird an einer Stelle durch eine Betonstütze unterbrochen.

Zunächst soll uns interessieren, ob sich der oben dargestellte Definitionsansatz von [Heindl -1987] an diesem Beispiel erkennen lässt.

1 Wirkungsweise von Wärmebrücken

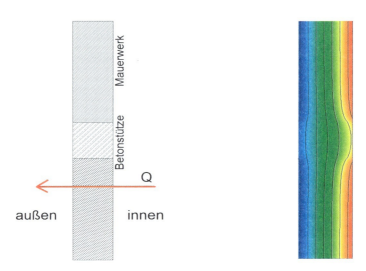

Bild 2: Wärmebrücke mit Darstellung des Temperaturverlaufs und der Isothermen

Die Krümmung der Temperaturlinien im Bereich der Betonstütze und jeweils oben und unten in das angrenzende Mauerwerk hinein ist rechts im Bild 2 gut erkennbar. Die innenseitige Oberfläche der Stütze ist offensichtlich kälter. Das war aufgrund des gewählten Wandaufbaus auch nicht anders zu erwarten, da wir alle für die Betonstütze positiven Eigenschaften – hier sei insbesondere die möglicherweise vorhandene höhere Wärmespeicherfähigkeit erwähnt – komplett ausgeblendet haben. Der zugehörige Verlauf der Wärmestromlinien ist aus Bild 3 (links) zu entnehmen. Ergänzt wird diese Darstellung mit einer Pfeildarstellung des Wärmestroms (Bild 3, rechts).

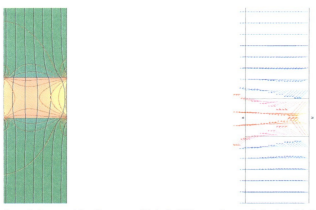

Bild 3: Wärmestromlinien und Isothermen (links); Wärmestrompfeile (rechts)

Die Wärmestromlinien im unmittelbaren Umkreis der Wärmebrücke sind, da sie senkrecht zu den Isothermen stehen, überwiegend in die Wärmebrücke hinein gerichtet. Bis etwa zur Hälfte der Wanddicke erfolgt der Wärmetransport in die Betonstütze hinein, da die Temperatur in der Stütze aufgrund der höheren Wärmeleitfähigkeit des Betons in Relation zum Mauerwerk geringer ist. Durch die in die Wärmebrücke einströmende Wärme wird mit zunehmender Wandtiefe der Temperaturunterschied zwischen Wand und Betonstütze nahezu egalisiert. In Wandmitte liegt für den obigen Fall fast schon

Temperaturgleichheit zwischen Stütze und Wand vor. Dieser Wärmestromverlauf führt letztendlich auch dazu, dass eine Temperaturdifferenz an der Außenoberfläche zwar festzustellen ist, aber weitaus nicht in dem erwarteten Umfang. Gut erkennbar ist auch, dass mit zunehmendem Abstand von der Wärmebrücke die Isothermen zunehmend ihren für plattenartige Bauteile typischen Parallelverlauf einnehmen. Prinzipiell ist demnach das von Heindl [1987] präferierte Definitionsmodell für Wärmebrücken durchaus zutreffend. Praktikabel ist es allerdings nicht, da eine derartige Betrachtung nur im Zusammenhang mit einem analytischen oder gar numerischen Ansatz zum Erfolg führt. Zusammenfassend lässt sich demnach der allgemeine Fall eines plattenartigen Bauteils mit einer anliegenden Temperaturdifferenz wie folgt definieren: Weicht die Richtung des Wärmestroms von dem üblichen Verlauf senkrecht zur Oberfläche eines Bauteils ab, so kann prinzipiell von der Existenz einer Wärmebrücke ausgegangen werden. Die Ursache für das Auftreten derselben kann sowohl in einer rein geometrischen als auch in einer rein stofflich evozierten Beschaffenheit liegen – oder es tritt eine Kombination beider Beschaffenheiten auf. Aus diesem Grunde scheint auch eine Untergliederung in

1. geometrisch bedingte Wärmebrücken und

2. stofflich bedingte Wärmebrücken

als begründbar. Wir werden im Abschnitt 1.4 diese Gruppeneinteilung anhand einiger Beispiele erläutern und die Differenzierung zwischen den vorgenannten Wärmebrücken mithilfe von analytischen Methoden aufzeigen.

Die Kennzeichnung von Wärmebrücken auf der Basis des nicht mehr parallel verlaufenden Wärmestroms sollte zunächst einmal unabhängig davon sein, ob stationäre oder instationäre Randbedingungen für die Berechnung herangezogen werden. Allenfalls ist zu erwarten, dass die Ergebnisse in einzelnen Zeitabschnitten von den stationären Berechnungen abweichen. So wird das anzusetzende Außenklima ganz wesentlich die Situation auf der Außenseite (Regen, kurzwellige Strahlung, Wind, langwellige Abstrahlung) bestimmen. Nicht die klare Bedingung dominiert hier, sondern die im gewählten Zeitabschnitt häufig wechselnde. Bild 4 zeigt eine solche instationäre Situation, angewendet auf die Wärmebrücke nach Bild 2. Dargestellt ist der Temperaturverlauf innerhalb eines Simulationszeitraums von 450 Tagen. Zunächst vergebens verläuft die Suche nach dem bekannten Bild von gekrümmt oder parallel laufenden Isothermen. Trotzdem ist aber gut zu erkennen, dass sowohl die tiefsten (Winter) als auch die höchsten (Sommer) Oberflächentemperaturen auf der Oberfläche der Wärmebrücke selbst hervorgerufen werden. Der Bereich links und rechts neben der Wärmebrücke wird aber auch hier weit in den ungestörten Bereich hinein beeinflusst – viel weiter, als es uns der stationäre Fall offenbarte. Das – zugegebenermaßen nicht leicht zu entschlüsselnde – Temperaturfeld nach Bild 4 lässt uns schlussfolgern, dass auch für den instationären Berechnungsfall die obigen Ansätze für die gesuchte Definition grundsätzlich gültig sind. Das Temperaturfeld wird über den gesamten Betrachtungszeitraum – zumindest aber nach der Einschwingphase – von der Wirkung des gestörten Bereiches dominiert. Es ist daher auch weiterhin richtig, von einer Wärmebrücke zu sprechen, auch wenn diese sich nicht immer mit tiefen Temperaturen auf der inneren Oberfläche erklären lässt.

1 Wirkungsweise von Wärmebrücken

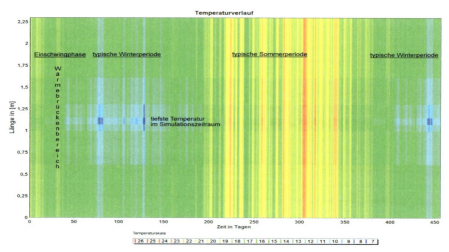

Bild 4: Temperaturverlauf auf den Oberflächen im Simulationszeitraum von 365 d

Bleibt noch der Einwand, warum denn die eingangs zitierte Begriffsbestimmung, die Wärmebrücken vor allem auf Abschnitte mit einer höheren Wärmestromdichte eingrenzt, falsch oder zumindest unkorrekt sein soll? Haben wir nicht gerade ähnlich definiert? Mitnichten. Abschnitte mit einer höheren Wärmestromdichte innerhalb von Konstruktionen finden sich mannigfach. Nehmen wir als Beispiel die aus obiger Definition mögliche Ableitung, dass Fenster innerhalb von Wänden dann als Wärmebrücke dieser Wände (wenn ihr flächenbezogener Leitwert größer ist) zu bezeichnen wären. Mit unserer Definition bzw. vor allem mit den Vorarbeiten aus [Heindl et al.-1987] ist dieser Irrtum nahezu ausgeschlossen. Offen ist, wie innerhalb dieser vorgenannten Definitionen die Abschnitte mit unterschiedlichen äußeren Randbedingungen zu bewerten sind, in denen sich die Konstruktion selbst nicht ändert. Gemeint sind die Wärmeübergangskoeffizienten, die bei gegebener Raum- und Oberflächentemperatur über den tatsächlichen Wärmestrom vom Raum auf die Konstruktion entscheiden. Dieses auch als Randbedingung dritter Art oder Robin-Randbedingung bekannte Phänomen des Wärmeübergangs von einem Fluid auf einen Festkörper besagt, dass der Wärmestrom proportional zur Temperaturdifferenz zwischen der Oberflächentemperatur und der Temperatur des umgebenden Fluides ist. Als Proportionalitätsfaktor dient hierbei der bereits oben genannte Wärmeübergangskoeffizient, welcher üblicherweise mit α bezeichnet wird und dessen Indizes auf die Zuordnung (innen oder außen, bezeichnet mit "i" oder "e") des Koeffizienten hinweisen.

Beeinflusst wird dieser Koeffizient ausschließlich durch den langwelligen Strahlungsaustausch und die sich bildende Grenzschicht zwischen Festkörper und Fluid – diese wiederum wird beeinflusst von dem massengebundenen Transport von Energie, Impuls und Masse, kurz: Konvektion. Die Verhältnisse an der Oberfläche können sich ändern. Nehmen wir beispielsweise einen an der Außenwand befestigten Schrank oder gar nur einen Vorhang neben einem Fenster. Beide führen zu einem mehr oder minder großen Einfluss auf den Übergangskoeffizienten. Im Bild 5 setzen wir dieses Szenario um und verkleinern örtlich begrenzt den Übergangskoeffizienten (Randbedingung R5). Der sich einstellende Effekt ist über die Krümmung der Isothermen und aus der sich einstellenden Reduzierung der Oberflächentemperatur erkennbar.

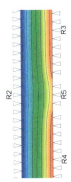

Bild 5: Isothermen- und Temperaturverlauf bei abweichenden Wärmeübergangskoeffizienten

Nach unserer vorherigen Definition handelt es sich hier ganz offenbar um eine Wärmebrücke. Geometrischen oder gar stofflichen Hintergründen kann sie nicht zugeordnet werden. Trotzdem ist eine Anomalie des Wärmestroms erkennbar – er verläuft nicht mehr parallel zur Plattenebene. Die leichte Krümmung nach rechts in Bild 5 verweist darauf, dass die Randbedingung R 5 einen höheren Übergangskoeffizienten aufweist als die Randbedingungen R 3 und R 4. Gäbe es eine Krümmung nach links, wäre das Gegenteil der Fall. Wir müssen daher unsere eingangs getroffene Definition um diesen Fall erweitern. Es sind demzufolge nicht nur stoffliche und geometrische Auslöser des nicht mehr senkrecht zur Plattenebene gerichteten Wärmestroms entscheidend, sondern auch abweichende äußere Randbedingungen des Wärmeübergangs zwischen Festkörper und Fluid einzubeziehen. Es sollte demnach jedem klar sein, dass selbst bei ausreichend gut gedämmten Konstruktionen – was das für Konstruktionen sind, schauen wir uns später noch genauer an – eine Änderung des Wärmeüberganges auch nachträglich zu einer Wärmebrücke führen kann, wo vormals gar keine war. Wärmebrücke? Ist es nicht vielmehr so, dass der Wärmestrom in Bild 5 geringer wird, weil ein Teil der Wand einen geringeren Wärmeübergangskoeffizienten und folglich einen höheren Wärmeübergangswiderstand besitzt? Ja. Aber es macht auch deutlich, dass die weiter oben erwähnten zwei Problemfelder der Wärmebrücke nicht zwangsläufig zusammen auftreten müssen. Durch eine geschickte Definition möglicher Randbedingungen sind jedoch beide Problemfelder in der Nachweisführung beherrschbar. Es sollte daher auch nicht überraschen, dass unterschiedliche Randbedingungen für die Berechnung des Wärmestroms und für die Berechnung der Oberflächentemperaturen in den Normen verwendet werden. In der Regel werden getrennte Nachweise erforderlich sein.

Bevor wir zu einer weiteren Beschreibung von einzelnen Wärmebrückeneffekten zurückkommen, wenden wir uns zunächst einigen wichtigen Begriffen zu, die wir später bei der Wärmebrückenberechnung benötigen.

1.2 Begriffe

Die Betrachtung von Vorgängen an Bauteilen mit Wärmebrücken ist zunächst einmal fokussiert auf die Frage, welche Wärmemenge durch einen definierten Baukörper geleitet wird. Es geht demzufolge um Wärme, die bekanntlich eine Energieform darstellt und in den Einheiten J (Joule), Wh (Wattstunden) oder Kilowattstunden (kWh) angegeben wird. Im Gegensatz dazu ist beispielsweise die aus der energetischen Bewertung von Heizungsanlagen bekannte Einheit W (Watt) die jeweilige Leistung, mit der Wärme produziert werden kann. Als Unterschied beider Begriffe ist demnach festzuhalten, dass Wärmeenergie immer die über einen bestimmten Zeitraum – beispielsweise über eine Stunde, aber auch gut über eine ganze Heizperiode – abgerufene Leistung ist.

Wärme wird immer dann transportiert, wenn zwischen Systemen oder innerhalb eines Systems eine Temperaturdifferenz vorhanden ist. Diese Differenz ist unser "Trigger", der den Strom in Bewegung setzen kann, wenn andere Randbedingungen ebenfalls vorhanden sind. Eine diese Randbedingungen ist, dass wir ein Transportmedium benötigen – einen Feststoff oder ein Fluid. Jetzt kommt noch die Zeit dazu, die uns für den Transport zur Verfügung steht. Wir starten also morgens unser Auto – wir lassen offen, welches Potenzial uns dazu veranlasst – und legen auf der Autobahn innerhalb einer Zeit "t" eine Strecke "s" zurück. Strecke und Weg? Das hört sich nach der physikalischen Größe "Geschwindigkeit" an, nicht nach einer Wärmemenge. Die haben wir in diesem Fall im Kofferraum, sie ist der Grund für den Transport. Wie viel transportiert wird, hängt von unserer Ladekapazität ab – großen und schweren Autos billigen wir eine größere Transportkapazität zu. Im Wärmetransport nennen wir dieses Transportvermögen nicht Kapazität – diesen Begriff gibt es vor allem in Bezug auf Speicherung von Wärme –, sondern Leitung. Die Vorstellung, dass wir den Transport in einer Art von Strom unternommen haben, sollte nicht schwerfallen. Hätten alle das gleiche Ziel und den gleichen "Trigger" gehabt, so wäre es ein zielgerichteter Strom innerhalb einer gemessenen Zeit. In der Wärmelehre wird die innerhalb einer Zeit transportierte Wärmemenge ebenfalls als Strom bezeichnet – als Wärmestrom. Der Wärmestrom hat die Einheit Watt. Er kann auf eine Fläche bezogen werden. In diesem Fall sprechen wir dann von einer Wärmestromdichte und geben dieser die Einheit W/m^2. Etwas allgemeiner kann die Wärmestromdichte auch als Quotient aus der Temperaturdifferenz und dem thermischen Widerstand aufgefasst werden.

Der Transport von Wärme kann mittels Wärmeleitung, Wärmestrahlung und Konvektion erfolgen. Die Fähigkeit eines Körpers, Wärme zu leiten, wird durch den Aufbau des Materials selbst bestimmt. Daher spricht man auch von einer Stoffeigenschaft. Die Wärmeleitfähigkeit wird in $W/(mK)$ angegeben und besagt, dass bei einer Temperaturdifferenz von 1 K pro Meter Bauteildicke eine Wärmemenge von 1 Watt fließen wird. Je dichter – und leichter – ein Material ist, desto mehr Wärme leitet es. So kann zum Beispiel durch ein Beton, dessen Wärmeleitfähigkeit etwa 2,1 W/(mK) beträgt, bei einer Temperaturdifferenz von einem Kelvin und exakt einem Meter Bauteildicke ein Wärmestrom von 2,1 W fließen. Ein weniger dichtes Material – wie zum Beispiel Porenbeton – wird bei gleicher Abmessung nur 0,09 W transportieren. Auf die beiden anderen Transportvorgänge werden wir später noch näher eingehen.

Für die Wärmeleitungsvorgänge ist typisch, dass der Vektor der Wärmestromdichte in jedem Punkt eines Körpers proportional zur Richtung und dem Wert des Temperaturgefälles ist. Proportional verbunden sind die Wärmestromdichte und das Temperaturgefälle über die oben beschriebene Wärmeleitfähigkeit als Stoffeigenschaft des trennenden Materials.

Mit diesem Ansatz kann das Modell der Wärmeleitung auch auf den Wärmestrom durch ganze Bauteile mit beliebigen Abmessungen übertragen werden. Die hierfür kennzeichnende Größe wird als Leitwert bezeichnet. Dieser gibt an, welcher Wärmestrom bei einem Temperaturunterschied von 1 Kelvin durch ein Bauteil fließen kann. Im Gegensatz zur Wärmeleitfähigkeit setzen wir beim Leitwert keine Abmessungen fest, sondern diese Abmessungen bestimmen die Höhe des Wärmestroms. Die physikalische Einheit des Leitwertes ist W/K. Stellen wir uns nun ein plattenartiges Bauteil mit in einer Richtung großen Ausdehnung vor, dann kann dieser Leitwert zu einem längenbezogenen Leitwert überführt werden, dessen Einheit in W/(mK) anzugeben ist. Diese Einheit stimmt zwar mit der für die Wärmeleitfähigkeit überein, sie dürfen aber deshalb nicht gleichgesetzt werden. Der Leitwert kennzeichnet das thermische Verhalten eines Bauteils, wohingegen die Wärmeleitfähigkeit auf das Material zu beziehen ist.

Wände, Decken und Dächer können als plattenförmige Bauteile bezeichnet werden, was nahelegt, den Wärmestrom auf die Fläche dieser Bauteile zu beziehen. Wir sprechen dann von einem flächenbezogenen Leitwert mit der physikalischen Einheit W/(m²K). Der flächenbezogene Leitwert ist nichts anderes als der allgemein bekannte *U*-Wert, der den Wärmestrom je m² Bauteiloberfläche bei einer Temperaturdifferenz von 1 K zwischen den beiden Bauteiloberflächen angibt.

Das Rechnen mit flächenbezogenen Leitwerten (*U*-Werten) ist immer dann sinnvoll, wenn der Wärmestrom senkrecht zur Bauteiloberfläche erfolgt. Der flächenbezogene Leitwert ist eine der wichtigsten Eingangswerte der Wärmebrückenberechnung, da er den ohne Wärmebrücken zu erwartenden Wärmestrom je m² beinhaltet. Jedenfalls in der Regel, denn es gibt, wie beispielsweise bei der Berechnung von inhomogenen Bauteilen nach DIN EN ISO 6946 [2008], auch die Möglichkeit, dem *U*-Wert bereits die Wärmeverluste aus stofflich bedingten Wärmebrücken-Einflüssen zuzuordnen.

Eine weitere wichtige Einflussgröße für den Wärmestrom zwischen z.B. zwei Räumen bilden die Randbedingungen an den Oberflächen. Bekannt sind diese Randbedingungen auch als strahlungs- oder konvektionsbedingte Übergänge. Bevor ein Wärmestrom – ausgelöst durch das treibende Potenzial, die Temperaturdifferenz – in ein Material eindringen kann, wird dieser auf einen Widerstand treffen. Dieser wird auf Bauteilen in der Regel aus einer Grenzschicht aus Luft als stofflichen Träger gebildet, in der Masse, Energie oder Impuls transportiert wurden. Darüber hinaus sind auch strahlungsbedingte Verringerungen des Wärmeübergangs zu berücksichtigen. Diese stellen sich ein, weil die Oberflächen der Bauteile im gegenseitigen Strahlungsaustausch miteinander stehen. Aus dem Kehrwert des Wärmeübergangskoeffizienten wird der Wärmeübergangswiderstand ermittelt. Der Wert kann aus nationalen Festlegungen oder z.B. aus der DIN EN ISO 6946 [2008] entnommen werden.

Der thermische Leitwert – egal, welchen Bezug wir nun gebrauchen – ist demnach kein allzu neuer Begriff in der Bauphysik; er wird nur selten verwendet. Genaugenommen ist er aus der Elektrotechnik entlehnt, in der der Leitwert als Kehrwert des elektrischen Widerstandes als Grundlage für viele Berechnungen von Widerständen in Stromkreisen dient, seien sie nun in Reihe geschaltet oder parallel geschaltet angeordnet.

Bild 6 zeigt diese grundsätzliche Analogie – fachsprachlich als das elektrothermische Analogon bezeichnet – zwischen dem aus der Elektrotechnik entnommenen Leitwert mit dem in der thermischen Bauphysik verwendeten Fachbegriff.

1 Wirkungsweise von Wärmebrücken

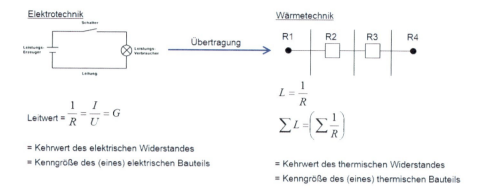

Bild 6: Analogie des Leitwertes

Der Ansatz in der Analogiedarstellung der Leitwerte, nach dem die Leitwerte summiert werden können, gilt nur dann, wenn die anliegende Temperaturdifferenz bei den zugehörigen Bauteilen gleich ist. So können zum Beispiel alle U-Werte von Außenwänden addiert werden und mit der Temperaturdifferenz multipliziert werden, um den Wärmestrom auszurechnen.

Die Analogie in beiden Wissensgebieten ist nützlich, um Berechnungen auf der gleichen Basis durchzuführen. Thermische Widerstände sind – je nach ihrer Lage in der Konstruktion – als "geschaltet" zu betrachten.

In der Elektrotechnik wird bei Reihenschaltung von Widerständen eine Addition zu einem Gesamtwiderstand vorgenommen. Genauso wird bei einem Bauteil mit mehreren hintereinander angeordneten Schichten verfahren. Der Widerstand der einzelnen Schicht ist als Kehrwert seines Leitwertes definiert. Als Einheit wird demnach (mK)/W herauskommen. Zweckmäßig – siehe oben – wird dieser Widerstand auf eine Fläche bezogen, was zu einem flächenbezogenen Wert in (m²K)/W führt. Da der bereits erläuterte Begriff der Wärmeleitfähigkeit den Wärmestrom an jeder Stelle maßgeblich bestimmt, kann der flächenbezogene Leitwert L mit Gleichung 1 mathematisch beschrieben werden als:

$$L = \frac{\lambda}{d} \qquad [1]$$

Der Kehrwert des in Gleichung 1 dargestellten flächenbezogenen Leitwertes führt zum Wärmedurchlasswiderstand einer Schicht, der mit R abgekürzt wird und die Einheit (m²K)/W besitzt. Auf das bereits erwähnte Beispiel mit Beton bezogen, ergibt sich ein Leitwert einer 30 cm dicken Wand von 7 W/(m²K) oder ein Wärmedurchlasswiderstand von 0,143 (m²K)/W. Hätten wir keinerlei Wärmeübergangsmechanismen an der Oberfläche des Bauteils und keine weiteren Schichten, so wäre der flächenbezogene Leitwert nichts anderes als der U-Wert des Bauteils. Da aber diese Übergangsmechanismen immer an der Oberfläche von Bauteilen auftreten (die meisten Bauteile sind mit der Umgebungsluft verbunden), ist das Hintereinanderliegen von Schichten bzw.

Widerständen in der Baupraxis immer gegeben und ist, wie in der Elektrotechnik, mit der Reihenschaltung von Widerständen zu vergleichen, die in der Summe den Wärmedurchgangswiderstand R_T ergeben. Der Kehrwert des Wärmedurchgangswiderstandes bringt uns dann zurück zum flächenbezogenen Leitwert, dem U-Wert. Soll ein gesamter Leitwert für ein genau definiertes Bauteil mit vorgegebener Fläche bestimmt berechnet werden, so erhalten wir den Leitwert genau dieses Bauteils in W/K.

Ist die Temperaturdifferenz gegeben, so kann der Wärmestrom einfach aus der Multiplikation des flächenbezogenen Leitwertes mit der Temperaturdifferenz errechnet werden.

$$q = L \cdot \delta T \qquad [2]$$

Betrachtet man den Leitwert wiederum als Kehrwert des Wärmedurchlasswiderstandes, so wird Gleichung 2 zu:

$$q = \frac{1}{R_T} \cdot \delta T \qquad [3]$$

Oder:

$$q = \frac{\delta T}{R_T} \qquad [4]$$

Allgemeiner Hinweis zur Benutzung des Formelzeichens für die Temperatur: Gemäß DIN EN ISO 7345 [1996] ist als Formelzeichen für die Celsius-Temperatur "θ" und für die thermodynamische Temperatur (in K) ein T zu verwenden. Für die meisten der nachfolgend dargestellten Gleichungen wird es egal sein, welches der beiden Formelzeichen Verwendung findet, da im Falle von Differenzen sie ohnehin gleich sind und in den Fällen, in denen die Angabe von konkreten Temperaturen gefordert ist, leicht umzurechnen wären. Wir werden bei mathematischen und physikalischen Herleitungen und deren Darstellungen immer T verwenden. Werden Gleichungen aus Normen zitiert, so wird immer das Formelzeichen verwendet, welches auch in der Norm zu finden ist.

Da, wie oben bereits angenommen, der Wärmestrom als konstant angesehen werden kann, so ist es mit dem nach den Gleichungen 3 und 4 gegebenen Zusammenhang möglich, an jedem Punkt einer gedachten Temperaturlinie die vorhandene Temperatur zu ermitteln. In DIN EN ISO 10211 [2008] wird dieser Zusammenhang wie folgt dokumentiert:

$$q = \frac{(\theta - \theta_s)}{R_S} \qquad [5]$$

q Wärmestrom;
θ die innere oder äußere Temperatur;
θ_s die Temperatur der Innen- oder Außenoberfläche;
R_S der innere oder äußere Wärmeübergangswiderstand.

Ein weiteres Problem ergibt sich bei der Betrachtung von mehreren Bauteilen, die beispielsweise eine wärmeübertragende Hülle eines Gebäudes bilden. In diesem Fall

1 Wirkungsweise von Wärmebrücken

ist es sinnvoll, einen Leitwert zu bilden, der als Summe aller Leitwerte der Bauteile ermittelt wird.

$$L = \sum_j L_j \cdot A_j \qquad [6]$$

L_j flächenbezogener Leitwert des Einzelbauteils j in W/(m²K);
A_j Fläche des Einzelbauteils j in m².

Bedienen wir uns wieder der Begriffe der Elektrotechnik, so handelt es sich also um eine klassische Parallelschaltung der Widerstände. Diese kann aber nur dann als gegeben angenommen werden, wenn die Temperatur an beiden Seiten bei allen betrachteten Flächen gleich ist. Um die Berechnung zu vereinfachen, wird beispielsweise in DIN V 18599 [2011] mit sogenannten Temperaturkorrekturfaktoren gearbeitet, die eine Summenbildung auch ohne das Vorliegen einer gleichen Temperaturdifferenz ermöglichen. Diese Tatsache haben wir dann später zu berücksichtigen, wenn wir den Wärmestrom eines Details in Relation stellen zu seinem ursprünglich angenommenen Leitwert.

Wie in den Definitionen am Anfang dieses Buches bereits festgestellt, zeichnen sich aber gerade Bereiche mit Wärmebrücken dadurch aus, dass der Wärmestrom nicht senkrecht zur Plattenebene fließt. Es sollte also nicht reichen, ausschließlich einen Leitwert für die Wärmebrücken zu beschreiben. Zwangläufig und in sich schlüssig folgt die Übertragung des Leitwertes nach Gleichung 6 auf einen zweidimensionalen Leitwert, den wir auf Basis der DIN EN ISO 10211 [2008] als L^{2D} bezeichnen. Bild 7 veranschaulicht modellhaft und stark idealisiert den Unterschied zwischen einem nach Gleichung 6 berechneten Leitwert (1) und einem L^{2D}/L^{3D} (2).

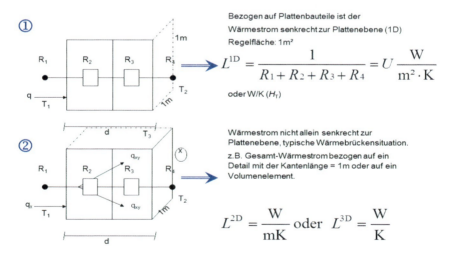

Bild 7: Definition des Leitwertes

Werden beide Leitwerte aus Bild 7 ein und demselben Punkt (Detail) zugewiesen, so wird aus der Differenz beider Leitwerte im Endeffekt der Wärmeverlust, ausgedrückt als Wärmestrom pro Meter Kantenlänge (bei 2-D-Betrachtungen) oder als Wärmestrom über das Gesamtdetail (bei 3-D-Betrachtungen). Bild 8 veranschaulicht diese

1.2 Begriffe

grundlegende Herangehensweise, die gemäß DIN EN ISO 10211 [2008] zu einer Definition des L^{2D} als Quotienten zwischen dem berechneten Wärmestrom und der anliegenden Temperaturdifferenz führt. Definitionskonform ergibt sich der eindimensionale Leitwert aus der Multiplikation der U-Werte mit der sogenannten Wirkungslänge (siehe auch Abschnitt Modellierung von Wärmebrücken).

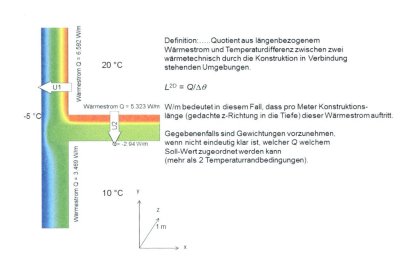

Bild 8: Definition des zweidimensionalen Leitwertes nach DIN EN ISO 10211

Die bisher dargestellte Leitwertdiskussion führt unweigerlich zu der Frage nach einer sicheren Prognose der zu erwartenden Oberflächentemperatur. Da sich der Wärmestrom aus Gleichung 3 aus dem Produkt aus der Temperaturdifferenz und dem Kehrwert des Wärmedurchgangswiderstandes ergibt und der Wärmestrom als konstant angenommen werden kann, gilt folgender Zusammenhang:

$$q = \frac{1}{R_T} \cdot (\theta_i - \theta_a) = \frac{1}{R_{Si}} \cdot (\theta_i - \theta_{Oi})$$ [7]

R_T Wärmedurchgangswiderstand der Konstruktion in (m²K)/W;
θ_i Innentemperatur gemäß festzusetzender Randbedingungen in °C;
θ_a Außentemperatur gemäß festzusetzender Randbedingungen in °C;
R_{Si} innerer Wärmeübergangswiderstand in (m²K)/W;
θ_{Oi} Oberflächentemperatur in °C.

Die Oberflächentemperatur kann mittels Umstellung von Gleichung 7 errechnet werden:

$$\theta_{Oi} = \theta_i - f \cdot (\theta_i - \theta_a)$$ [8]

Der dimensionslose Faktor f kann auch als Verhältniswert zwischen dem Wärmedurchgangswiderstand der Konstruktion und seinem Wärmeübergangswiderstand ausgedrückt werden.

$$f = \frac{R_{Si}}{R_T} \qquad [9]$$

So ist es möglich, außerhalb von ungestörten Wandbereichen, den Wärmebrücken also, ganz einfach die Oberflächentemperatur zu ermitteln.

Da der Wärmeübergangswiderstand der Kehrwert des Wärmeübergangskoeffizienten α_i ist und der Wärmedurchgangskoeffizient – den wir oben auch als flächenbezogenen Leitwert bezeichnet haben – einer Konstruktion wiederum der Kehrwert des Wärmedurchgangswiderstandes (R_T), kann die Beziehung aus Gleichung 9 umgeformt auch heißen:

$$f = \frac{U}{\alpha_i} \qquad [10]$$

Gleichung 9 resp. 10 können fernerhin dazu genutzt werden, um sogenannte Gewichtungsfaktoren (g-Faktoren) zu definieren. Mit der Berechnung dieser Faktoren werden wir uns im Abschnitt 6 näher beschäftigen.

Mit den oben genannten Faktoren werden beispielsweise Anforderungen an die mindestens einzuhaltenden Temperaturen auf den Oberflächen von Wänden gestellt, ohne diese selbst zu benennen. Dieses Vorgehen ist uns vom sogenannten f_{Rsi}-Faktor bekannt. Mit den Faktoren können die Anforderungen schnell abweichenden Bedingungen angepasst werden. So führt ein f_{Rsi} von 0,70 zu einer anderen Temperatur, wenn sich die Innen- und/oder Außentemperatur ändert. Mit dem Wissen über die linearen Zusammenhänge in den Gleichungen 7 und 8 ist es obendrein möglich, Bauteile nach verschiedenen Kriterien zu ergründen. Ein Beispiel dafür ist die sich stellende Frage, ob Tauwasser an Oberflächen auftritt. Wichtig ist nicht nur, einen schadhaften Feuchteanfall von Konstruktionen fernzuhalten, sondern auch, die erforderliche Zeit für das Abtrocknen des Wassers von der Oberfläche vorhersagen zu können. Um die Taupunkttemperatur zu ermitteln, ist zunächst die Kenntnis der gegebenen relativen Luftfeuchte erforderlich. Für Lufttemperaturen größer null – typisch für niedrig oder normal beheizte Räume – wird diese Temperatur nach Gleichung 11

$$\theta_s = \phi^{1/8,02} \cdot (109,8 + \theta) - 109,8 \qquad [11]$$

berechnet, wobei mit Φ die für die gegebene Lufttemperatur θ vorhandene relative Luftfeuchtigkeit gemeint ist.

Werden die Gleichungen 7 und 8 miteinander verbunden und nach einem von der minimalen Temperatur – hier ist es die minimal noch zu akzeptierende Oberflächentemperatur zur Vermeidung von Tauwasserbildung – abhängigen Wärmedurchlasswiderstand umgestellt, so erhält man:

$$R_{min} = \frac{R_{si} \cdot (\theta_e - \theta_i)}{\theta_s - \theta_i} - R_{si} - R_{se} \qquad [12]$$

R_{min} minimal notwendiger Wärmedurchgangswiderstand der Konstruktion in (m²K)/W;

θ_i Innentemperatur gemäß festzusetzender Randbedingungen in °C;

θ_e Außentemperatur gemäß festzusetzender Randbedingungen in °C;
$R_{Si/Se}$ innerer/äußerer Wärmeübergangswiderstand in (m²K)/W;
θ_s Taupunkt-Oberflächentemperatur in °C.

Die Anforderungen an den Mindestwärmeschutz nach DIN 4108-2 [2013] sind allesamt mit vorgegebenen Grenztemperaturen für die Oberfläche der Bauteile ermittelt worden. Dabei ergaben sich insbesondere drei zu beachtende Kriterien:

1. Vermeidung von Tauwasser an Bauteiloberflächen (Gleichung 12).

2. Vermeidung einer relativen Luftfeuchte von 80 % an der Bauteiloberfläche, um die Bildung von Schimmelpilzen zu vermeiden.

3. Vermeidung von niedrigen Oberflächentemperaturen, um eine unbehaglich wirkende Strahlungsentwärmung des menschlichen Körpers zu vermeiden.

Der erforderliche Wert für 2. kann ebenfalls nach Gleichung 12 ermittelt werden, wenn statt der Taupunkttemperatur die für $\Phi = 0,8$ maßgebende Temperatur berechnet und in Gleichung 12 verwendet wird.

Um eine zu hohe Strahlungsentwärmung zu vermeiden, wird in [Häupl-2008] eine Mindestoberflächentemperatur von 17 °C – bei einer Innentemperatur von 20 °C – definiert, die auch als hygienischer Richtwert bezeichnet wird.

Handelt es sich demnach um an die Außenluft grenzende beheizte Aufenthaltsräume, wird immer die dritte Anforderung entscheidend sein. Bei anderen davon abweichenden Innentemperaturen wird das Kriterium "Vermeidung von Schimmelpilzwachstum" in der Regel dominieren.

Bild 9 zeigt exemplarisch den erforderlichen Wärmedurchlasswiderstand der Konstruktion für eine Innentemperatur von 20 °C und variierende Außentemperaturen bei einem Wärmeübergangswiderstand innen von 0,25 (m²K)/W und außen von 0,04 (m²K)/W.

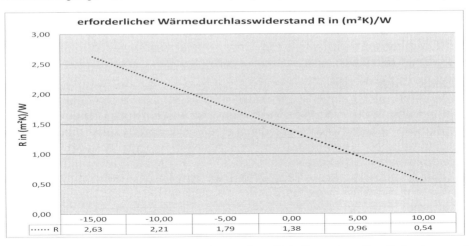

Bild 9: Erforderlicher Wärmedurchlasswiderstand zur Einhaltung einer Oberflächentemperatur von 17 °C bei Außentemperaturen von -15 bis +10 °C

1.3 Physikalisch-mathematischer Exkurs

Physikalische, insbesondere aber mathematische Ausführungen zu Vorgängen bei der Wärmeleitung in und an Körper gehören nicht gerade zur leicht verdaulichen Ingenieurslektüre. Viele Autoren haben sich daran versucht, vielen ist es auch gelungen, physikalisches Verständnis aufzubauen und den mathematischen "Lösungsakt" möglichst sanft im Hintergrund mitlaufen zu lassen. Die nachfolgenden Ausführungen sind tatsächlich allenfalls als Exkurs zu sehen, sie sollen nur das noch einmal auffrischen, was in anderen Literaturquellen – in der Regel viel ausführlicher als hier – beschrieben, aufbereitet und kommentiert worden ist. Polifke und Kopitz [2009] haben beispielsweise sehr viel Wert gelegt auf eine verständliche Darstellung der Wärmeübertragung, die auch Nicht-Thermodynamikern den ein oder anderen Zusammenhang erklärt. Wer mehr mit der Herleitung der im Folgenden dargestellten Gleichungen der Wärmeleitung beschäftigt sein möchte, der wird bei [Larsson und Thomée-2005] oder bei [Sommerfeld-1982] insbesondere zum Themenkreis der partiellen Differenzialgleichungen viele interessante Aspekte entdecken. Für den Gesamtüberblick eine sinnvolle Ergänzung, für das Gesamtverständnis auch, wenn auch letztlich für den Nachweisführenden von Wärmebrücken für die tägliche Praxis wenig relevant, da Rechenprogramme heute der Lösung komplexer Aufgaben in der Wärmeleitung doch schon ein ganzes Stück näher gekommen sind.

Im Abschnitt 1.2 haben wir einige physikalische Begriffe der Wärmeleitung hergeleitet und verwendet, die ausnahmslos stationären, d.h. zeitunabhängigen Gesetzmäßigkeit zu folgen scheinen und die Wärme quasi linear (mathematisch) und speicherfrei (physikalisch) durch einen Körper fließen lassen. Liegt an mindestens zwei gegenüberliegenden Seiten eine Temperaturdifferenz an, so fließt Wärme nach dem zweiten Hauptsatz der Thermodynamik vom Ort höherer zum Ort niederer Temperatur. Auf die Wärmebrücken übertragen folgt daraus, dass wir davon ausgehen, dass bei einer Temperaturdifferenz zwischen zwei oder mehreren Oberflächen sich aufgrund des Wärmestroms ein bestimmtes Temperaturfeld im Wärmebrückenbereich einstellen wird. Aber wann? Wie lange muss eine bestimmte Temperaturdifferenz gegeben sein, um, wie oben beschrieben, kritische Oberflächentemperaturen vorzufinden? Welche Einflussgrößen sind im Zusammenhang mit üblichen Wärmebrückenberechnungen überhaupt zu berücksichtigen, welche können vernachlässigt werden? Und: Sind all die gewählten Vereinfachungen überhaupt gerechtfertigt?

Wir haben bereits im letzten Abschnitt feststellen können, dass zwischen der Änderung der Temperatur in einem Körper und dem Wärmestrom eine proportionale Abhängigkeit besteht, die durch die Wärmeleitfähigkeit als bestimmende Größe beschrieben wird. Die Temperaturverteilung kann durch eine Funktion $T(x,y,z)$ der drei möglichen Ortskoordinaten beschrieben werden. Eine solche Beschreibung transformiert den eindimensionalen in einen dreidimensionalen Fall, in dem die Wärme in die Richtung des größten Temperaturabfalls fließt. Denkt man sich also einen Körper mit drei unterschiedlichen Wärmeleitfähigkeiten, so wird der stärkste Temperaturabfall in der Richtung auftreten, in der die Wärmeleitfähigkeit am größten ist. Mathematisch kann dieser Fall folgendermaßen beschrieben werden.

$$\dot{q} = -\lambda \cdot \nabla T \qquad [13]$$

Nach Gleichung 13 fließt der Wärmestrom in entgegengesetzter Richtung zum Vektor der partiellen Abteilung der Temperaturverteilung, oder verständlicher ausgedrückt: Der Wärmestrom fließt in einem gedachten Koordinatensystem von rechts nach links, wobei rechts für eine anwachsende Temperatur und links für eine abfallende steht. Daher ergibt sich bei konsequenter Anwendung des 2. Hauptsatzes der Thermodynamik immer ein negatives Vorzeichen für den Wärmestrom, da er dem Temperaturgradienten entgegengesetzt gerichtet ist. Der in Gleichung 13 dargestellte Zusammenhang wird auch als Fourier'scher Erfahrungssatz bezeichnet, da er erstmals von Jean Baptiste Joseph Baron de Fourier[1] aufgestellt worden ist. ∇T ist dabei die richtungsabhängige Gradiente der Temperatur. Richtungsabhängig bedeutet, dass die Temperaturdifferenz selbstverständlich in mehreren Richtungen vorliegen und zudem auch noch unterschiedlich sein kann. Wir bekommen an dieser Stelle schon eine vage Vorstellung von den sehr komplexen Lösungsansätzen, die sich im allgemeinen Fall der Wärmeleitung durch eine zwei Räume trennende Wand und im Fall einer Wärmebrücke ergeben können. Fernerhin könnte ja auch der Wärmestrom durch ein sich zeitlich einstellendes Temperaturfeld erst initiiert werden. Es scheinen also auch neben stofflichen Eigenschaften der an einer Wärmebrücke beteiligten Materialien die zu wählenden Anfangsbedingungen und Randbedingungen von Bedeutung zu sein. Und das in allen möglichen Richtungen, wie eine etwas anderen Darstellung von ∇T verdeutlicht, indem der Nabla-Operator ersetzt wird durch eine andere im kartesischen Koordinatensystem übliche Schreibweise:

$$\nabla T = \begin{pmatrix} \frac{\delta T}{\delta x} \\ \frac{\delta T}{\delta y} \\ \frac{\delta T}{\delta z} \end{pmatrix}$$

Betrachten wir nunmehr wieder die Temperaturbedingungen in und außerhalb von Wärmebrücken, so haben wir ggf. zusätzlich zu berücksichtigen, dass aufgrund eines zeitabhängigen Wärmestroms die Wärmeenergie im Körper abnimmt, was allgemein auch als Energieerhaltungssatz bekannt ist. Mathematisch kann diese Erkenntnis als Differenzialgleichung dargestellt werden.

$$\text{div}\dot{q} + \frac{\delta q}{\delta t} = 0 \qquad [14]$$

Die Summe aus der Divergenz des Wärmestroms und der Ableitung der Wärmeenergiedichte nach der Zeit ist demnach immer null. Ein Erhaltungssatz dieser Form wird auch als Kontinuitätsgleichung bezeichnet. Entsteht in einem Körper aufgrund von Energieumwandlungsprozessen zusätzliche Wärmeenergie, so wird auf Basis der Gleichung 14 ein positives Ergebnis entstehen. Der sodann auf der rechten Seite der Gleichung entstehende Betrag ist die Wärmeenergie, die je Zeit- und Volumeneinheit im Körper an einem Ort (x,y,z) entsteht – "entsteht" soll hier im Sinne von umgewandelt betrachtet werden, da eine Annahme, es entstünde Energie, bekanntlich den 1. Hauptsatz der Thermodynamik konterkarierte.

Für die Berechnung von Wärmebrücken kann dies beispielsweise wichtig sein, wenn

---

1 Jean Baptiste Joseph Baron, französischer Mathematiker und Physiker, lebte 1768 bis 1830

innerhalb einer Konstruktion eine Wärmequelle vorhanden ist, die eine nach Gleichung 14 aufgestellte Energiebilanz beeinflussen wird. Auch hier wäre das zeitliche Wirken der Quelle von Bedeutung, und zu klären wäre, ob sie ihre Ergiebigkeit in der zu betrachtenden Zeit auch tatsächlich beibehält.

Ist das instationäre – also zeitlich veränderliche – Temperaturfeld aufgrund eines im Raum stattfindenden Wärmestroms zu betrachten, so kann mit Gleichungen 13 und 14 der Zusammenhang zwischen Temperatur und Wärmeenergie wie folgt darstellt werden:

$$\Delta q = c \cdot \rho \cdot \Delta T \qquad [15]$$

Wir haben es hier erstmals mit einer anderen Darstellung einer Wärmequelle zu tun, die wir an dieser Stelle als eine Wärmequelle 2. Art bezeichnen, die mittels zweier stofflicher Kenndaten beschrieben wird: Mit der Rohdichte des Materials (ρ in kg/m³) und seiner spezifischen Wärmekapazität (c in KJ/kgK). Die nachfolgenden Beschreibungen beziehen sich ausschließlich auf diese Quellenart. Gemäß Gleichung 15 ist die Änderung der Wärmeenergie eines Körpers jetzt definiert als Produkt seiner Wärmekapazität und der vorhandenen Temperaturänderung. Damit stellt sich die Änderung der Wärmeenergie je Zeiteinheit wie folgt dar:

$$\frac{\delta q}{\delta t} = c \cdot \rho \cdot \frac{\delta T}{\delta t} \qquad [16]$$

Die innere Energie in einem Körper ist demnach zeitabhängig, die Differenz des Wärmestroms in Relation zum verwendeten Zeitschritt folgt dieser Abhängigkeit. Die Beschreibung dieses primär instationären Problemfeldes erfolgt nach Fourier erstmals mithilfe einer Differenzialgleichung. Dass es sich hier um eine partielle Differenzialgleichung zweiter Ordnung mit parabolischem Charakter handelt, sei erwähnt, wird uns aber im Rahmen dieses Buches nicht weiter beschäftigen. Wer sich um die Lösung solcher Gleichungen bemüht, dem seien die Ausführungen in [Larson, Thomée] empfohlen.

$$c \cdot \rho \frac{\delta T}{\delta t} = \frac{\delta}{\delta x}\left(\lambda \frac{\delta T}{\delta x}\right) + \frac{\delta}{\delta y}\left(\lambda \frac{\delta T}{\delta y}\right) + \frac{\delta}{\delta z}\left(\lambda \frac{\delta T}{\delta z}\right) + \dot{q}_E \qquad [17]$$

Im Vergleich zu Gleichung 16 haben wir nunmehr die Änderung des Wärmestroms von der linken auf die rechte Seite gebracht und richtungsabhängig quantifiziert. Da wir davon ausgehen, dass keine inneren Wärmequellen 1. Art (Quellen, die unabhängig oder abhängig von der Umgebungstemperatur und/oder der Zeit Wärmeenergie im betrachteten Volumen als Ergebnis von Umwandlungsprozessen produzieren) vorhanden sind, kann Gleichung 17 um diese Quelle reduziert werden.

$$c \cdot \rho \frac{\delta T}{\delta t} = \frac{\delta}{\delta x}\left(\lambda \frac{\delta T}{\delta x}\right) + \frac{\delta}{\delta y}\left(\lambda \frac{\delta T}{\delta y}\right) + \frac{\delta}{\delta z}\left(\lambda \frac{\delta T}{\delta z}\right) \qquad [18]$$

Wir gehen davon aus, dass das Material homogen ist (was zugegebenermaßen auch nicht für alle Baustoffe zutrifft, bei der Berechnung der Wärmebrücken aber zumeist nicht zu berücksichtigen ist), was zu einer Vereinfachung der Gleichung 23 führt. Wir können demzufolge im nächsten Schritt die Wärmeleitfähigkeit vor die Klammer ziehen und die Schreibweise vereinfachen.

Wie aus Gleichung 19 entnommen werden kann, bedeutet das Quadratzeichen in der

Gleichung nichts anderes, als dass jeweils die Ableitung nach dem Ort **und** der Zeit vorzunehmen ist, was der Differenzialgleichung die Ordnung aufprägt.

Im nächsten Schritt geht es nunmehr darum, die Temperaturänderung in einer bestimmten (definierten) Zeit zu erhalten, dazu wird die Wärmekapazität auf die rechte Seite der Gleichung gebracht:

$$\frac{\delta T}{\delta t} = \frac{\lambda}{c\rho}\left(\frac{\delta^2 T}{\delta x^2} + \frac{\delta^2 T}{\delta y^2} + \frac{\delta^2 T}{\delta z^2}\right) \qquad [20]$$

Der auf der rechten Seite vorhandene Quotient aus Wärmeleitfähigkeit und Wärmekapazität wird auch als Wärmeleitzahl „a" bezeichnet, die Summe innerhalb der Klammer wird als Laplace-Operator bezeichnet und kann als ΔT vereinfacht dargestellt werden. Da wir die innere Wärmequelle (Quelle 1. Art) zu null gesetzt haben, ist mit Gleichung 20 bereits ein Sonderfall der instationären Wärmeleitung beschrieben worden. Der Quotient aus Wärmeleitfähigkeit und Wärmekapazität diente z.B. dem Physiker Adolf Fick[2] für die überwiegend empirische Begründung verschiedener Gesetzmäßigkeiten, bekannt auch als 1. und 2. Fick'sches Gesetz. Basierend auf den grundsätzlichen Arbeiten von Fourier hat Fick sein Diffusionsmodell auf den Wärmetransport übertragen und die Wärmeleitzahl als Temperaturleitfähigkeit in seinem Modell verwendet. Diese Leitzahl gibt an, wie schnell sich ein Temperaturfeld ändert, wenn ein Temperaturunterschied vorliegt. Die Leitzahl ist, ähnlich wie die Wärmeleitfähigkeit, eine vom Material (Stoff) abhängige Größe. Innerhalb der im Bauwesen anzutreffenden Temperaturen kann die Leitzahl von Baustoffen mit einem festen Wert verwendet werden. In der Tabelle 1 sind die Leitzahlen einiger Baustoffe dargestellt. Von Interesse ist die Leitzahl immer dann, wenn sich die Temperaturen ändern, so wie es bei instationären Zuständen der Fall ist. Der hohe Wert für Stahl zum Beispiel zeigt, dass Stahl, wenn er innerhalb einer Konstruktion eingebaut wird, sowohl für einen schnellen Ausgleich der Temperaturen als auch für einen erhöhten Wärmetransport verantwortlich sein wird. Die typischen Leitzahlen von mineralischen Baustoffen unterscheiden sich nur wenig, was auf die gradlinige Beziehung [Cammerer-1995] zwischen der Leitfähigkeit und der Rohdichte dieser Stoffe zurückzuführen ist.

Tab.1: Temperaturleitfähigkeit ausgewählter Baustoffe

Stoff (ρ in kg/m³, c in KJ/(kgK), λ in W/(mK)	Temperaturleitfähigkeit in 10^{-6} m²/s
Luft (1,25; 1,0; 0,025)	0,20
Glaswolle (120; 0,66; 0,046)	0,58
Stahl (< 0,4% C) (7850; 0,456; 45-55)	12 – 15
Porenbeton (350; 1,0; 0,09)	0,25
Mörtel (1900; 0,80; 0,93)	0,61
Beton (2100; 1,0; 2,1)	1,00

Wie festgestellt, gilt Gleichung 20 für den räumlichen und zeitlichen Verlauf der Temperatur und lässt sich nur für Fälle mit einfachen Anfangs- und Randbedingungen geschlossen integrieren.

---

2 Adolf Fick, deutscher Physiker (1829-1901)

1 Wirkungsweise von Wärmebrücken

Die erste Vereinfachung der Wärmeleitungsgleichung, die sich unmittelbar auf die heute übliche Art des Nachweises von Wärmebrücken auswirkt, tritt mit der ausschließlichen Betrachtung von stationären Zuständen ein. Für diesen Fall wird die Ableitung der Temperatur nach der Zeit zu null, was zu der Differenzialgleichung 21 führt. Streng genommen besteht die Vereinfachung nicht nur darin, dass sich die Temperaturdifferenz innerhalb eines (meist endlos langen) Zeitschrittes nicht ändert, sondern auch darin, dass keine inneren Wärmequellen der 1. Art vorhanden sind.

$$\frac{\delta}{\delta x}\left(\lambda \frac{\delta T}{\delta x}\right) + \frac{\delta}{\delta y}\left(\lambda \frac{\delta T}{\delta y}\right) + \frac{\delta}{\delta z}\left(\frac{\delta T}{\delta z}\right) = 0 \qquad [21]$$

In den Fällen, wo wir im stationären Fall keine Wärmequelle 1. Art haben, wird die Differenzialgleichung 21 mit der Laplace-Gleichung $0 = \Delta T$ (Δ = Laplace-Operator, entspricht dem Ausdruck div(gradT)) beschrieben. Sind derartige Quellen vorhanden, ist die Beschreibung mit der Poisson-Gleichung 22 gegeben.

$$0 = \Delta T + \frac{\dot{q}_E}{\lambda} \qquad [22]$$

Beide Gleichungen sind elliptische partielle Differenzialgleichungen. Stationäre Zustände nach Gleichungen 21 und 22 werden bei Wärmebrückenberechnungen häufig angenommen, um baupraktisch anwendbare Werte verwenden zu können. Wenn nur eine Richtung zu betrachten ist – wie zum Beispiel beim Wärmestrom senkrecht zur Wandebene –, dann kann im stationären Fall die Gleichung 21 nochmals vereinfacht und mittels Integration in eine Form gebracht werden, mit der die Abhängigkeiten beim Temperaturdurchgang linearisiert werden können. Der Wärmestrom ist hier als konstant anzusehen und die Steigung der Temperatur im Querschnitt mit einer linearen Gleichung beschreibbar. Die Verhältnisse beim Wärmeübergang vom Fluid auf den Festkörper sollen uns zunächst dabei nicht interessieren. Mit dem im Bild 10 dargestellten Wärmestrom durch eine Wand wird die Linearisierung der Differenzialgleichung im Fall eines eindimensionalen Wärmestroms herausgearbeitet.

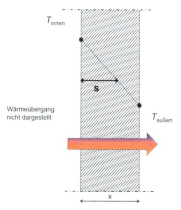

Bild 10: Wärmedurchgang durch eine Wand

Da wir keine inneren Wärmequellen im Wandquerschnitt annehmen und auch die Wärmekapazität des Wandmaterials vernachlässigen, können wir die Laplace-Gleichung

1.3 Physikalisch-mathematischer Exkurs

$$\frac{d^2T}{dx^2} = 0 \qquad [23]$$

verwenden und wissen damit, dass im Querschnitt die Temperatur bei dieser Betrachtung nur noch vom Ort innerhalb der Wanddicke d abhängt. Bekanntlich ist bei dieser linearen Temperaturverteilung die zugehörige Funktion der Form "*mx+n*", wobei "*m*" für die Steigung der Geraden und "*n*" für den Schnittpunkt mit der *y*-Achse steht. Die Integration von 22 führt zu:

$$\frac{dT}{dx} = C_a \qquad [24]$$

Dabei ist C_a eine beliebige Integrationskonstante, die den Anstieg der Temperaturgeraden im Wandquerschnitt nach Bild 10 manifestiert. Eine zweite Integrationskonstante wird jetzt für den Schnittpunkt mit der *y*-Achse eingeführt, sodass aus "*mx+n*" die Beziehung

$$T(x) = C_a x + C_b \qquad [25]$$

wird. Als Schnittpunkt mit der *y*-Achse erkennen wir im Bild 10 bei einem linearen Temperaturverlauf die Oberflächentemperatur auf der Innenseite, sodass Gleichung 25 zu

$$T(x) = C_a x + T_{innen} \qquad [26]$$

wird und sich die Aufmerksamkeit allein auf C_a richtet. Sicherlich sei an dieser Stelle die Frage berechtigt, woher wir diese Temperatur bei einer Wärmebrückentemperatur denn nehmen wollen. Dazu später mehr, wenn wir Anfangs- und Randwertprobleme festlegen wollen.

Da die Steigung "m" in einer linearen Funktion beschrieben ist mit $\Delta y / \Delta x$, erhalten wir den Term:

$$\frac{\Delta y}{\Delta x} = \frac{T_{außen} - T_{innen}}{x}$$

Mit diesem linearen Ansatz für den Temperaturverlauf können wir jede auf der Strecke "x" liegende Temperatur und den durch eine Platte (Wand) fließenden Wärmestrom bestimmen:

$$T(x) = T_{innen} + (T_{außen} - T_{innen}) \cdot \frac{x}{s} \qquad [27]$$

$$q(x) = \frac{\lambda}{s}(T_{innen} - T_{außen}) \qquad [28]$$

Den Ausdruck λ/s kennen wir bereits als Wärmedurchlasswiderstand (siehe Begriffe), und aus der Laplace-Gleichung haben wir mittels Integration einen linearen Temperaturverlauf bei konstanter Wärmestromdichte q hergeleitet, der nur noch von den Temperaturen auf der Innen- resp. Außenoberfläche abhängt. Jedem noch so kühnen linearen Verlaufsansatz aus dem Abschnitt "Begriffe" konnte mit diesen mathematisch und physikalisch nachvollziehbaren Vereinfachungen Genüge getan werden. Aufgefallen ist aber auch, dass wir uns weiteren kühnen Annahmen bedienten und der Meinung waren, eine Temperatur auf der Wandoberfläche sei bereits gegeben, obschon wir diese Temperatur ja in der Regel erst einmal zu bestimmen haben. Ferner geben wir mit Bild 10 im Wandschnitt eine Richtung des Wärmestroms einfach vor. Was berechtigt dazu?

Ob wir die Fourier-Gleichung nun instationär oder stationär mit allen bereits beschriebenen Vereinfachungen lösen wollen, eins bleibt gleich: Wir benötigen Randbedingungen für die Berechnung. Mathematiker bezeichnen diese auch als Anfangs- und Randwertprobleme, wobei die erstere Art eine Antwort auf die Frage, mit welchen Temperatur- und ggf. mit welcher Temperaturverteilung die Berechnung zu starten ist. Da hier die Zeit eine entscheidende Rolle spielt, bedarf es keiner großen Vorstellungskraft zu begreifen, wie vielschichtig zusammengesetzt die Anfangswerte sein können. Da wir die Zeit über die Laplace-Gleichung – und auch die Wärmequelle 1. Art – bereits "ausgeschaltet" haben, können wir uns mögliche Randwertprobleme konzentrieren. Übereinstimmend werden in der Literatur drei Randbedingungen zur Lösung des Randwertproblems festgelegt:

1. Die Dirichlet-Randbedingung: Die Temperatur an der Wandoberfläche ist bereits bekannt.

2. Die Neumann-Randbedingung: Der Wärmestrom an der Wandoberfläche ist vorgegeben.

3. Die Robin-Randbedingung: Beschreibung des konvektiven Wärmeüberganges von der Wandoberfläche auf ein Fluid.

Bei der Dirichlet-Randbedingung (auch Randbedingung 1. Art) können wir uns das folgende Bild vorstellen: Die Temperaturverteilung innerhalb einer Wand nimmt nach einem definierten Zeitschritt den Wert T_1-T_3 an. Wenn wir stationäre Bedingungen voraussetzen, wird sich die Temperatur T_3 nach langer Zeit eingestellt haben, der Anfangszustand ist de facto vergessen, es spielt nur der Endzustand eine Rolle.

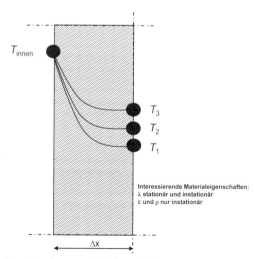

Bild 11: Temperaturanfangsbedingung bei einer Dirichlet-Randbedingung (RB 1. Art)

Die Dirichlet-Randbedingung allein ist im Allgemeinen für die Wärmebrückenberechnung ungeeignet, da hier der gesuchte Wert (Oberflächentemperatur) zur Ausgangsgröße wird. Die zweite Randbedingung, die Neumann-Randbedingung, geht von einer definierten Wärmestromdichte auf der Oberfläche der Wand aus. Diese kann eine hohe Leistung (beispielsweise einen Infrarottrockner mit Leistungen von 40 – 200 kW/m²) oder eine geringe Leistung einschließen, wie sie im Falle einer Adiabasie gegeben wäre.

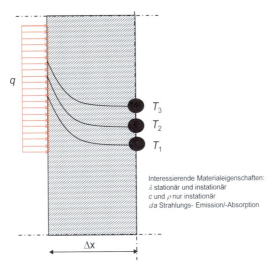

Bild 12: Temperaturanfangsbedingung bei einer Neumann-Randbedingung (RB 2. Art)

Die Randbedingung 2. Art wird uns bei der Wärmebrückenberechnung vor allem für die adiabatischen Schnittkanten begegnen, wenn wir $q = 0$ setzen und die Normalkomponente des Wärmestroms an dieser Stelle verschwindet.

Die Randbedingung 3. Art, also die Robin-Randbedingung, stellt eine Kombination beider genannten Randbedingungen dar. Sie ist zusammen mit der Adiabasie aus der 2. RB die entscheidende Randbedingung für die Berechnung von Wärmebrücken. Die Randbedingung 3. Art betrachtet den konvektiven Wärmeübergang von einem Festkörper an eine angrenzende Grenzschicht und umgekehrt. Bild 13 verdeutlicht sinnbildlich diesen Übergangsmechanismus, bezogen auf einen stationären Fall mit vorhandenem Temperaturprofil. Im Unterschied zum Bild 12 ist auf der Oberfläche der Wand mit α ein Wert für die Kennzeichnung des Wärmeübergangs aufgenommen worden. Überdies kennzeichnen sogenannte Grenzschichten einen bestimmten räumlichen Zustand, der offensichtlich bis zu einem definierten Abstand von der Wandoberfläche wirkt.

Ist die jeweilige Umgebungstemperatur bekannt, so lässt sich mit dem Gesetz von Newton der Wärmestrom/die Wärmestromdichte ermitteln:

$q = \alpha \cdot (T_{luft,i} - T_1)$ bzw. [29]

$q = \alpha \cdot (T_2 - T_{luft,a})$

1 Wirkungsweise von Wärmebrücken

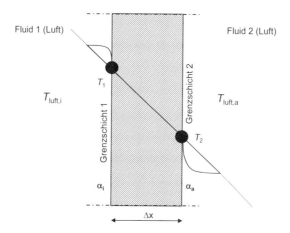

Bild 13: Robin-Randbedingung (RB 2. Art, konvektiver Wärmeübergang)

Wärmestrom und Temperaturdifferenz sind gemäß Gleichung 29 über einen Proportionalitätsfaktor α miteinander verbunden. Im Gegensatz zur Wärmeleitfähigkeit ist dieser Faktor, den man als Wärmeübergangskoeffizienten bezeichnet, aber kein Stoffwert, sondern ein Wert, der von Strömungseigenschaften und von der Geometrie des Körpers abhängt. Er wird wie der flächenbezogene Leitwert (U-Wert) in W/(m²K) angegeben, sein reziproker Wert steht demzufolge für einen an der Oberfläche außerhalb des Festkörpers stehenden Übergangswiderstand. Diesen haben wir im Abschnitt 1.1 bereits als R mit dem Index "Si" oder "Se" benutzt, der nach DIN EN ISO 6946 für den Wärmeübergang vom Festkörper auf ein Fluid und umgekehrt zu ermitteln ist. Dieser nach der Norm zu ermittelnde Wert berücksichtigt aber nicht allein konvektive Wärmeübergänge, sondern bezieht auch den Wärmeübergang infolge Strahlung mit ein. Hiermit ist gemeint, dass die Oberflächen von Wänden miteinander im Strahlungsaustausch stehen, der stark von der Temperaturdifferenz der beteiligten Oberflächen abhängt. Für die Berechnung von Wärmebrücken wird der konvektiven Wärmeübergang und der Strahlungs-Wärmeübergang unter einem gemeinsamen Widerstandswert subsumiert.

$$R_s = \frac{1}{h_c + h_r} \qquad [30]$$

Die in Gleichung 30 enthaltenen Koeffizienten h_r und h_c repräsentieren die jeweilige Art des Wärmeübergangs (r = radiation, c = convection) und stimmen qualitativ mit dem Wert "α" aus Gleichung 29 überein (Einheit: W/(m²K)). Die Addition beider Koeffizienten ist möglich, da beide Wärmeströme grundsätzlich parallel auftreten. Der Wärmeübergangswiderstand ist eine wichtige Eingangsgröße für die Berechnung von Wärmebrückeneffekt. Die Veränderung von Wärmeübergängen kann selbst gemäß unserer Definition aus Abschnitt 1.1 einen Auslöser für eine Änderung der Wärmestromrichtung darstellen. Berechnungen des konvektiven Wärmeübergangs und des Strahlungsübergangs sind im Allgemeinen sehr komplexer Natur und von sehr vielen Einflussgrößen abhängig, die per se nicht Inhalt eines üblichen Nachweises von Wärmebrücken sein können. Wir werden uns daher in allen Berechnungen dem Diktat der Normen unterwerfen und grobe Vereinfachungen verwenden, wohl wissend, dass diese in der überwiegenden Zahl der Berechnungsfälle auch ausreichend genaue Ergebnisse liefern.

Unser kleiner Exkurs bringt uns zurück zu der Frage, wie denn die partielle Differenzialgleichung oder – für den stationären Fall – deren Vereinfachung z.B. über die Laplace-Gleichung in der Praxis gelöst werden kann. Für den stationären Fall haben wir für einen Wärmestrom senkrecht zur Plattenebene mit einer linearen Gleichung gezeigt, wie bei vorgegebenen Temperaturdifferenzen und bei gegebenen Wärmedurchlasswiderständen die gesuchte Temperatur an jeder gewünschten Stelle im Bauteil zu ermitteln ist. Aus den Überlegungen im Abschnitt 1.1 konnten wird implizit ableiten, dass eine Weseneigenschaft der Wärmebrücke ja gerade die signifikante Abweichung der Wärmestromrichtung ist. Wir werden demzufolge den skizzierten linearen Verlauf im Wärmebrückenbereich nicht vorfinden. Noch fehlt uns ein mathematisch-physikalisches Modell resp. ein Ansatz, das Temperaturfeld im Wärmebrückenbereich zu berechnen. Analytisch scheint es nicht zu funktionieren bzw. nur mit zu groben Annahmen, die zu Recht die Ergebnisse infrage stellen könnten. Wir sind folglich zurück beim allgemeinen Lösungsproblem, was sich ja auch bei der partiellen Differenzialgleichung schon gezeigt hat. Den rein linearen Ansatz für die Temperaturverteilung werden wir bei der Wärmebrückenberechnung allenfalls für die Berechnung des Wärmedurchganges in den flankierenden Bauteilen nutzen. Für die Wärmebrücke selbst musste ein anderer numerischer Lösungsansatz gefunden werden, der im günstigen Fall auch die numerische Lösung für den instationär zu berechnenden Wärmetransport liefern kann. Lösungsmethoden dieser Art gehören heute bereits zum Berechnungsalltag und werden daher kaum noch als etwas Besonderes wahrgenommen.

Wir werden uns hier nur auf die Vorstellung der häufig bei zweidimensionalen Wärmebrückenberechnungen eingesetzten – besser gesagt: in den Berechnungsprogrammen verwendeten – Methode der Finiten-Elemente und der Finiten-Differenzen beschränken. Neben diesen beiden Methoden soll auch die Methode der Finiten-Volumen und die Boundary-Element-Methode nicht ungenannt bleiben. Also eine ganze Menge "finiter Ansätze", aber warum? Betrachten wir den für die stationäre Berechnung typischen linearen Temperaturverlauf, so können wir von Schicht zu Schicht eine Temperaturlinie durch die Konstruktion in Abhängigkeit von den Randbedingungen zeichnen. Warum? Weil der Wärmestrom an jeder Stelle konstant ist. Einleuchtend ist, dass diese Bedingung bei örtlichen und zeitlichen Abhängigkeiten des Wärmestroms und einer von der Normalrichtung abweichenden Strömung durchaus verschwinden kann.

Wo und wann diese Abweichung in der Konstruktion auftritt und mit welchem Temperaturverlauf wir dann zu rechnen haben, interessiert auch und gerade in Wärmebrückenbereichen. Da die Vereinfachung eines konstant linearen Zusammenhanges nicht mehr zur Verfügung steht, muss dem Temperaturverlauf in der Konstruktion mittels einer besseren Unterteilung des Körpers Rechnung getragen werden. Das Bauteil wird "zerlegt" in eine bestimmte (finite) Anzahl von kleinen Abschnitten (Elementen). Mit dieser finiten Anzahl von kleinen Abschnitten "tasten" wir uns an den realen Temperaturverlauf heran, ohne ihn tatsächlich komplett nachzeichnen zu können – aber in Abhängigkeit vom gewählten Verfahren doch mit zunehmender Genauigkeit.

Bei der Methode der **finiten Differenzen** wird ein Netz mit rechteckigen Elementen über die Konstruktion gelegt. Dieses Netz kann sowohl aus äquidistanten Elementen zusammengesetzt sein als auch variable – insbesondere in Bereichen mit zu erwartenden Temperatursprüngen und an Grenzflächen von Materialien mit stark abweichenden wärmetechnischen Eigenschaften – Elementgrößen aufweisen. Der Verlauf der Temperatur innerhalb der Konstruktion folgt dann aus der Berechnung der Temperatur an einer festgelegten (finiten) Anzahl einzelner (diskreter) Punkte. Mathematisch gesehen handelt es sich bei der Methode der finiten Differenzen um eine Bildung der Orts- und Zeitableitung (wenn instationär) über die Differenzbildung benachbarter Punkte. Mit dieser Methode wird eine gute Annäherung an den tatsächlichen Temperaturverlauf erreicht, insbesondere dann, wenn ein möglichst kontinuierlicher Verlauf der Temperatur zu erwarten ist, die über die Diskretisierung gut abgebildet werden kann. Bild 14 zeigt ein für die Anwendung der Methode der finiten Differenzen typisches Berechnungsnetz auf einer Wärmebrücke.

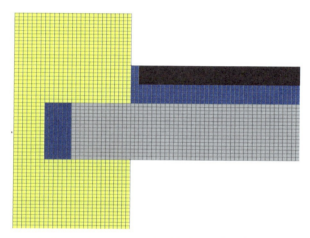

Bild 14: Berechnungsnetz für die Anwendung der Methode der finiten Differenzen

Zur weiteren Erläuterung werden wir nunmehr einen kleinen Ausschnitt des im Bild 14 bereits netzgenerierten Details verwenden. Dabei soll zunächst die Situation zwischen den einzelnen Zellen innerhalb der Konstruktion interessieren, später widmen wir uns der Situation am Rand des Details. In Anlehnung an [Bloomberg-1996] wird im Bild 15 ein kleinerer Ausschnitt der Diskretisierung mit hierfür angemessener geringer Indizierung gezeigt. Das zentrale Element, in dem wir unsere Betrachtung beginnen, ist T_{xy}.

1.3 Physikalisch-mathematischer Exkurs

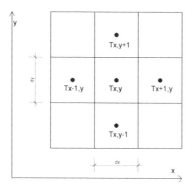

Bild 15: Berechnungsnetz mit mittig angeordneten Temperaturpunkten (Gitter ist äquidistant)

Aus der Koppelung des numerischen Berechnungsnetzes nach Bild 15 kann der Wärmestrom ins Element hinein und aus dem Element heraus ermittelt werden. Die Wärmeleitfähigkeit kann dabei mit dem in Gleichung 31 für das Material zwischen Punkt $T_{x-1,y}$ und $T_{x,y}$ gezeigten Auszug ermittelt werden:

$$L_{Tx-1,y,Tx,y} = \frac{\Delta y}{R_{x-1} + R_x} \qquad [31]$$

Die zu überbrückenden Widerstände werden nach Bild 15 zu:

$$R_{x-1} = \frac{0,5 \cdot \Delta x}{\lambda_{x-1}} \qquad [32]$$

$$R_x = \frac{0,5 \cdot \Delta x}{\lambda_x}$$

Die Wärmeleitfähigkeit aus Gleichung 31 wird auf einen Meter Konstruktionslänge – also bei einer zweidimensionalen Darstellung wie im Bild 15 die nicht gezeichnete Dimension – bezogen und hat demnach die Einheit W/(mK). Wir haben daher die Notation "L" gewählt, weil es sich vereinbarungsgemäß hier um einen Leitwert handelt oder zumindest handeln könnte.

Mit anderen Indizes versehen, können mit der ermittelten Wärmeleitfähigkeit zwischen den Knoten der Gitternetze die entsprechenden Wärmeströme bzw. die Temperaturen an den Knoten berechnet werden. Interessant ist dabei auch die erste Temperatur am Rand des ersten Gitterelementes, die Oberflächentemperatur. Zwar wissen wir aus der Erörterung der Randbedingungen, dass wir hier eine Randbedingung der 3. Art auszuwählen haben, der Wärmestrom in das Element hinein ergibt sich aber bekanntlich aus der gegebenen Temperaturdifferenz zwischen innen und der Wandoberfläche. Den Wärmestrom über den vorhandenen Wärmedurchgangskoeffizienten bestimmen zu wollen, bringt zwar in der ungestörten Wandebene ein Ergebnis, für den Wärmebrückenbereich ist dieser Wert jedoch eine Unbekannte. Die Situation am Randelement zeigt Bild 16.

1 Wirkungsweise von Wärmebrücken

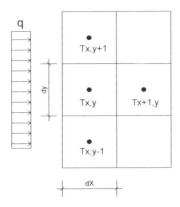

Bild 16: Situation am Randelement

Unter Verwendung der Gleichung 15 und der Voraussetzung, dass der Wärmeübergangskoeffizient – und damit auch der Wärmeübergangswiderstand – bekannt ist, wird in Gleichung 31 der linksseitige Randbereich in die Berechnung der Wärmeleitfähigkeit bis zum Knoten $T_{x,y}$ wie folgt einbezogen:

$$L_{s;T,x,y} = \frac{\Delta y}{R_s + R_x} \qquad [33]$$

R_s steht in Gleichung 33 für den definierten Wärmeübergangswiderstand, der Wert R_x ist wie in Gleichung 32 dargestellt anzuwenden. Wenn vorhanden, dann können zwischen den Elementen auch noch zusätzliche Wärmedurchlasswiderstände angesetzt werden. Diese sind dann in die im Nenner der Gleichung 31 stehende Summe aufzunehmen. Sind die Temperaturen der benachbarten Gitter bekannt, so kann für das jeweils zu betrachtende Element die Wärmestrombilanz aufgestellt werden. Dabei ist zunächst das Randelement mit den raumseitig vorgegebenen Randbedingungen interessant:

$$Q_{\Delta y} = L_{s,T,x,y} \cdot (T_{innen} - T_{x,y}) \qquad [34]$$

Die Bilanz des zwischen den Elementen fließenden Wärmestroms wird sodann gebildet aus den hinein- und hinausfließenden Wärmeströmen, die wiederum abhängen von der Temperaturdifferenz zwischen den einzelnen Elementen des Gitters und vom zwischen dem Elementmittelpunkt vorhandenen Wärmedurchlasswiderstand. Da wir uns noch im stationären Betrachtungsfeld befinden, wird die Bilanzsumme folgerichtig zu null, da die Wärme in den jeweiligen Elementen keinem kapazitiven Einspeicherungsprozess unterworfen ist. Oder mit anderen Worten: Was an Wärme reingeht, kommt auch wieder heraus. Angenommen, das im Bild 14 farblich grau hinterlegte Mittelelement wäre ein Element innerhalb einer Wand und innerhalb einer Schicht mit konstanter Wärmeleitfähigkeit, so wäre die Wärmestrombilanz bei linksseitiger linear abnehmender Temperatur wie in Gleichung 35 dargestellt aufzustellen. Gleiche Wärmeleitfähigkeit und Temperatur im benachbarten oberen und unteren Element führt in diesem Falle dazu, dass kein Wärmestrom initiiert wird – er kann folglich in der Bilanz vernachlässigt werden.

$$\sum Q_{x,y} = L_{T,x+1,y,Tx,y} \cdot (T_{x+1,y} - T_{x,y}) - L_{T,x-1,y,Tx,y} \cdot (T_{x,y} - T_{x-1,y}) \qquad [35]$$

1.3 Physikalischer-mathematischer Exkurs

Wem daran liegt zu wissen, wie die korrekte mathematische Notation dieses Verfahrens lautet, dem sei an dieser Stelle der Begriff der "Vorwärts-Differenz-Bildung" genannt. Diese Differenz-Bildung kann nicht nur, wie bisher in diesem Kapitel behandelt, für den stationären Fall, sondern selbstverständlich auch für den instationären verwendet werden. Da im instationären Fall auch die kapazitive Wärmeeinspeicherung in den Elementen zu berücksichtigen ist und diese sich stark zeitabhängig zeigt, ist die Berechnung einer neuen Temperatur um den Zeiteinfluss zu erweitern. Die Wärmekapazität selbst ergibt sich aus den Materialkennwerten. Sie wird bei der instationären Wärmebrückenberechnung üblicherweise über den interessierenden Temperaturbereich als konstant angenommen. Auch bei instationären Berechnungen mit der Methode der finiten Differenzen wären, soweit vorhanden, die inneren Wärmequellen 1. Art zu berücksichtigen – diese sind wiederum, wenn sie keinen konstanten Wärmestrom erzeugen, auch als über die Zeit variabel anzunehmen. Die wohl überwiegende Anzahl typischer Wärmebrückenberechnungen wird ohne Berücksichtigung von Quellen 1. Art auskommen, derweil die Berücksichtigung der Wärmeeinspeicherung (Quellen 2. Art) praxisrelevanter sein wird. Unter Zuhilfenahme von Gleichung 15 formulieren wir für das mittige Feld im Bild 15 die Bilanzgleichung zeitabhängig. Wieder unter der Voraussetzung, die wir bereits für Gleichung 15 verwendet haben. Wir vereinfachen die Produkte aus Leitwert und Temperaturdifferenz in Gleichung 35 zu einer Wärmestromdarstellung und benutzen hierbei jeweils den Leitwertindex.

$$\Delta q \cdot \Delta x \cdot \Delta y = (Q_{T,x+1,y,Tx,y} - Q_{T,x-1,y,Tx,y}) \cdot \Delta t \qquad [36]$$

Das Produkt auf der linken Seite der Gleichung 36 enthält neben den Netzkoordinaten auch die Wärmeenergie, die, wie wir aus Gleichung 15 entnehmen können, sowohl von der produktspezifischen Wärmekapazität des Materials als auch von seiner Rohdichte abhängt. Wie viel Energie eingespeichert werden kann, hängt dann nur noch von der anliegenden Temperaturdifferenz ab. Wir schreiben zum besseren Verständnis die Gleichung 36 in der Form:

$$c \cdot \rho \cdot \Delta T \cdot \Delta x \cdot \Delta y = (Q_{T,x+1,y,Tx,y} - Q_{T,x-1,y,Tx,y}) \cdot \Delta t \qquad [37]$$

Mit ΔT ist jetzt eine Differenz in die Berechnung eingegangen, die sowohl eine bekannte Temperatur T aus dem Vorgänger-Zeitschritt A – wir nennen ihn hier so, andere Bezeichnungen sind denkbar – als auch eine unbekannte, gesuchte Temperatur T_{neu} aufweist. Wir stellen Gleichung 37 nach dieser unbekannten Temperatur um und erhalten:

$$T_{neu} = T + \frac{\Delta t}{c \cdot \rho \cdot \Delta x \cdot \Delta y} \cdot (Q_{T,x+1,y,Tx,y} - Q_{T,x-1,y,Tx,y}) \cdot \Delta t \qquad [38]$$

Die zuvor gezeigte Bilanzierung des Wärmestroms durch eine diskretisierte Wand könnte jetzt beliebig auf andere Gegebenheiten übertragen werden, einschließlich des Vorhandenseins von Wärmequellen 1. Art und in y-Richtung auftretender Temperaturdifferenzen, die ja gerade in Wärmebrückenbereichen durch Störung des Eigenschaftskontinuums häufig anzutreffen sein werden. Bleibt uns für die instationäre Berechnung noch die Frage, wie groß – besser: lang – unser gewählter Zeitschritt denn sein darf: 10 min, eine Stunde, 1 Tag oder, um einen von Mathematikern so gern benutzten Ausdruck einzubringen, mit infinitesimalen, also gegen null strebenden Zeitschritten? Einen Ansatz liefert [Eftring-1990] mit der Definition, dass der Zeitschritt immer kleiner sein sollte als das Verhältnis der in einem diskreten Gebiet eingespeicherten Wärmeenergie zur Summe aller in das Gebiet einfließenden Wärme, die auch als Summe der Leitwerte nach Gleichung 31 angesehen werden kann. Vorausgesetzt, die Wärmekapazität wird volumenbezogen in J/(m³K) angegeben und wir setzen vereinbarungsgemäß die dritte Dimension mit 1 m an, so wird das beschriebene Verhältnis ein Ergebnis in Sekunden liefern – unseren Zeitschritt. Er hängt folglich vom Verhältnis zwischen Wärmespeicherung und Wärmetransport ab, was uns schließlich wieder zurückbringt zu unserer im Zusammenhang mit der Fourier-Wärmegleichung definierten Wärmeleitzahl a, nur, dass wir diese Größe hier unter den konkreten Bedingungen einer Diskretisierung anwenden. Rein theoretisch müssten die Zeitschrittkontrollen für den gesamten Diskretisierungsbereich abgefragt werden. In der Praxis sollte es uns aber reichen, mithilfe eines Computers den jeweils kleinsten Zeitschritt für das ungünstigste Speicherungs-/Leitungsverhältnis zu errechnen und auf alle Punkte anzuwenden.

Eine weitere Herausforderung bei der Berechnung von Wärmeströmen ergibt sich immer dort, wo die "klassische" Wärmeleitung durch den Baukörper auf andere Wärmetransportmechanismen wie Wärmestrahlung und Konvektion stößt. Wir kennen Kombinationen beispielsweise aus einer belüfteten oder unbelüfteten Luftschicht innerhalb zweischaliger Außenwandkonstruktionen oder mehrschaliger Dachkonstruktionen. Für den stationären Fall wird man sich eines Ersatzwiderstandes bedienen, der nach der Norm DIN EN ISO 6946 [2008] als tabellierter Wert entnommen oder nach Anhang B berechnet werden kann. Die hier unterstellte Proportionalität des Wärmeüberganges infolge Strahlung und Konvektion zu der zwischen den Begrenzungsflächen herrschenden Temperaturdifferenz beschreibt das Problem ausreichend genau. Für den instationären Berechnungsfall wird das Modell zu verfeinern sein, in [Bloomberg-1996] sind dazu passende Ansätze für die Aufstellung der zu lösenden Gleichungssysteme zu finden.

Wir verlassen an dieser Stelle die Erörterungen zu der Methode der finiten Differenzen und widmen uns einer Methode, die in den letzten Jahren in vielen Ingenieurwissenschaften in Kombination mit modernster Computertechnik zu einem viel benutzen Lösungsansatz zur numerischen Lösung von Differenzialgleichungen geworden ist: die Methode der **finiten Elemente**. Wir wissen bereits, dass eine geschlossen analytische Bestimmung des Temperaturfeldproblems de facto ausgeschlossen werden kann. Die Methode der finiten Elemente folgt der Idee, dass das mittels der partiellen Differenzialgleichung formulierte Problem der Wärmeleitung auch näherungsweise gelöst werden kann. Dazu wird das Gebiet – ähnlich so, wie wir das schon aus der Methode der finiten Differenzen kennen – wieder in endliche, also finite, Teilgebiete unterteilt. Bild 17 zeigt eine solche Diskretisierung mit unterschiedlich verteilter Netzdichte.

1.3 Physikalisch-mathematischer Exkurs

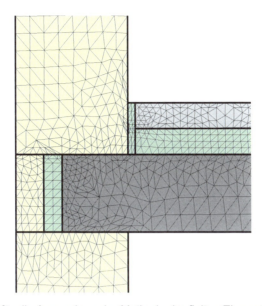

Bild 17: Berechnungsnetz für die Anwendung der Methode der finiten Elemente

Im Vergleich zu Bild 14 sind im Berechnungsnetz vor allem Dreiecke zu erkennen, keine Rechtecke mehr. Obgleich eine gewisse Ähnlichkeit zur Netzgenerierung bei der Methode der finiten Differenzen besteht, scheinen sich die Methoden jedoch im Detail zu unterscheiden. Woher kommen diese Unterschiede? Während wir bei der Methode der finiten Differenzen die Lösung der Differenzialgleichung über eine zwischen einer gebildeten Menge von Punkten (Mittelpunkte der Gitter) bestehende Differenz gebildet haben (diskrete Temperaturwerte), verfolgt der Ansatz der finiten Elemente das Ziel, den Temperaturverlauf möglichst genau über eine stetige Funktion zu berechnen. Dazu werden sogenannte Stützstellen eingerichtet, die Knoten, und als Netz miteinander verbunden. Die Aufteilung des zu untersuchenden Gebietes erfolgt mit geometrisch einfachen Teilgebieten. Als geometrisch einfach sind hierbei vor allem gleichseitige Dreiecke zu bezeichnen. Aber auch Parallelogramme und Vierecke können verwendet werden. Für das so gebildete Teilgebiet wird über eine sogenannte Ansatzfunktion versucht, das Problem möglichst einfach mit wenigen freien Parametern mathematisch zu beschreiben. Einfache Funktionen sind vor allem Polynome ersten und zweiten Grades, da der Funktionsverlauf des Polynoms nur von wenigen Parametern, den Polynomkoeffizienten, abhängen wird. Um den Verlauf des Polynoms zu beschreiben, ist nur noch eine Interpolation der Funktionswerte an den Stützstellen (Knoten) erforderlich. Diese Berechnungen sind über Rechenroutinen zigmal auszuführen, was nur mittels Einsatz von Rechentechnik möglich ist. Die finiten Elemente sind dabei möglichst klein zu wählen, um mit diesem Polynomansatz eine möglichst gute Näherung des gesuchten Temperaturverlaufs zu ermöglichen und darüber hinaus auch gleich den unumstößlichen Umstand, dass in den gebildeten Gebieten der Temperaturverlauf weder durch ein Polynom erster noch zweiter Ordnung wirklich umfassend beschrieben werden kann, ausreichend zu würdigen. Überdies muss es uns gelingen, mit den finiten Elementen den Zusammenhang zwischen der Knotentemperatur und dem Temperaturverlauf im Elementgebiet zu beschreiben. Die Methode der finiten Elemente nutzt dazu einen analytischen, sprich: integralen Ansatz, in dem ein

Integral möglichst klein sein soll. Wir kennen diesen Ansatz aus der Literatur als das "Minimumsprinzip", welches besagt, dass ein System immer bestrebt sein wird, mit minimalem Aufwand ein Gleichgewicht oder, etwas allgemeiner formuliert, überhaupt mit geringem Energieaufwand einen allgemeinen Zustand, sei es nun eine Deformation oder eine Erwärmung, herzustellen. Übertragen wir dieses Prinzip beispielsweise auf die Minimierung der potenziellen Energie so, muss es uns gelingen, die Energie über die aufgestellten Ansatzfunktionen der beispielsweise von außen einwirkenden Wärmeströme zu berechnen. Es dürfte naheliegend sein, dass die potenzielle Energie in einer Abhängigkeit von der Knotentemperatur steht, wir erreichen demnach ein gutes Minimum, wenn die Ableitung der von der Knotentemperatur abhängigen potenziellen Energie nach der Knotentemperatur zu null wird. Für den, der die Berechnungen von Wärmebrücken durchzuführen hat, ist das Wissen um dieses Prinzip zweitrangig. Es ist hier nur erwähnt, um das Herangehen zu erläutern. Programmierern wird es ohnehin geläufig sein.

Da die Knoten selbst, wie im Bild 17 zu erkennen ist, zu mehreren finiten Elementen (Verbindungen der Dreiecke) gehören, wird eine Gesamtsteifigkeitsmatrix aufzustellen sein, die aus einzelnen Matrizen der Elemente zusammenzusetzen ist. Der Begriff Steifigkeitsmatrix kommt aus der Mechanik, er wird bei Wärmeleitungsvorgängen sinnähnlich verwendet. Wer gefordert ist, sich in der Programmierung von finiten Elementprogrammen zu betätigen, dem sei an dieser Stelle die hervorragende Darstellung über die Bildung von Einzelelement- und Gesamtsteifigkeitsmatrizen in [Stoffel-1992, Groth, Müller-2009] empfohlen. Wir wollen uns hier auf ein ganz einfaches Elementbeispiel (Dreieckselement mit drei Knoten) aus der stationären Wärmeleitung beschränken, um dem Leser das Grundprinzip der Bildung einer Elementsteifigkeit ein klein wenig näher zu bringen. Wir gehen davon aus, dass die jeweilige Feldgröße die an den Knoten anliegende Temperatur T ist, die in Matrixschreibweise folgendermaßen mit dem stationären Wärmestrom in den Dreiecksecken in Verbindung steht.

$$\begin{pmatrix} K_{11} & K_{12} & K_{13} \\ K_{21} & K_{22} & K_{23} \\ K_{31} & K_{32} & K_{33} \end{pmatrix} \cdot \begin{pmatrix} T_1 \\ T_2 \\ T_3 \end{pmatrix} = \begin{pmatrix} -Q_1 \\ -Q_2 \\ -Q_3 \end{pmatrix} \; oder \; [K] \cdot \{T\} = -\{Q\}$$

[39]

Wird eine lineare Ansatzfunktion (Polynom ersten Grades) für die Berechnung des Temperaturverlaufs im Inneren eines Dreiecks (finites Element nach Gleichung 39) verwendet, so ergibt sich aus Gleichung 40 bei einer gegebenen Knotentemperatur T_x die Temperatur an einer zu berechnenden Position (x,y). Möglich wäre auch eine allgemeinere Darstellung mittels Umstellung der Gleichung 39 nach der Temperatur.

$$T(x,y) = T_1 \cdot f_1(x,y) + T_2 \cdot f_2(x,y) + T_3 \cdot f_3(x,y)$$

[40]

Die Funktion "f" ist die Ansatzfunktion (sie wird auch als Formfunktion bezeichnet), die Matrix "K" ist unsere Steifigkeitsmatrix und wird bei der Berechnung von Temperaturfeldern als Leitfähigkeitsmatrix dargestellt. Die Leitfähigkeitsmatrix enthält alle für die Lösung der Berechnung notwendigen Material- und Geometriedaten. Betrachten wir jetzt alle Knoten eines Gesamtsystems, so muss die Bedingung erfüllt sein, dass die Summe aller am Knoten anliegenden Wärmeströme null sein muss. Für die Randknoten des Gesamtsystems gilt, dass die Wärmeströme über die Randbedingung vorzugeben sind. Als Ergebnis erhält man für alle Knoten eine Temperatur, mit deren Hilfe man die Gradienten eines jeden Elementes bestimmen kann und der Wärmestrom im Element einen konstanten Wert aufgrund der linearen Ansatzfunktion annimmt.

Gewiss könnte man auf den Gedanken kommen, dass die Lösung allgemein über die Umstellung der Gleichung 39 keine große Herausforderung darstellt, da ja schließlich nach Umstellung lediglich eine inverse Matrix zu lösen sei. Numerische Lösungen in FEM-Programmen basieren überwiegend auf der Anwendung von sogenannten direkten und iterativen Methoden. So arbeitet das Programm Psi-Therm (siehe Abschnitt 8) mit einer interaktiven Methode namens "Konjugierte Gradiente", als weitere typische Vertreter sei hier die "Gauß-Seidel-Methode" und die Überrelaxation genannt. Als direkte Methode kommt u.a. das Gauß´sche Eliminationsverfahren in Betracht.

Die Methode der finiten Elemente hat, trotz ihrer schwierigen mathematischen Durchdringung, gegenüber der Methode der finiten Differenzen vor allem Vorteile bei der Elementierung von Wärmebrückendetails und wird, insbesondere für komplexe Aufgabenstellungen, auch die genaueren Werte der Temperaturverteilung und des Wärmestroms liefern. Insbesondere bei geneigten Flächen und Knoten wird mit der Finite-Differenzen-Methode nur über eine Rechteckelementierung die Feldaufteilung gelingen. An runde Flächen wird eine sinnhafte Elementierung unter Anwendung der Differenzen-Methode sehr schwierig und folgerichtig das Ergebnis ungenauer. Aber auch die FEM-Methode hat ihre Grenzen in der richtigen mathematischen Aufbereitung, insbesondere in der Wahl einer sinnvollen Ansatzfunktion und der Verwendung effektiver Gleichungslöser. Auch können bei der Elementierung diverse Fehler eingebaut werden, die der Nutzer der Rechenprogramme nicht immer auf Anhieb erkennen kann. Der physikalische Verstand sollte daher immer beim Betrachten der Ergebnisse der FEM-Berechnung mitschwingen und Zweifel, die sich bei der Betrachtung von Temperaturverläufen zeigen, sollten nicht etwa aus Furcht vor der eigenen mathematischen Blöße unterbleiben. Ansonsten wird das Verständnis, was sich im Hintergrund der Programme abspielt, leiden und Ergebnisse, die jedem physikalischen Ansatz widersprechen, werden unkritisch akzeptiert. Da der Nutzer von FEM-Programmen nicht derjenige ist, der die Ansatz-/ Formfunktionen aufzustellen und zu lösen hat, steht er bei der Verwendung solcher Programme für Wärmebrückenberechnungen vor allem vor den nachfolgenden Aufgaben:

- Modellierung der Details;
- Eingabe der Materialdaten für die programminterne Aufstellung der Leitwertmatrix;
- Auswahl der thermischen Bedingungen an den Elementrändern;
- Auswahl und ggf. Überprüfung der Netzgenerierung des Programms;
- Feinjustierung und/oder örtliche Anpassung der Netzgenerierung:
- Plausibilitätstest der Ergebnisse anhand der vom Programm bereitgestellten Wärmestrom- und Isothermenbilder oder eines Vergleiches der Oberflächentemperaturen in ungestörten Bereichen.

1.4 Klassifizierung von Wärmebrücken

Im Abschnitt 1.1 haben wir in Anlehnung an verschiedene Literaturquellen bereits eine mögliche Klassifizierung von Wärmebrücken hergeleitet. In den folgenden Abschnitten werden wir diese Klassifizierung anhand von einigen Beispielen erläutern und schnell feststellen, dass eine solche Klassifizierung zwar nützlich erscheint, für die praktische Berechnung später sich jedoch als entbehrlich herausstellen wird. Hauptgrund dafür ist, dass sich erstens die reinen Arten der so klassifizierten Wärmebrücken recht selten in der Praxis zeigen und wenn, dann an ohnehin bekannten Orten, und zweitens es für die Berechnung von längenbezogenen Wärmedurchgangskoeffizienten und Oberflächentemperaturen sowieso nicht von Belang ist, welcher Art einer Wärmebrücke die Ergebnisse zuzuordnen sind. Eine prägnant angesetzte Erläuterung zur möglichen Klassifizierung sollte daher im Rahmen dieses Buches ausreichen.

1.4.1 Geometrisch bedingte Wärmebrücken

DIN EN ISO 10221 [2008] definiert als geometrisch bedingte Wärmebrücken all diejenigen, bei denen der sonst homogene Wärmedurchlasswiderstand der Konstruktion verändert wird durch "eine unterschiedlich große Differenz zwischen Innen- und Außenfläche....". Für [Mainka, Paschen-1986] entstehen geometrisch bedingte Wärmebrücken aus der "Verbindung gleicher Bauteile unter Einschließung einer Kante oder Ecke" bzw. "bei einer Änderung der Gestalt oder der Abmessung eines Bauteils". Änderungen der Gestalt oder der Abmessung werden in den heute typischerweise anzutreffenden Baukonstruktionen weniger die Oberflächentemperatur beeinflussen als die erstgenannten Ecken und Kanten. Andererseits werden diese querschnittsinduzierten Wärmebrücken einen nicht unwesentlichen Einfluss auf den Wärmestrom haben, eine Ignorierung wäre daher unangemessen. Problematischer ist der erste Satz von [Mainka,Paschen-1986], der eine geometrisch bedingte Wärmebrücke in der Ecke und Kante nur zwischen gleichen Bauteilen sieht. Zwar ist dieser Definitionsansatz unter dem Aspekt eines rein geometrisch bewirkten Wärmestroms korrekt, er geht aber in der dann sachlogisch zu folgernden Ausgrenzung hauptsächlich geometrisch bedingter Wärmebrücken (Verbindung Dach-Wand) möglicherweise zu weit.

Bild 18 zeigt den typischen baukonstruktiven Vertreter dieser Wärmebrücke, die Außenecke. Ersichtlich ist, dass wir Unterschiede zwischen der üblicherweise innenliegenden Erwärmungsfläche A_1 ((1,00 m +1,00 m) x Höhe) zur außenliegenden Abkühlungsfläche A_2 ((1,30 m + 1,30 m) x Höhe) haben, die im Falle einer stationären Betrachtung immer zu einer Verringerung der innenseitigen Oberflächentemperatur führen wird. Die Längen im Bild 18 sind zunächst einmal völlig willkürlich gewählt worden. Sie werden uns später noch bei der Frage der richtigen Modellierung von Wärmebrücken näher beschäftigen.

1.4 Klassifizierung von Wärmebrücken

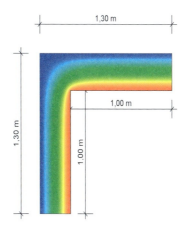

Bild 18: Außenecke als typischer Vertreter einer geometrischen Wärmebrücke

Die intensiven Ausrundungen an den Enden der Ecke verraten uns aber, dass sich das eigentliche "Problem" auf einen sehr kleinen Abschnitt konzentriert. Der ausgerundete Verlauf der Temperatur an der Ecke ließe zunächst den Schluss zu, der Wärmestrom könnte eine Ähnlichkeit zu einem Wärmestrom durch ein Rohr aufweisen. Und in der Tat zeigt uns Bild 19 eine mögliche Überleitung des geometrischen Eckproblems in ein Problem für den Wärmedurchgang durch ein Rohr. Dazu modellieren wir die Ecke so, dass zwei Rohrabschnitte mit dem Radius r_1 (Innenradius) und r_2 (Außenradius) entstehen. Die Radien sollen möglichst genau den Isothermenverlauf (siehe Bild 18) approximieren.

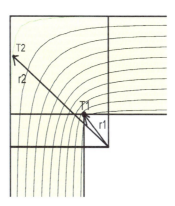

Bild 19: Modellierte Außenecke

Setzen wir für den Wärmestrom im Eckbereich unser bereits bekanntes Fourier´sches Gesetz an, so können wir den Wärmestrom wieder als Änderung der Temperatur an einem Ort begreifen – im Unterschied zur Platte werden wir uns hier als Ort nicht einen Teil der Plattendicke wählen, sondern wir wenden als Bezug das jeweilige Teilstück des Radius an. Mathematisch ausgedrückt:

1 Wirkungsweise von Wärmebrücken

$$Q = -\lambda \cdot \frac{\delta T}{\delta r} \cdot A = -\lambda \cdot \frac{\delta T}{\delta r} \cdot 2 \cdot \pi \cdot H \cdot r \qquad [41]$$

In Gleichung 41 soll H die Wandhöhe darstellen. Mit einer analytischen Darstellung (integrale Beziehung mit Betrachtung der Energie am Gesamtsystem) kann der konstante Wärmestrom folgendermaßen beschrieben werden:

$$\int_{r_1}^{r_2} \frac{Q}{r} dr = -2\pi H \lambda \int_{r_1}^{r_2} \frac{dT}{dr} = -2\pi H \lambda \int_{T_1}^{T_2} dT \qquad [42]$$

Man kann den Wärmestrom, den wir als Konstante annehmen, auch vor das in Gleichung 42 dargestellte Integral ziehen, sodass wir einen Wärmestrom von:

$$Q = \frac{2\pi H \lambda}{\ln\left(\frac{r_2}{r_1}\right)} \cdot (T_1 - T_2) \qquad [43]$$

erhalten. Die in Gleichung 43 als T_1 und T_2 bezeichneten Temperaturen sind die Oberflächentemperaturen (siehe Bild 19), der Bruch gibt den thermischen Widerstand als Materialfunktion an und ist deutlich geometrisch determiniert. Für die Praxis sind die vorgestellten Rechenalgorithmen nur von untergeordneter Bedeutung, weil eine Modellierung der Wärmebrücken mittels Ersatzmodell in der heute von Rechnerprogrammen bestimmten Zeit die Ausnahme sein sollte. Die Annäherung an das Rechenproblem einer geometrisch initiierten Wärmebrücke kann neben der allgemeinen Verständnisförderung aber auch zur überschlägigen Berechnung der sich einstellenden Oberflächentemperatur T_1 genutzt werden. Dazu wird der oben entwickelte Ansatz zur Berechnung des Wärmestroms auf die Verhältnisse in der Ecke übertragen.

$$\frac{Q}{2\pi H r_1} = \frac{1}{R_{si}} \cdot (T_{innen} - T_1) \qquad [44]$$

Mit Kenntnis der Beziehungen nach Gleichungen 42 bis 44 können wir die konkrete Innentemperatur an der Ecke bestimmen.

$$T_1 = T_{innen} - \frac{Q \cdot R_{si}}{2 \cdot H \cdot r_1} \qquad [45]$$

Geholfen ist uns mit der Gleichung 45 noch nicht so richtig, da noch beide üblicherweise unbekannten Radien zu bestimmen sind, um den Wärmestrom an der Ecke zu bestimmen. In [Häupl-2008] wird ein Temperaturfaktor für die Oberfläche hergeleitet unter der Annahme, dass der r_1 in ein statisches Verhältnis zur Wanddicke gesetzt werden kann. Die Annahme eines Quotienten von 3,5 in diesem Zusammenhang scheint bei Betrachtung der üblichen Wanddicken vertretbar. Der Temperaturfaktor ist dann nur noch vom Wärmedurchlasswiderstand der Schichten und vom Wärmeübergangswiderstand abhängig. Nach [Häupl-2008] kann der Temperaturfaktor an der Ecke bei einem inneren Wärmeübergangswiderstand von 0,17 (m²W)/K und einem äußeren von 0,04 [m²W/K] nach folgender Gleichung berechnet werden:

$$f_{si} = \frac{R_\lambda + 0,021}{R_\lambda + 0,416} \; mit \; R_\lambda = \frac{d}{\lambda} \qquad [46]$$

1.4 Klassifizierung von Wärmebrücken

Hergeleitet worden ist Gleichung 46 aus den für Rohre bekannten Annahmen. Die Ecke wird dabei zum Viertelhohlzylinder der Dicke *d* und dem Innenradius *r*. Der Summand 0,021 ist aus diesen Bedingungen abgeleitet und nicht als Summe aus äußerem und innerem Wärmeübergangswiderstand zu verstehen.

Beispiel: Für die in Bild 20 dargestellte Wandecke soll mit Gleichung 46 die zu erwartende Ecktemperatur abgeschätzt werden. Die Außentemperatur soll -5 °C, die Innentemperatur 20 °C betragen. Die Wand d = 30 cm hat einen λ-Wert von 0,14 W/(mK), die Dicke beträgt 30 cm, als Übergangswiderstände werden die vorgenannten verwendet. Der Wärmedurchlasswiderstand wird damit zu 2,143 (m²K)/W, als f_{si} erhalten wir nach dem Einsetzen in Gleichung 46 einen Wert von 0,84 (dimensionslos). Dieser Wert sagt uns, dass die Temperaturdifferenz zwischen der Oberfläche der Wärmebrücke und außen exakt 84 Prozent von der Differenz zwischen Innen- und Außentemperatur beträgt. Mit der 25-K-Differenz zwischen innen und außen ist die Differenz also 0,84 · 25 = 21 K anzunehmen, was einer Oberflächentemperatur an der Ecke von 16 °C (- 5 plus 21 °C) entspricht. Wir rechnen diese Annahme mit einem FEM-Programm nach und erhalten:

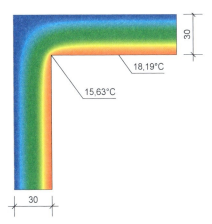

Bild 20: Berechnete Oberflächentemperatur an der Ecke

Aus Bild 20 entnehmen wir eine gute Übereinstimmung der FEM-Berechnung mit der Handrechnung nach Gleichung 46. Die FEM-Berechnung führt zu einer Temperaturabsenkung an der Ecke von 2,56 °C im Vergleich zum ungestörten Bereich.

Bild 21 gibt einen Überblick über die zu erwartenden Oberflächentemperaturen und Temperaturfaktoren unter den oben beschriebenen Randbedingungen. Diese Werte sind beispielsweise für die Vorplanung von Konstruktionen verwendbar, ersetzen aber keinen genaueren Nachweis. Ist nicht nur Innentemperatur, sondern auch der sich einstellende Wert der relativen Luftfeuchte bekannt, so kann mit den Werten auch abgeschätzt werden, ob Schimmelpilzbildung zu erwarten ist. Näheres dazu werden wir im Abschnitt 3.1 besprechen. Auch soll uns momentan noch nicht ein eventuell zusätzlich zu berücksichtigender Wärmestrom an der geometrischen Wärmebrücke interessieren, da hierfür das Verständnis der Modellierung und ihre Auswirkung auf den längenbezogenen Wärmedurchgangskoeffizienten vonnöten sind. Was zunächst bleibt, ist die Erkenntnis, dass geometrische Einflüsse den sonst senkrecht zur Plattenebene verlaufenden Wärmestrom gehörig stören und die Definition aus Abschnitt 1.1 bestätigt werden kann.

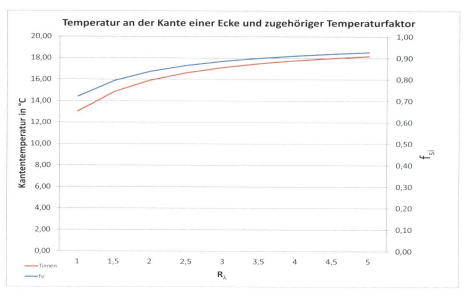

Bild 21: Kantentemperatur und Temperaturfaktor an der Ecke in Abhängigkeit vom Wärmedurchlasswiderstand der ungestörten Wand

Es stellt sich bei Betrachtung der Wandecke die Frage, ob die festgestellte Herabsetzung der Oberflächentemperatur für alle Arten von Ecken anzunehmen ist. Dazu verwandeln wir unsere Außenecke in eine Innenecke und stellen in Bild 22 den Isothermenverlauf vor.

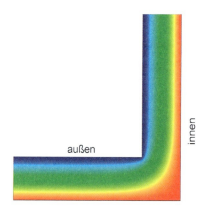

Bild 22: Isothermenverlauf an einer Innenecke

Wir können anhand des Bildes 22 feststellen, dass die aus einer geometrischen Innenecke gebildete Wärmebrücke "harmlos" erscheint, da jetzt der größeren warmen Innenfläche eine kleinere kalte Außenfläche gegenüberliegt. Das sollte allerdings nicht blind dazu verleiten, diese Art der geometrischen Wärmebrücken generell zu missachten. Nur, weil diese Art eine augenscheinlich höhere Oberflächentemperatur aufweist, ist sie nicht zwangsweise auch energetisch "sauber". Das wird sich erst bei der Berechnung des längenbezogenen Wärmedurchgangskoeffizienten herausstellen. Um es vorwegzunehmen: Die bisherige Betrachtung der sich einstellenden Oberflächentemperaturen wird sich komplett umdrehen, wenn wir zur Aussage des energetischen Einflusses derartiger Wärmebrücken kommen. Aber zurück zu den Oberflächentemperaturen. Die Frage, ob eine allgemeine Ableitung möglich ist, die die reinste Art der geometrischen Wärmebrücken, die Ecken, bezüglich der zu erwartenden Oberflächentemperaturen in günstig oder ungünstig unterteilt, kann anhand des Bildes 23 beantwortet werden.

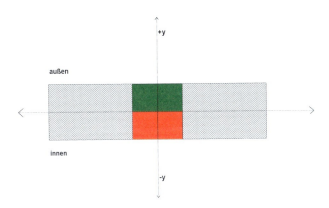

Bild 23: Bildung von günstigen und ungünstigen geometrischen Wärmebrücken

Das Bild 23 verrät, wann eine Verschiebung des rechten Wandteils zu einer im Sinne der Veränderung der Oberflächentemperaturen als positiv (grün) und welche als negativ (rot) zu beurteilen ist. Jede Verschiebung in Richtung der negativen y-Achse wirkt sich demgemäß negativ aus und sollte einer rechnerischen Beurteilung hinsichtlich der sich einstellenden Oberflächentemperatur unterzogen werden. Wird in positiver Richtung verschoben, wird die Oberflächentemperatur von der dann vorliegenden Bildung einer geometrischen Wärmebrücke allenfalls positiv beeinflusst. Soll die Gefahr einer Tauwasser- und/oder einer Schimmelpilzbildung beurteilt werden, so können diese Wärmebrücken vernachlässigt werden, wenn an den sonst ungestörten Wandbereichen der Nachweis gelingt.

Geometrische Wärmebrücken in einer rein zweidimensionalen Betrachtung sind in aller Regel im Hinblick auf die sich einstellenden Oberflächentemperaturen relativ leicht vorhersehbar und kalkulierbar. Wandern wir jedoch in die wesentlich realistischere dreidimensionale Betrachtung ab, so ist neben der Kantentemperatur auch die Punkttemperatur von Bedeutung. Hier versagten vereinfachte Annahmen per se, sodass wir ohne ein leistungsfähiges PC-Programm die Frage nach der Punkttemperatur nicht zu beantworten in der Lage sein werden. Überdies gibt es die "reine" Punkttemperatur, die als Synthese von mehreren Kantentemperaturen zu betrachten ist, in der Praxis selten. Immer spielt auch die ein oder andere stofflich bedingte Wärmebrücke eine beeinflussende Rolle. Bild 24 zeigt die Oberflächentemperatur an der Kante einer 36,5 cm Wand (λ = 0,12 W/(mK)), im Bild 25 wird das Ergebnis einer dreidimensionalen Berechnung gezeigt.

1 Wirkungsweise von Wärmebrücken

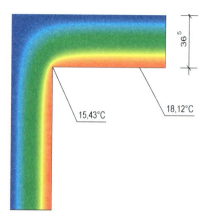

Bild 24: Kantentemperatur und ungestörte Oberflächentemperatur (2-D-Berechnung)

Auch unter den veränderten Randbedingungen (Wanddicke und Wärmedurchlasswiderstand) kann ein Temperaturabfall an der Kante von ca. 2,7 °C festgestellt werden. Generell wird man für viele Konstruktionen festhalten können, dass die Temperaturreduzierung an der Kante tatsächlich im Bereich zwischen 2 und 4 °C liegen wird. Um sicherzustellen, dass die an die Bauteilfläche gestellten Anforderungen (Mindestwärmeschutz, Tauwasservermeidung und Schimmelpilzvermeidung) auch an der Kante sicher eingehalten werden, sollte bereits in der Planung ein größerer Abstand zur zulässigen minimalen Oberflächentemperatur eingehalten werden – tendenziell mit größerem Abstand bei geringeren Oberflächentemperaturen auf der ungestörten Wandfläche. Für Bild 25 gilt diese einfache "Kantenregel" anscheinend nicht mehr in vollem Umfang. Immer dann, wenn eine linienförmige Wärmebrücke zusammen mit einer dritten, unter Umständen schlechter gedämmten, Kante zusammentrifft, fällt die Temperatur merklich ab.

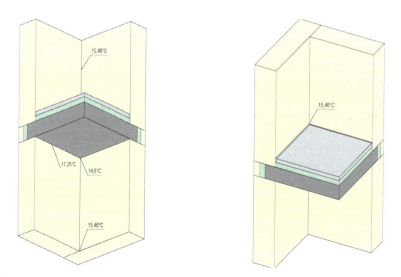

Bild 25: Kantentemperatur und Punkttemperaturen (3-D-Berechnung)

Die Temperatur sinkt insbesondere an der Unterseite der einbindenden Stahlbetondecke stark ab, in Relation zur ungestörten Fläche um immerhin fast 4 °C, während die Temperatur am "Punkt" oberhalb der Decke kaum nennenswert geringer ist als am sonstigen Kantenverlauf. Wenn wir hier aber die Deckenkante (links, 17,25 °C) als Ausgangswert für den dreidimensionalen Vergleich heranziehen – für die einbindende Decke fehlt ein Flächenreferenzwert –, so werden wir feststellen, dass auch hier das Temperaturgefälle in einem Wertebereich von 2 bis 4 °C liegt. Im oberen Teil (Bild 25, rechts) kann die punktuelle Wirkung der geometrischen Wärmebrücke durch die oberseitig eingebrachte Randdämmung deutlich reduziert werden. Auf jeden Fall dokumentiert die 3-D-Berechnung, dass sich der vorab hergeleitete Abstand zu den Anforderungen für Bauteilflächen unter den heute üblichen Dämmstandards als ausreichend erweisen sollte, um auch den punktuellen Wärmebrücken problemlos zu begegnen. Wollte man sie gänzlich vermeiden, wären unwirtschaftliche Anforderungen die Folge, da die zu erwartenden Effekte insgesamt eher gering sind.

Sind geometrische Wärmebrücken vermeidbar? Vermeidbar sicherlich nicht, aber in ihrer Wirkung reduzierbar. Als Wirkung ist sowohl der Einfluss auf die Oberflächentemperatur als auch deren energetischer Einfluss infolge eines erhöhten Wärmestroms zwischen dem Innen- und Außenraum zu verstehen. Zunächst scheint die Idee naheliegend, doch einfach die Kante besser zu dämmen. Eine solche Zusatzdämmung wird aber, sobald sie als Innendämmung konstruiert wird, visuell nicht begeistern, und, wenn sie in die Konstruktion eingebracht wird, den Handwerker vor Probleme stellen. Beispielhaft soll uns zur Darstellung wieder eine Wandecke (Bild 26) dienen, die aus zwei Wänden mit einer Wanddicke von je 30 cm und einer Wärmeleitfähigkeit von 0,35 W/(mK) zusammengesetzt wird. Der Übergangswiderstand infolge Oberflächenstrahlung und Konvektion wird innen einheitlich – einheitlich heißt, dass wir keine Anpassung zur Ecke hin vornehmen – mit 0,13 (m²K)/W und außen mit 0,04 (m²K)/W angenommen. Ohne jede zusätzliche Dämmmaßnahme ergibt das folgendes Temperaturbild.

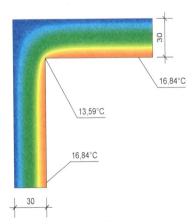

Bild 26: Kantentemperatur und ungestörte Oberflächentemperatur (2-D-Berechnung)

Im nächsten Schritt wird in die Ecke eine Dämmung mit einer Wärmeleitfähigkeit von 0,04 W/(mK) eingebracht, die Innen-Schenkellänge L variiert zwischen 0,20 m und 0,80 m. Wir betrachten zunächst die Variante mit 0,20 m (siehe Bild 27).

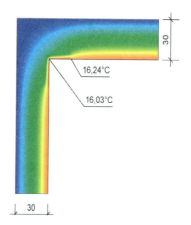

Bild 27: Kantentemperatur und Temperatur am Ende der Dämmung

Die zusätzliche Kantendämmung hat augenscheinlich schon bei einer Schenkellänge L von 20 cm zu einer deutlich höheren Kantentemperatur geführt. Sie fällt zum Ende der eingebrachten Dämmung leicht ab, um dann zum Wandende hin wieder auf die ungestörte Oberflächentemperatur anzusteigen. Die Maßnahme, den Dämmstoff in der Ecke in die Wand einzubringen, ist im Sinne der Anhebung der Oberflächentemperatur sehr effektiv. Dass auch der Wärmestrom wesentlich vermindert wird, bedarf keiner Erläuterung und schon gar keiner FEM-Berechnung, weil diese sich allein schon aus der Anhebung des thermischen Widerstandes ergibt. Für die restlichen Schenkellängen enthält Bild 28 die Kantentemperaturen und die Temperaturen am Dämmungsende.

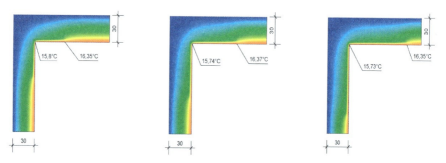

Bild 28: Kantentemperatur und Temperatur am Ende der Dämmung für L = 0,40/0,60/0,80 m

Im Vergleich zum Bild 27 sinkt die berechnete Oberflächentemperatur an der Kante leicht mit der Schenkellänge. Die Temperatur am Ende der Dämmung oszilliert um einen konstanten Wert. Wir erhöhen die Dämmlänge und das Resultat ist eine geringfügig geringere Oberflächentemperatur an der Kante. Auf den ersten Blick scheint es sich hier um die auch schon von [Heindl et al.-1987] und [Mainka, Paschen-1986] als sogenannter Übergangs- oder Verschiebungseffekt bezeichnete Kantenanomalie zu handeln, die dafür sorgt, dass die tiefe Kantentemperatur bei der Aufbringung einer Innendämmung ihren Ort zum Ende der Dämmung hin verlagert. Je kürzer die Dämmung an der Ecke, desto geringer ist der Temperaturanstieg am Ende der Dämmung im Verhältnis zur Kante. Wir werden diesen Verschiebungseffekt noch einmal genauer betrachten, die Temperatur in den Bildern 27 und 28 kann mit diesem Effekt nicht erklärt werden. Hier ist ein anderer Einfluss maßgebend. Mit der Dämmung, die einen Teil des Mauerwerks nach Bild 26 ersetzt, werden neue thermische Widerstandsverhältnisse an der Ecke aufgebaut. Je größer die Schenkellänge wird, desto höher wird der geometrische Kanteneinfluss. Der hohe Widerstand führt innerhalb der Dämmung zu einem deutlichen Temperaturabfall, die Isothermen liegen sehr nahe beieinander. Mit zunehmender Schenkellänge der Dämmung wird der ursprüngliche thermische Widerstand der Wand durch den neuen sich ergebenden Widerstand ersetzt. Aufgrund des hohen raumseitigen thermischen Widerstandes wird die Wand insgesamt hinter der Dämmung kälter, die Fläche für die Auskühlung im Vergleich zu der innenseitig vorhandenen Erwärmungsfläche wird größer und der Außendurchmesser nach Bild 19 kleiner. Dieser Effekt sollte vor allem bei der Planung von Innendämmsystemen beachtet werden, um auch an der Kante/Ecke einen ausreichend hohen Wert für die Oberflächentemperatur zu erreichen.

Aber zurück zu dem sogenannten Verschiebungseffekt. Dieser Effekt wird sich zeigen, wenn nur ein Teil der Kante/Ecke mit zusätzlicher Dämmung versehen wird. Diese Dämmung wird raumseitig auf die bestehende Wand aufgebracht. Bild 29 zeigt eine solche Dämmung mit einer Schenkellänge von 20 cm. Die ausgewiesene höhere Oberflächentemperatur an dem Eckpunkt im Vergleich zu Bild 28 links ergibt sich grundsätzlich aus der Tatsache, dass die Ecke mittels Dämmung besser gedämmt ist, da kein Mauerwerk ersetzt wird. Der thermische Widerstand wird um den sich aus den 4 cm Dämmung ergebenden Wert vollständig erhöht.

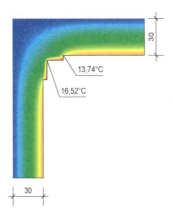

Bild 29: Kantentemperatur und Temperatur am Ende der raumseitigen Dämmung für L = 0,20

Ein Vergleich mit Bild 26 verdeutlicht den Verschiebungseffekt: Die vorher an der Ecke vorhandene Kantentemperatur wird in Richtung des Endpunktes der Dämmung verschoben. Zwar führt der Verschiebungseffekt trotzdem zu einer Verbesserung, weil wir in der Fläche kein Zusammentreffen von mehreren Kanten zu einem kritischen Punkt zu erwarten haben – befriedigen kann die Situation trotzdem aber nicht. Wir erhöhen die Länge der Dämmung und erhalten die Situation nach Bild 30.

1 Wirkungsweise von Wärmebrücken

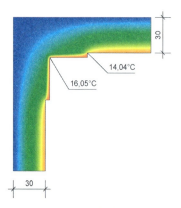

Bild 30: Kantentemperatur und Temperatur am Ende der raumseitigen Dämmung für L = 0,40

Die Temperatur am Ende der Dämmung konnte mit der größeren Länge der Dämmung weiter erhöht werden. Der Temperaturverlauf zeigt aber auch, dass aufgrund des zuvor erläuterten Effektes die Temperatur in der Ecke geringfügig verringert wird. Die Reduzierung fällt nicht ganz so drastisch aus, weil wir im Vergleich zu Bild 28 den thermischen Widerstand im Eckbereich tatsächlich um den Widerstandswert der Dämmung erhöht haben. Eine weitere Verlängerung der Dämmung in beide Richtungen wird zu einer weiteren geringfügigen Absenkung der Ecktemperatur und zu einer geringfügigen Erhöhung der Randtemperatur führen. Zwar sollte man sich vor einer vorschnellen Übertragung der oben beschriebenen Effekte auf alle erdenklichen thermischen Gegebenheiten an geometrischen Wärmebrücken in Acht nehmen, doch gibt diese Erkenntnis genügend Anlass dafür, generell detaillierte Berechnungen an den Ecken ins Auge zu fassen. Auch helfen hier durchaus transiente Berechnungen, welche die vorhandenen Baustoffe nicht allein als Wärmeleiter, sondern eben auch als Wärmespeicher berücksichtigen.

Zwar bereitet die Auswertung von instationären Berechnungen häufig Probleme aufgrund fehlender Grenzwerte in Bezug auf kurzzeitig auftretende Temperaturminima, doch sind sie für bestimmte Anwendungen definitiv die bessere Alternative zur stationären Berechnung. Insbesondere trifft dies zu, wenn neben dem Temperaturverlauf auch der Verlauf des sich einstellenden Feuchtefeldes betrachtet werden soll. Bild 31 zeigt für zwei Wintertage die instationären Berechnung der Temperaturfelder für das Testreferenzjahr (TRY) Essen als Außenklima und mit einer konstanten Innentemperatur von 20 °C. Links wird das Tagesergebnis des 120. Simulationstages und rechts des 126. Simulationstages gezeigt.

Bild 31 unterstreicht im Grund genau das, was wir an Erkenntnissen bei der stationären Berechnung schon gewonnen haben. An beiden ausgewählten Simulationstagen ist die sich einstellende maximale Einflusslänge geometrisch bedingter Wärmebrücken deutlich zu erkennen. Sie ist etwa mit der Wanddicke der thermisch ungestörten Flanken gleichzusetzen. Die in [Eichler-1975] empfohlene minimale Länge der Dämmung von 50 cm scheint daher als grober Anhaltswert vertretbar.

1.4 Klassifizierung von Wärmebrücken

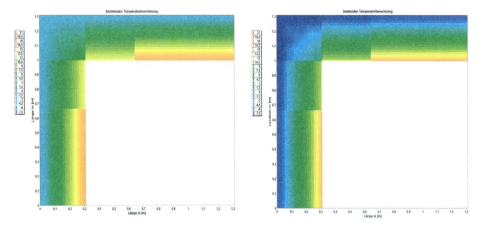

Bild 31: Instationäre Berechnung der geometrischen Wärmebrücke für 28.01. (links) und 6.02.

Bild 31 macht darüber hinaus aber noch einen weiteren Umstand deutlich: Mit dem instationären Rechnen beginnt das instationäre Auswerten. Jeder Temperaturverlauf und auch jedes Temperaturminimum und -maximum ist im zeitlichen Kontext möglicher Auswirkungen auf die Konstruktion zu bewerten. Die bei der stationären Berechnung ausgeklammerte Zeit – jedenfalls im Sinne der Beurteilung der Ergebnisse, physikalisch richtig ist auch bei der stationären Berechnung die Zeit nicht ausgeklammert, sondern nur als schier unendlich langer Zeitraum vorgegeben – wird den Anwender bei der transienten Berechnung demnach vor ganz andere Probleme stellen. Wie ist das zeitlich begrenzte Auftreten von tiefen Temperaturen zu bewerten? Können hier normative Werte, die ja überwiegend stationären Berechnungen entsprangen, einfach so auf transiente Ergebnisse übertragen werden? Nein. Der Ausnahmefall würde in diesem Fall zur Regel werden, die wenigsten Konstruktionen könnten nachgewiesen werden. Es soll an dieser Stelle nicht darum gehen, allgemeingültige Grenzwerte für die Charakterisierung von solchen Ergebnissen anzubieten. Es reicht, wenn man weiß, dass genauere Berechnungen von thermischen Leitvorgängen und die daraus gewonnenen Ergebnisse nicht unkritisch auf überwiegend aus stationären Berechnungen hergeleitete Normanforderungen übertragen werden dürfen. So ist beispielsweise das Ausweisen einer Oberflächentemperatur von unter 12,6 °C nach der DIN 4108-2 [2013] ein Mangel – jedenfalls im Sinne einer Unterschreitung der kritischen Temperatur für das Einsetzen der Schimmelpilzkeimung. Wenn diese Unterschreitung aber innerhalb einer transienten Berechnung auftritt, muss nicht zwangsläufig auch ein Mangel daraus abgeleitet werden. Hier ist wissenschaftliche Expertise gefragt, um vorhandene Grenzzustände in Relation zum zeitlichen Verlauf ihres Auftretens zu beurteilen. Auch wären normative Festlegungen dazu wünschenswert.

Abschließend wenden wir uns noch einem anderen Phänomen zu, welches bei der Verringerung von Temperaturminima helfen kann. Dieses Phänomen wird von [Mainka, Paschen-1986] als Ausbreitungseffekt und von [Heindl et al.-1987] als Ausgleichseffekt bezeichnet. Was steckt dahinter? Wir gehen zurück zur Darstellung in Bild 26, eine typische Ecke mit einer Kantentemperatur von 13,59 °C. Die Wand ist unverputzt, wir sind jetzt aufgefordert, zwischen einem Putz mit der Wärmeleitfähigkeit 0,80 (1), 1,40 (2) und 2,10 (3) W/(mK), jeweils in der gleichen Putzschichtdicke von 2 cm, zu wählen. Die Antwort scheint eindeutig: Der Putz mit der geringsten Wärmeleitfähigkeit erhöht den Wärmedurchlasswiderstand der Konstruktion, er wird demnach die Oberflächentemperatur nach Gleichung 8 ebenfalls erhöhen. Aufgrund der geringen Schichtdicke handelt es sich auf keinen Fall um große Schritte, aber auch kleine können bekanntermaßen über die Anwendbarkeit von Konstruktionen entscheiden. Wir berechnen dazu für alle drei Fälle die Kantentemperatur und bekommen die im Bild 32 präsentierten Ergebnisse.

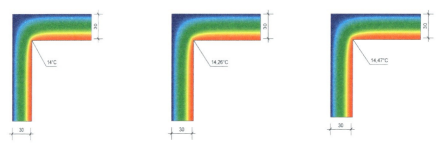

Bild 32: Kantentemperatur für Putz (1) links, Putz (2) Mitte und Putz (3) rechts

Aus Bild 32 entnehmen wir, dass mit zunehmender Wärmeleitfähigkeit der Putze die Kantentemperatur nicht zu-, sondern abnimmt, obgleich die Oberflächentemperatur in den ungestörten Bereichen sich dazu invers verhalten wird. Auch der Gesamtwärmestrom wird bei einem Putz geringerer Wärmeleitfähigkeit abnehmen und nicht zunehmen. Aber das, was energetisch günstig ist, muss nicht zwangsläufig auch thermisch sinnvoll sein. Wir haben es hier schlichtweg mit einem Verteilungsvorgang zu tun, der dafür sorgt, dass der geometrischen Wärmebrücke über die Putzschicht, abhängig von deren Wärmeleitfähigkeit und Schichtdicke, mehr Wärme zufließt als bei einer Situation ohne Putz. Dies führt zu einer Anhebung der Kantentemperatur. Zwar ist im Vergleich zu einer angebrachten Dämmschicht der Anstieg der Kantentemperatur vergleichsweise gering, wenn es aber um nur kleine notwendige Anstiege geht, sicherlich eine handwerklich einfach umzusetzende und überdies auch preiswerte Variante.

In der Literatur wird im Zusammenhang mit geometrischen Wärmebrücken oftmals die Frage nach den richtigen Wärmeübergangswiderständen aufgeworfen. Klar ist, dass der Wärmeübergang an der Ecke vor allem wegen der sich ändernden konvektiven Randbedingungen anders sein wird als auf der ungestörten Fläche. Aber wie anders, und insbesondere ab welcher Stelle haben wir mit anderen Werten zu rechnen? Diese Frage ist zugegebenermaßen schwer pauschal zu beantworten. Die Werte in der Literatur schwanken zwischen 4 und 5 W/(m²K) für den konvektiven und strahlungsbedingten Wärmeübergang, was einem Wärmeübergangswiderstand von 0,20 bis 0,25 (m²K)/W entspricht. Die deutsche Norm 4108-2 [2013] hat, wie schon die vorausgegangenen Normausgaben, einen Wert für die Berechnung der Oberflächentemperatur von 0,25 (m²K)/W für alle Bereiche angenommen. Für die Berechnung der Wärmeverluste über Wärmebrücken – des längenbezogenen Wärmedurchgangskoeffizienten – wird einheitlich nach Beiblatt 2 zu DIN 4108 [2006] ein innerer Wärmeübergangswiderstand von 0,13 (m²K)/W verwendet. Die normativen Festlegungen sollten aber keinen davon abhalten, sich bei besonderen Randbedingungen darüber Gedanken zu machen, ob die Wärmeübergänge mit den normativen Angaben im Einklang stehen. In diesem Buch werden wir zwar nur die normativ vorgegebenen Wärmeübergangswiderstände berücksichtigen, verwiesen sei aber an dieser Stelle auch auf weiterführende Hinweise aus dem DIN-Fachbericht 4108-8 [2010], der zusätzlich zu den in DIN 4108-2 [2013] definierten Wärmeübergangswiderständen für besondere Situationen an der Wandoberfläche – aufgestellte Schränke oder direkt aufgebrachte Einbauschränke – sogenannte äquivalente Wärmeübergangswiderstände begründet. Zwar ist die hier dargestellte Definition, dass es sich um Widerstände hinter diesen Einbauelementen handelt, nicht ganz schlüssig – der Widerstand kommt ja unter Beteiligung dieser Elemente zustande –, doch steht diese kleine Unschärfe einer Anwendung nicht im Wege. Der Planer ist gefordert, neben den normativ vorgegebenen Regeln in DIN 4108-2 [2013] für die Berechnung kritischer Oberflächentemperaturen die möglicherweise im Gebäude anzutreffenden Bedingungen zu berücksichtigen.

1.4.2 Stofflich bedingte Wärmebrücken

Gemäß DIN EN ISO 10211 [2008] sind stofflich bedingte Wärmebrücken all diejenigen, die durch einen Anstieg des Wärmestromes aufgrund einer "vollständigen oder teilweisen Durchdringung der Gebäudehülle durch Baustoffe mit unterschiedlicher Wärmeleitfähigkeit" charakterisiert werden können. In [Mainka, Paschen-1986] werden diese Wärmebrücken zurückgeführt auf "einen Wechsel der wärmetechnischen Leiteigenschaften innerhalb einer oder mehrerer Bauteilschichten". Als typische Wärmebrücken dieser Art werden "zusätzliche Tragglieder (beispielsweise Stützen – d.V.) hoher Festigkeit und der bei ihnen allgemein höheren Wärmeleitfähigkeit und Verbindungsmitteln, die Bauteile oder einige ihrer Schichten durchdringen" bezeichnet. Stofflich bedingte Wärmebrücken können den Effekt von geometrisch bedingten Wärmebrücken verstärken – z.B. eine Stahlbetonstütze im tragenden und dämmenden Mauerwerk, die an oder in der Nähe der Wandecke angeordnet wird. Bild 33 verdeutlich das Grundprinzip einer stofflich bedingten Wärmebrücke. Links ist der sich einstellende Temperaturverlauf bei einer mittig eingebrachten Stahlbetonstütze und rechts ist der Verlauf der Isothermen zu erkennen.

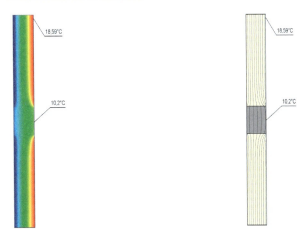

Bild 33: Temperaturverlauf (links) und Isothermenverlauf (rechts) in einer stofflich bedingten Wärmebrücke

Die Temperatur an der stofflich bedingten Wärmebrücke ist erwartungsgemäß im Bereich mit dem geringeren Wärmedurchlasswiderstand deutlich geringer, es kommt zu einem Absenken der innenseitigen Oberflächentemperatur. Außenseitig kommt es zu einer höheren Oberflächentemperatur, weil das Bauteil insgesamt wärmer ist im Vergleich zu den besser dämmenden Randbereichen. Soweit also keine Überraschung. Unter Einsatz von Thermografie können solche thermischen Schwachstellen – wenn es richtig gemacht wird! – aufgespürt werden (siehe auch Bild 1). Interessanter ist aber die Frage, mit welchem zusätzlichen Wärmestrom denn in diesen Fällen zu rechnen ist. Zur besseren Beschreibung der Vorgänge an einer stofflich bedingten Wärmebrücke zeichnen wir in die Konstruktion die Isothermen ein und heben dabei die 12,6 °C und die -2 °C Isotherme besonders hervor (Bild 34 links). Zusätzlich dazu verwenden wir ein sogenanntes Wärmestromlinien-Bild (Bild 34 rechts). Wir zeichnen auch die Wandachse ein, um den Wärmebrückenbereich in zwei symmetrische Sektoren zu unterscheiden.

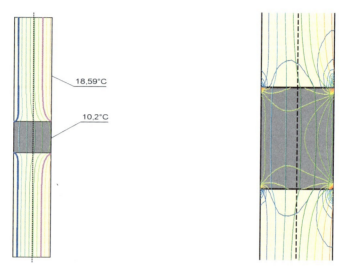

Bild 34: Isothermendarstellung (links) und Wärmestromlinien (rechts)

Bild 34 entnehmen wir, dass die Isothermenkrümmung hauptsächlich im Bereich d/2 auftritt, was dazu führt, dass der Wärmestrom, der senkrecht zu den Isothermen verläuft, in die Wärmebrücke hineinläuft. Wärmestromspitzen sind an den Eckpunkten zu erwarten, was zum Teil aus dem Berechnungsansatz der finiten Elemente herrührt, da hier ein Sprung in den benachbarten Leitfähigkeitsmatrizen vorliegt. Um es vorweg zu nehmen: Aus den Wärmestromlinien deshalb zu schlussfolgern, nur die Seiten der Stütze müssten gedämmt werden, wäre falsch. Hauptsächlich kommt es aber nur in der ersten Hälfte der Wand zum Wärmestrom in die Wärmebrücke hinein, im zweiten Teil sehen wir den inversen Effekt. Grund sind die Temperaturverhältnisse, die im ersten Teil eine tiefere Temperatur in der Stütze, im zweiten Teil im angrenzenden ungestörten Bereich ausweisen. Ist dieser Effekt auch bei nur teilweise durchdringenden Wärmebrücken zu erkennen? Um diese Frage zu beantworten, wird die Stütze um 5 cm verkürzt, vor die Stütze wird Mauerwerk mit einer Wärmeleitfähigkeit von 0,14 W/(mK) angeordnet, was der Wärmeleitfähigkeit des ungestörten Mauerwerks entspricht.

Die Auswertung von Bild 35 zeigt, dass der eben beschriebene Effekt auch bei einer teilweise durchdringenden Wärmebrücke auftritt, die Richtung des Wärmestromes in der ersten Hälfte der Stützendicke – also nicht in der ersten Hälfte der Wanddicke – ist in die Wärmebrücke hinein gerichtet, in der zweiten Hälfte, so wie auch bei der vollständig durchdringenden Wärmebrücke schon festgestellt, wechselt aufgrund sich ändernder Temperaturgradienten die Richtung des Wärmestroms. Qualitativ wird sich der in die Wärmebrücke seitlich eindringende Wärmestrom ausrichten am Temperaturgradienten und am Wärmedurchlasswiderstand des flankierenden ungestörten Materials. Aus diesen Überlegungen könnten Ableitungen folgen, wann überhaupt ein nennenswerter Wärmestrom in die Wärmebrücke hinein zu erwarten ist.

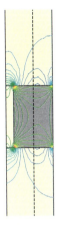

Bild 35: Wärmestromlinien einer teilweise durchdringenden Wärmebrücke

In [Häupl-2008] wird eine Unterscheidung vorgenommen zwischen Wärmebrücken, bei denen die Breite des tatsächlichen Wärmebrückenbereiches kleiner oder größer ist als die Dicke des angrenzenden ungestörten Gebietes. Für den Fall, dass beide Größen gleich sind, werden in [Häupl-2008] keine Aussagen gemacht. Die drei möglichen Situationen zeigt Bild 36.

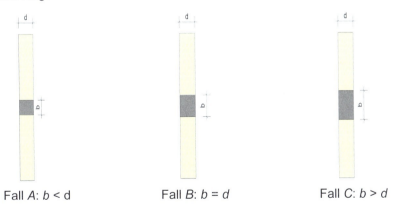

Fall A: b < d   Fall B: b = d   Fall C: b > d

Bild 36: Falldarstellung für materialbedingte Wärmebrücken

Fall A beschreibt den Fall, für den in [Häupl-2008] angenommen wird, dass sich die Wärmebrücke und Wand gegenseitig "stören", die Vektoren der Wärmeströme und das Temperaturfeld werden verformt. Wir untersuchen diesen Fall A unter dieser Prämisse, variieren dabei aber das Dämmverhältnis der Wärmebrücke zum ungestörten Wandbereich mittels einer stufenweisen Veränderung der Wärmeleitfähigkeit der angrenzenden Wand. Wir starten mit dem Leitfähigkeitsverhältnis 1:10 (a) und verwen-

1 Wirkungsweise von Wärmebrücken

den danach 1:8 (b), 1:5 (c), 1:3 (d) und 1:2 (e). Bild 37 bildet den Temperaturverlauf und die Oberflächentemperaturen für die Berechnung mit den Leitfähigkeitsverhältnissen (a) und (e) ab. Die Oberflächentemperaturen sind unter folgenden Voraussetzungen ermittelt worden:

- Innerer Wärmeübergangswiderstand = 0,13 (m²K)/W;
- Äußerer Wärmeübergangswiderstand = 0,04 (m²K)/W;
- Wärmeleitfähigkeit im Wärmebrückenbereich = 2,1 W/(mK);
- Innentemperatur 20 °C und Außentemperatur -5 °C;
- Wanddicke d = 30 cm, Breite der WB Fall A: b = 20 cm, Fall B: b = 30 cm, Fall C: b = 40 cm
- Länge des Wandabschnittes (inkl. Wärmebrücke) Fall A: 2,00 m, Fall B: 2,30 m, Fall C: 2,40 m

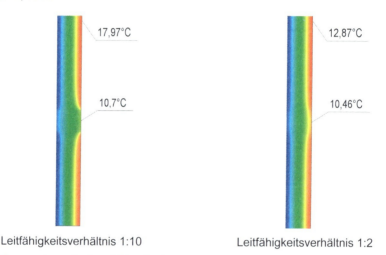

Bild 37: Temperaturverlauf und Oberflächentemperaturen für Fall A

Die Verformung des Temperaturfeldes ist im Bild 37 gut zu erkennen. Unter den oben dargestellten Randbedingungen für die Berechnung müssten sich Oberflächentemperaturen im ungestörten Bereich von 17,97 °C und 12,87 °C einstellen. Für die Wärmebrücke ergeben sich gemäß der FEM Berechnung Oberflächentemperaturen von 10,7 respektive 14,46 °C. Werden die Oberflächentemperaturen numerisch berechnet, ergeben sich die nachfolgend dargestellten Oberflächentemperaturen.

$$\theta_{Oi} = \theta_i - R_{Si} \cdot q = 20 - 0,13 \cdot \left(\frac{1}{0,04 + \frac{0,30}{0,21} + 0,13} \cdot 25 \right) = 17,97 \;°C \qquad [47]$$

$$\theta_{Oi} = \theta_i - R_{Si} \cdot q = 20 - 0,13 \cdot \left(\frac{1}{0,04 + \frac{0,30}{1,05} + 0,13} \cdot 25 \right) = 12,87 \;°C$$

$$\theta_{Oi} = \theta_i - R_{Si} \cdot q = 20 - 0,13 \cdot \left(\frac{1}{0,04 + \frac{0,30}{2,1} + 0,13} \cdot 25 \right) = 9,61 \;°C$$

Mit einer numerischen Berechnung erhält man demnach für den ungestörten Bereich ähnliche Werte. Es werden jedoch im Wärmebrückenbereich höhere Oberflächentemperatur ausgewiesen als analytisch berechnet. Grund dafür sind die seitlich in die Wärmebrücke einfließenden Wärmeströme. Der Sollwärmestrom kann mit dem in Gleichung 46 in Klammern gesetzten Term unter Beachtung der tatsächlich vorhandenen Abmessungen der Wärmebrücke und des zugeordneten ungestörten Bereiches berechnet werden. Beispielhaft wird der Wärmestrom für das Leitfähigkeitsverhältnis 1:10 für einen Meter Konstruktionslänge berechnet:

$$Q_{Wand} = \frac{1}{0,04 + \frac{0,30}{0,21} + 0,13} \cdot 25\,K \cdot 1,80\,m \cdot 1,00\,m = 15,98\,W \qquad [48]$$

$$Q_{WB} = \frac{1}{0,04 + \frac{0,30}{2,10} + 0,13} \cdot 25\,K \cdot 0,20\,m \cdot 1,00\,m = 28,15\,W$$

mit R in (m²K)/W und Breite und Länge in m

Für das angegebene Leitfähigkeitsverhältnis ergibt sich demnach ein Gesamtwärmestrom – ohne seitlich in die Wärmebrücke hinein gerichteten Wärmestrom – von 44,13 W. Der zusätzliche Wärmestrom kann nach [Häupl-2008] über einen analytischen Ansatz (Gleichung 49) berechnet werden, wenn vorausgesetzt wird, dass dieser Wärmestrom auf maximal $d/2$ auftritt und zudem die Oberflächentemperaturen an der Wärmebrücke und im ungestörten Bereich in diesem Sektor als konstant anzunehmen sind. Die erste Annahme trifft unzweifelhaft zu, die zweite stellt, wie wir noch sehen werden, eine sehr grobe Näherung dar.

$$Q_{WBinn} = \frac{d}{2} \cdot l \cdot \frac{(\theta_{siwand} - \theta_{siWB})}{\frac{b}{\lambda_{wand}}} \cdot 2 \qquad [49]$$

d Wanddicke in m;
θ_{siwand} Oberflächentemperatur Wand (ungestört) in °C;
θ_{siWB} Oberflächentemperatur Wärmebrücke in °C;
b Breite der Wärmebrücke in m;

1 Wirkungsweise von Wärmebrücken

λ_{Wand} Wärmeleitfähigkeit der Wand in W/(mK).

Für den ersten Berechnungsfall mit einem Leitfähigkeitsverhältnis 1:10 ergibt sich nach Gleichung 49 folgender Wärmestrom je Meter Wärmebrückenlänge:

$$Q_{\text{WBinn}} = \frac{0,30}{2} \cdot 1 \cdot \frac{(17,97 - 9,61)}{\frac{0,20}{0,21}} \cdot 2 = 2,63 \text{ W}$$

Aus der numerischen Berechnung mit der FEM-Methode resultiert für diesen Fall ein zusätzlicher Wärmestrom von 1,39 W. Die analytische Methode nach Gleichung 49 überschätzt folglich den zusätzlich in die Wärmebrücke eindringenden Wärmestrom. Grund dafür ist hauptsächlich die im Querschnitt als konstant angenommene Temperaturdifferenz zwischen dem ungestörten Bereich und der Wärmebrücke. Diese wird jedoch aufgrund des Wärmestroms mit zunehmendem Abstand von der Wandoberfläche kleiner. Angemessener wäre, die Oberflächentemperaturen in Gleichung 49 durch eine mittlere Temperaturdifferenz zu ersetzen. Für das Leitfähigkeitsverhältnis 1:10 wird die mittlere Temperaturdifferenz zwischen dem Wandbereich und dem Wärmebrückenbereich ermittelt, indem aus der Oberflächentemperatur und der Temperatur bei d/2 unter Annahme eines konstanten Wärmestroms ein Mittelwert gebildet wird.

a) Mittlere Temperatur im angrenzenden ungestörten Bereich bis d/2: [50]

$$\theta_{\text{Wand,m}} = 0,5 \cdot \left(\theta_{\text{oiwand}} + (\theta_{\text{oiWand}} - \frac{d}{2\lambda_{\text{Wand}}} \cdot \frac{1}{R_{\text{si}} + \frac{d}{\lambda} + R_{\text{se}}} \cdot (\theta_i - \theta_e)) \right)$$

b) Mittlere Temperatur im Wärmebrückenbereich bis d/2:

$$\theta_{\text{WB,m}} = 0,5 \cdot \left(\theta_{\text{oiWB}} + (\theta_{\text{oiWB}} - \frac{d}{2\lambda_{\text{WB}}} \cdot \frac{1}{R_{\text{si}} + \frac{d}{\lambda_{\text{WB}}} + R_{\text{se}}} \cdot (\theta_i - \theta_e)) \right)$$

Werden die oben aufgeführten Randbedingungen für die Übergangswiderstände und die Temperaturdifferenz in die Gleichung 50 eingesetzt, so ergibt sich eine mittlere Wandtemperatur bis d/2 von 12,32 °C und eine mittlere Wärmebrückentemperatur bis d/2 von 6,75 °C. Wir ersetzen die Temperaturdifferenz nach Gleichung 49 durch die aus Gleichung 50 resultierende Differenz von 5,57 °C und erhalten jetzt einen in die Wärmebrücke hinein gerichteten Wärmestrom von 1,75 W. Dieser Wert entspricht in etwa der Berechnung nach der FEM-Methode, wenn der Wärmebrückenbereich etwas gröber diskretisiert wird, die Netzgenerierung also mit weniger Elementen vorgenommen wurde. Die Verwendung von mittleren Temperaturen scheint daher für die analytische Berechnung der zusätzlichen Wärmeströme angemessener als die Verwendung der errechneten Oberflächentemperaturen. Unabhängig davon können wir aber feststellen, dass unter den für Fall *A* definierten geometrischen Randbedingungen eine Beeinflussung des Wärmebrückenbereiches durch hinzufließende Wärme aus dem ungestörten Bereich vorhanden ist. Wie viel Wärme hier in Relation zu einer Situation

1.4 Klassifizierung von Wärmebrücken

ohne Wärmebrücken hineinfließt, werden wir später noch untersuchen – vorher widmen wir uns den beiden anderen noch zu betrachtenden Fällen.

Alternativ zu den oben beschriebenen Verfahren kann für die gezeigte Situation an der Wärmebrücke auch das in DIN EN ISO 6946 [2008] für inhomogene Bauteile beschriebene Rechenverfahren angewendet werden. Dieses Verfahren liefert einen flächenbezogenen Leitwert, der sich einerseits aus dem eindimensionalen Wärmestrom senkrecht zu den Oberflächen und andererseits aus der Annahme, alle Ebenen parallel zur Oberfläche seien isotherm, zusammensetzt. Wir haben es hier demnach um eine Modellbildung mit in Reihe geschalteten und parallel geschalten thermischen Widerständen zu tun. Ungeeignet sind diese Annahmen indes für die exakte Berechnung von Oberflächentemperaturen. Wird der nach der Norm ermittelte U-Wert auch für die Berechnung der kritischen Oberflächentemperatur verwendet, so wird diese sachlogisch immer höher sein als real erreichbar. Die Abweichungen im berechneten Wärmestrom sind zweifellos marginaler Natur (2 – 10 %) – die geringeren Abweichungen stehen für geringe Flächenanteile der Wärmebrücke und für ein Verhältnis der thermischen Widerstände des ungestörten zum gestörten Bereich von bis zu 1,5.

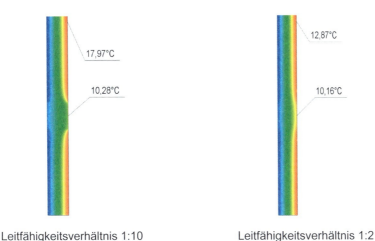

Leitfähigkeitsverhältnis 1:10   Leitfähigkeitsverhältnis 1:2

Bild 38: Temperaturverlauf und Oberflächentemperaturen für Fall B

Ein Vergleich mit Bild 37 zeigt uns, dass sich die Oberflächentemperatur auf der Wärmebrücke verringert hat. Sind bei dem Leitfähigkeitsverhältnis von 1:10 noch klare Krümmungen der Temperatur an der Wärmebrücke erkennbar, so scheint diese offensichtlich bei geringerem Unterschied der thermischen Widerstände zwischen dem Wärmebrücken- und dem ungestörten Wandbereich zu verschwinden. Der Temperaturverlauf an sich unterscheidet sich nicht – oder allenfalls unbedeutend – von dem, den wir für Fall *A* festgestellt haben. Die hergeleiteten analytischen Ansätze aus Fall *A* für die Berechnung der zusätzlich in die Wärmebrücke hineinfließenden Wärme sind auch für den Fall *B* verwendbar. Die sich einstellenden Temperaturbedingungen für den Fall C zeigt Bild 39.

1 Wirkungsweise von Wärmebrücken

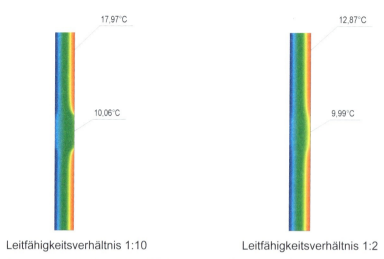

Leitfähigkeitsverhältnis 1:10   Leitfähigkeitsverhältnis 1:2

Bild 39: Temperaturverlauf und Oberflächentemperaturen für Fall C

Auch im Fall C findet eine wirklich durchgreifende Änderung des Temperaturbildes nicht statt. Offenkundig ist, dass sich die Oberflächentemperatur mit zunehmender Breite der Wärmebrücke und zunehmendem Leitfähigkeitsverhältnis dem berechneten Wert nach Gleichung 47 (9,61 °C) asymptotisch annähert. Zwar können und sollten wir nicht davon ausgehen, dass mit zunehmender Breite der Wärmebrücke weniger Wärme in die Wärmebrücke einfließt, doch lässt sich behaupten, dass beide Bereiche zunehmend voneinander entkoppelt werden. Infolgedessen wird die Oberflächentemperatur im Wärmebrückenbereich geringer. Der seitlich in die Wärmebrücke hineinfließende Wärmestrom kann für alle betrachteten Fälle nach Gleichung 49 gut prognostiziert werden. Voraussetzung ist aber, dass die mittlere Temperatur respektive Temperaturdifferenz nach Gleichung 50 angewendet wird. Der Term $d/2$ nach Gleichung 49 überschätzt bei $b > d$ den Bereich, in dem tatsächlich Wärme in die Wärmebrücke hineinfließt. Eine Reduzierung des Bereiches auf $0,4\,d$ ist hier angebracht. Nur dann kann eine gute Übereinstimmung zwischen der numerischen Berechnung mit der FE-Methode erreicht werden. Bild 40 veranschaulicht anhand des Anstiegs des Wärmestroms für die untersuchten geometrischen und materialbedingten Fälle die herausgearbeiteten Unterschiede. Insbesondere bei im Vergleich zur Wärmebrücke sehr gut gedämmten ungestörten Randbereichen ist unabhängig von den geometrischen Verhältnissen immer mit einem beachtenswerten Anstieg des Gesamtwärmestroms und mit einem hiermit korrespondierenden Temperaturanstieg auf der Wärmebrücken-Oberfläche zu rechnen. Ab einem Leitfähigkeitsverhältnis von 1:3 klingt dieser Einfluss zunehmend ab. Dies lässt den vorsichtigen Schluss zu, dass von einer materialbedingten Wärmebrücke erst dann gesprochen werden sollte, wenn sich der thermische Widerstand der benachbarten Bereiche um mindestens einen Faktor 3 unterscheidet.

1.4 Klassifizierung von Wärmebrücken

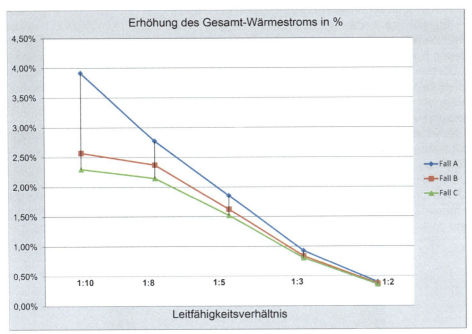

Bild 40: Temperaturverlauf und Oberflächentemperaturen für Fall C

Die oben dargestellten Grundsätze für die Betrachtung von materialbedingten Wärmebrücken sind grundsätzlich auch auf komplexere Berechnungsfälle übertragbar, wenn sinnvoll vereinfacht und modelliert werden kann. Dahingestellt sei, ob die so erzielte Genauigkeit dann noch für Nachweise ausreicht. Aber sicherlich wird es in der heutigen Berechnungspraxis nicht üblich sein, Wärmeströme oder Oberflächentemperaturen für Wärmebrücken überhaupt noch analytisch zu berechnen. Mit den oben angegebenen Gleichungen ist es jedoch möglich, Fehler – zumindest der gröberen Art – bei numerischen Programmen zu erkennen. Materialbedingte Wärmebrücken können in einem gewissen Grade auch geometrischen Einflüssen unterliegen. Eine typische Situation eines derartigen geometrischen Einflusses kann aus Bild 41 entnommen werden. Es werden hier zwei mögliche Varianten ein und derselben Wärmebrücke angeboten.

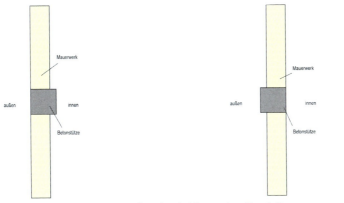

Bild 41: Unterschiedliche Anordnung des durchdringenden Bauteils

Sowohl der Querschnitt der Wand als auch der Betonstütze sind nicht verändert worden. Lediglich die Lage der Betonstütze haben wir variiert. Im linken Bild ist der überstehende Teil der Wärmebrücke nach innen gerichtet, im rechten Bild nach außen. Mit unseren Erkenntnissen aus dem vorangegangenen Abschnitt wissen wir, dass unterschiedliche Erwärmungs- und Abkühlungsflächen die Oberflächentemperatur maßgeblich beeinflussen können. So auch hier. Die Erwärmungsfläche für die linke Ausführung ist größer als die der rechten Ausführung. Die Ergebnisse der numerischen Berechnung der Oberflächentemperatur für beide Stützenanordnungen sind Bild 42 zu entnehmen. Zusätzlich aufgetragen ist der über das Detail fließende Wärmestrom in W, bezogen auf ein Meter Stützenhöhe.

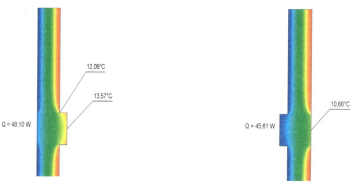

Bild 42: Oberflächentemperatur und Gesamtwärmestrom der Details nach Bild 41

Die unterschiedlichen Flächenanteile für die Erwärmung respektive Abkühlung nach Bild 41 führen offensichtlich – wir erinnern uns an deren Einfluss bei den geometrischen Wärmebrücken – zu deutlich unterschiedlichen Oberflächentemperaturen. Erwartungskonform sind diese im linken Bild wegen der hier vorherrschenden größeren inneren Erwärmungsfläche größer als im rechten Bild. Die ungedämmte Bauteilvariante im linken Bild kann – unter Voraussetzung, dass der innere Wärmeübergangswiderstand mit 0,13 (m²K)/W angenommen wird – zumindest auf der Bauteiloberfläche eine Temperatur erreichen, die gemäß DIN 4108-2 [2013] noch zur Schimmelpilzvermeidung ausreicht (12,6 °C). Eine Innentemperatur von 20 °C und eine relative Luftfeuchte von 50 % angenommen, wäre auch keine Tauwasserbildung auf der Oberfläche bei beiden Varianten zu erwarten (Taupunkttemperatur = 9,28 °C). Wird überdies missachtet, dass die Planungsgrundsätze des baulichen Wärmeschutzes und des normativ einzuhaltenden Mindestwärmeschutzes hier nicht eingehalten werden, könnte man zu dem Schluss kommen, die linke Ausführung sei vorteilhafter. Dem ist nicht so, zumindest dann nicht, wenn auch der Wärmestrom von Interesse ist. Wärmestrom und Oberflächentemperatur beider Varianten verhalten sich zueinander invers – innerhalb der gleichen Variante sind sie gleichgerichtet, da eine Erhöhung der Temperatur an der Oberfläche nur mittels eines höheren Wärmestroms "erkauft" werden kann. Nun wird man meinen: Wer baut denn heute noch eine solche Stütze ohne Dämmung ein, ist das nicht zu theoretisch? Wir dämmen die durchdringenden Bauteile jeweils an ihrer vorspringenden Fläche, also raumseitig oder außenseitig. Die Dämmung hat einen Wärmedurchlasswiderstand von 1,00 (m²K)/W, was einer Dämmstoffdicke von 0,04 m bei einem Rechenwert der Wärmeleitfähigkeit von 0,04 W/(mK) entspricht. Bild 43 dokumentiert sowohl die sich unter diesen Bedingungen einstellenden neuen Temperaturen als auch den Wärmestrom. Zusätzlich aufgetragen ist auch der Verlauf der Taupunktlinie, ab der innerhalb der Konstruktion mit Tauwasser gerechnet werden muss. Zumindest dann, wenn die Fähigkeit des Baustoffs, Feuchtigkeit schon weit vor diesem Punkt adsorptiv zu binden, vernachlässigt wird.

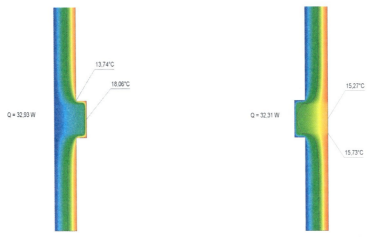

Bild 43: Oberflächentemperatur und Gesamtwärmestrom (Stützen einseitig gedämmt)

Die zusätzliche Dämmung hat bei beiden Varianten dazu geführt, dass der über das Gesamtdetail fließende Wärmestrom nun etwa die gleiche Größenordnung aufweist. Die im Bild 42 enthaltenen deutlichen Unterschiede sind verschwunden. Die nach innen vergrößerte Fläche für die Wärmeaufnahme (Bild 43, links) führt auch in Kombination mit einer Wärmedämmung zu einer höheren Oberflächentemperatur. Allerdings wird dieser scheinbare Vorteile über zwei Nachteile "erkauft":

1. Der geometrische Einfluss der Ecken führt zu einer deutlichen Reduzierung der Temperatur an der Kante.

2. Die Wand selbst wird so weit abgekühlt, dass schon kurz hinter der Oberfläche die Taupunkttemperatur (bei 20 °C Innentemperatur und 50 % relative Feuchte) erreicht wird.

Einen letzten Schluss, wie den stofflich bedingten Wärmebrücken effektiv begegnet werden kann, gibt es nicht: Es hängt schon in einem gewissen Maße davon ab, welches Ziel verfolgt wird – gegebenenfalls können sich diese Maßnahmen sogar konterkarieren. Für den Planer ist es wichtig, die Verringerung des Wärmestroms auch und insbesondere als das Lenken der Temperaturverteilung zu begreifen und nicht ausschließlich als eine Aufgabe, die sich einzig und allein als eine Anhebung von thermischen Widerständen versteht.

Innerhalb der heute in Deutschland existierenden Anforderungen an die Berechnung von Wärmebrücken werden überwiegend in Abhängigkeit von der Berechnungsaufgabe unterschiedliche Randbedingungen verwendet. Wir werden uns im nächsten Abschnitt diesen normativen Anforderungen zuwenden und deren Anwendung anhand von Beispielen veranschaulichen.

2 Normative Grundlagen

Die Wärmebrückenberechnung erfolgt heute überwiegend normengeregelt und nur noch selten investigativ. Die nachfolgende Übersicht zeigt die wichtigsten deutschen und europäischen Normen für die Wärmebrückenberechnung.

Tab. 2: Anzuwendende Normen für die Wärmebrückenberechnung

Normen zur Wärmebrückenberechnung		
DIN EN ISO 10211 [2008]	DIN EN ISO 14683 [2008]	Beiblatt 2 zur DIN 4108 [2006]
• Begriffe • Randbedingungen • Rechenverfahren • Beispiele • Validierung von Rechenprogrammen	• Begriffe • Einfluss der Wärmebrücken auf die Gesamtwärmeübertragung • Verfahren zur Bestimmung von längenbezogenen Wärmedurchgangskoeffizienten (Ψ) • Anhaltswerte für Ψ	• Begriffe • Randbedingungen national • Grenzwerte für Ψ • Gleichwertigkeitsnachweise im Sinne einer Anwendung eines $\Delta U_{WB} = 0{,}05$ W/(m²K) • Berechnungsvereinfachungen
Zusätzlich zu berücksichtigen: DIN 4108-2 [2013]; Nachweis zur Vermeidung von Schimmelpilzbildung auf Oberflächen (außer Fenstern), Mindestwärmeschutz und allgemeine Randbedingungen DIN EN ISO 13370 [2008]; Wärmebrücken am Bodenplattenrand		

DIN EN ISO 10211 kann als die Basisnorm für alle Aufgaben, die mit der Berechnung von Wärmeströmen und Oberflächentemperaturen im Zusammenhang stehen, bezeichnet werden. Sie dient grundsätzlich auch zur Definition von nationalen Randbedingungen, obgleich es gerade, wie wir uns später erarbeiten werden, bei den für Deutschland für die Erstellung eines Gleichwertigkeitsnachweises konkretisierten Randbedingungen auch deutliche Unterschiede geben kann.

Die DIN EN ISO 14683 ist in Deutschland weniger bekannt. Die in der Norm behandelten vereinfachten Verfahren zur Bestimmung von Wärmeströmen sowie die veröffentlichten Anhaltswerte für längenbezogene Wärmedurchgangskoeffizienten sind für die überwiegende Anzahl der heute errichteten Gebäude hierzulande nur wenig bis gar nicht praxisrelevant. Und auch die Anforderungen, die nach der Norm an Wärmebrückenkataloge zu stellen sind, dürften sich in den meisten Katalogen auch ohne einen speziellen Verweis auf die Norm widerspiegeln. Und doch: Diese Norm gehört zu den Regeln der Technik und sollte im Planungsprozess zumindest bekannt sein. Überdies kann diese Norm helfen, Fehler in der Berechnung von Wärmebrückendetails zu erkennen und zu korrigieren. Leider fehlen in der Norm die Angaben, wie eine maximale Oberflächentemperatur an der Oberfläche erreicht werden kann. Aus diesem Grund kann die Norm bei der Planung von Gebäuden nur eingeschränkt unterstützen, ein Zurückgreifen auf andere Normen ist folglich unausweichlich.

Im Beiblatt 2 zur DIN 4108 werden alle erforderlichen Informationen bereitgestellt, die für eine Berechnung des Details im Sinne eines Gleichwertigkeitsnachweises benötigt werden. Eine Konsistenz zu den im Teil 2 der DIN 4108 aufgeführten Randbedingungen für die Berechnung der minimalen Oberflächentemperatur besteht, sodass eine ohne Berechnung nachgewiesene Gleichwertigkeit auch gleich für beide Berechnungsaufgaben gültig ist. Ist man zu einer Berechnung verpflichtet, enthält das Beiblatt die entsprechenden Randbedingungen für die längenbezogenen Wärmedurchgangskoeffizienten und die Oberflächentemperatur. Die Randbedingungen im Beiblatt enthalten jedoch eine Öffnungsklausel für an das Erdreich grenzende Anschlussdetails. Für diese wird alternativ auf die Randbedingungen nach DIN EN ISO 10211 [2008] verwiesen, wohl wissend, dass die Ergebnisse voneinander abweichen können und so unter Umständen eine Gleichwertigkeit in dem einen Fall gegeben ist, aber in dem anderen Fall nicht erreicht werden kann. Eingedenk dieser Besonderheit werden wir uns später vor allem um diese Unterschiede zu kümmern haben (siehe Abschnitt 5). Ursprünglich sollte das Beiblatt 2 zur DIN 4108 gar keine Informationen zu den Berechnungen von Wärmebrücken beinhalten, sondern es war darauf ausgelegt, eher allgemein gehaltene Hinweise für den Planer zu liefern, wie denn Wärmebrücken minimiert und in Bezug auf die Reduzierung der Wärmeverluste und eine hohe Oberflächentemperatur optimiert werden können. Erst mit der Energieeinsparverordnung 2002 und der in Bezug genommenen Norm DIN V 4108-6 [2003] erlangte das Beiblatt zunehmende Bedeutung, da ein für die Berechnung der Wärmeverluste maßgebender Zuschlag auf alle U-Werte an eine konforme Ausführung an die im Beiblatt 2 genannten Grundsätzen gekoppelt war. Mit der Überarbeitung des Beiblatts im Jahre 2006 und der mit ihr verbundenen Veröffentlichung der mit dem Begriff "gleichwertig" korrelierenden Grenzwerte, erhielt das Beiblatt zwangsläufig auch den Status eines Dokumentes, das zusätzliche Informationen zu den Berechnungen enthält.

DIN 4108-2 enthält normative Festlegungen zur Berechnung von Wärmebrücken; im Speziellen werden die Temperaturrandbedingungen für die Ermittlung der Oberflächentemperatur festgelegt. Die sich daraus ergebende Oberflächentemperatur resp. der berechnete Temperaturfaktor f_{RSI} sind mit dem normativ festgelegten Grenzwert zu vergleichen. Die Norm enthält keine Festlegungen zu einem einzuhaltenden Grenzwert, wenn geometrische und/oder stofflich bedingte Wärmebrücken vorhanden sind. Dieser ist nur im Beiblatt 2 enthalten und ist auch nur anwendbar für einen Nachweis der Gleichwertigkeit (siehe Abschnitt 5). Die DIN 4108-2 macht darüber hinaus auch Angaben darüber, wie beispielsweise dreidimensionale Wärmebrücken zu berücksichtigen sind und unter welchen Umständen diese ignoriert werden dürfen. Und nicht zu vergessen sind die in der Norm definierten Mindestwerte für den Wärmedurchlasswiderstand von thermisch relevanten Bauteilen. Zunächst liegt die Frage nahe, warum der Mindestwärmeschutz überhaupt etwas zu tun haben soll mit der Berechnung von Wärmebrücken. Die Antwort ist einfach. Die Norm verlangt diesen Mindestwärmeschutz an jeder Stelle der Konstruktion, folglich auch in Bereichen mit Wärmebrücken. Sind Wärmebrücken zu berechnen, so gelten diese Werte uneingeschränkt. Auch wenn Wärmebrücken nicht berechnet werden müssen – wenn beispielsweise eine Gleichwertigkeit nach Bbl. 2 zur DIN 4108 gegeben ist, so dürfen diese grundlegenden Anforderungen nicht ignoriert werden und es ist ggf. ein zusätzlicher Nachweis auch im Bereich der Wärmebrücke zu erbringen. Wärmeübergangswiderstände spielen hierbei keine Rolle, auch sind die Wärmedurchlasswiderstände per se senkrecht zur Bauteilebene zu berechnen. Der Einfluss der Wärmebrücken auf die benachbarten ungestörten Bereiche wird somit ausgeblendet.

2 Normative Grundlagen

Auch die **DIN EN ISO 13370** [2008] ist für die Berechnung von Wärmebrücken aus vielerlei Gründen wichtig. Anhang B der Norm enthält die Berechnungsregeln, die anzuwenden sind, wenn der Einfluss einer waagerechten und einer senkrechten Randdämmung auf den stationären Wärmeübertragungskoeffizienten berechnet werden soll. Fernerhin enthält diese Norm die Berechnungsregeln für die Berechnung von U-Werten erdberührter Bauteile. Diese werden benötigt, um die Ψ-Werte von erdberührten Bauteilen nach DIN EN ISO 10211 [2008] zu bestimmen.

Die Anwendung der Normen richtet sich vor allem nach der zu lösenden Aufgabe. Zwar gilt die DIN EN ISO 10211 [2008] als die grundlegende Norm zur Berechnung von Wärmebrücken, doch sind zum Teil in den nationalen Normen – in Deutschland in der DIN 4108-2 [2013] und im Beiblatt 2 zur DIN 4108 [2006] – die Randbedingungen präzisiert und angepasst worden. In einigen Fällen ist es dem Anwender überlassen, welche Randbedingung er für das Berechnen wählt. Damit ist aber auch verbunden, dass für offensichtlich gleiche Details unterschiedliche Ergebnisse ermittelt werden. Dem Anwender mag das fremd erscheinen, doch sollte man sich immer vor Augen halten, dass eine Wärmebrückenberechnung das Ergebnis einer Vereinfachung einer sehr komplexen Aufgabenstellung ist. Nur die aufwendige komplette Modellierung ganzer Gebäude brächte – eine richtige numerische Berechnung vorausgesetzt – ein halbwegs akzeptables Ergebnis. Besonders deutlich werden die Unterschiede immer dann, wenn Wärmebrücken berechnet werden, die an mehrere Räume mit unterschiedlichen Temperaturen oder an das Erdreich grenzen. Hier sind je nach gewählter Randbedingung sehr unterschiedliche Ergebnisse zu erwarten. Wir werden diese Unstetigkeit im Abschnitt 4 darstellen. Darüber hinaus ist zu beachten, dass sich Randbedingungen aus den Normen nicht nur auf die Temperatur, sondern auch auf die jeweilig zu beachtenden Maßbezüge der Modellierung beziehen. Leider sind die Normen untereinander hier teilweise inkonsistent. Unter Beachtung der in Deutschland im öffentlich-rechtlichen Nachweis zu erstellenden Berechnungen sind die nach Bild 44 aufgezeigten Wege zur Berücksichtigung des Normenwerkes maßgebend.

Bild 44: Wege zur Wärmebrückenberechnung im öffentlich-rechtlichen Nachweis

Schwierig wird es regelmäßig dann, wenn Vereinfachungen in den Normen richtig angewendet werden sollen. So enthält das Beiblatt 2 zur DIN 4108 [2006] im Abschnitt 4 einige ausgewählte Beispiele, für die bei der energetischen Betrachtung ein Nachweis entbehrlich ist. Diese Regelung verführt buchstäblich zu der Annahme, dass diese Details generell unbeachtet bleiben können. Aber auch hier gilt der Grundsatz, nach dem immer mit der zu lösenden Aufgabe auch die jeweils zu verwendende Nachweismethode einhergeht.

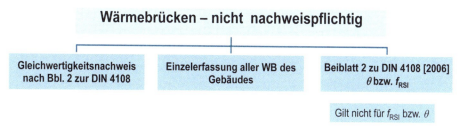

Bei der energetischen Betrachtung können folgende Details vernachlässigt werden:

- Anschluss Außenwand/Außenwand (Außen- und Innenecken);
- Anschluss Innenwand an durchlaufende Außenwand oder obere und untere Außenbauteile, die nicht durchstoßen werden bzw. eine durchlaufende Dämmschicht mit einer Dicke ≥ 100 mm bei einer Wärmeleitfähigkeit von 0,04 W/(mK) aufweisen;
- Anschluss Geschossdecke (zwischen beheizten Geschossen) an die Außenwand, bei der eine durchlaufende Dämmschicht mit R ≥ 2,5 (m²K)/W vorliegt;
- einzeln auftretende Türanschlüsse von Wohngebäuden in der wärmetauschenden Hüllfläche (Haustür, Kellerabgangstür, Kelleraußentür, Türen zum unbeheizten Dachraum);
- Kleinflächige Querschnittsänderungen in der wärmetauschenden Hüllfläche z.B. durch Steckdosen und Leitungsschlitze;
- Anschlüsse außenluftberührter kleinflächiger Bauteile wie z.B. Unterzüge und untere Abschlüsse von Erkern mit außenliegenden Wärmedämmschichten ≥ 2,5 (m²K)/W.

Bild 45: Vernachlässigung von Wärmebrücken im öffentlich-rechtlichen Nachweis

Wenn das Beiblatt 2 zur DIN 4108 [2006] von der energetischen Betrachtung spricht, so ist auch nur diese gemeint. Gemäß Bild 45 gilt dieser Grundsatz folglich nicht für den Nachweis einer ausreichenden Oberflächentemperatur nach DIN 4108-2 [2013] bzw. nach Beiblatt 2 zur DIN 4108 [2006].

Aus Bild 45 entnehmen wir auch verschiedene Hinweise auf die zu verwendenden Maßbezüge. Der Bezug auf eine festgelegte Maßbegrenzung stellt an sich keine Randbedingung für die Berechnung dar, sondern streng genommen nur eine für die Auswertung der längenbezogenen Wärmedurchgangskoeffizienten. Da aber das Rechenergebnis direkt von der Entscheidung abhängt, welcher Maßbezug gewählt wird, werden wir auch weiterhin von einer Randbedingung sprechen. Nähere Angaben, wann welche Maßbezüge zum Tragen kommen, erläutern wir im Abschnitt zur Modellierung.

3 Berücksichtigung zusätzlicher Wärmeverluste über Wärmebrücken

3.1 Grundlagen

Im folgenden Abschnitt wird der Wärmebrückeneinfluss auf Basis der in Deutschland gültigen Betrachtungsweise dargestellt. In anderen europäischen Staaten lassen sich für die zusätzlichen Wärmeverluste und für die Grenz-Oberflächentemperatur zum Teil abweichende Regelungen finden, die in diesem Buch nicht en détail behandelt werden können.

Wird der Heizwärmebedarf des Gebäudes nach dem Monatsbilanzverfahren der DIN V 4108-6 [2003] oder der DIN V 18599-2 [2011]berechnet, so kann die Wirkung von konstruktiv und geometrisch bedingten Wärmebrücken auf den Transmissionswärmeverlust der Gebäudehülle alternativ mit drei normativ gleichwertigen Verfahren berücksichtigt werden:

a. Berechnung nach DIN EN ISO 10 211 [2008] (Ψ-Werte).

b. Pauschalierte Berücksichtigung mit ΔU_{WB} = 0,05 W/(m²K) unter Berücksichtigung der Planungsgrundsätze nach Beiblatt 2 zur DIN 4108 [2006].

c. Pauschalierte Berücksichtigung mit ΔU_{WB} = 0,10 W/(m²K), sofern Beiblatt 2 zur DIN 4108 [2006] unberücksichtigt bleiben soll bzw. die Konstruktionen nicht als gleichwertig zu betrachten sind. Bei Außenbauteilen mit innenliegender Dämmschicht und einbindender Massivdecke ist für ΔU_{WB} ein Wert von 0,15 W/(m²K) anzusetzen.

Der pauschale Wärmebrückenzuschlag und der längenbezogene Wärmedurchgangskoeffizient stehen dabei in folgender mathematischer Beziehung zueinander:

$$\Delta U_{WB} = \frac{\sum (\Psi \cdot l)}{A} \qquad [50]$$

U_{WB} Wärmebrückenkorrekturwert nach DIN V 4108-6 bzw. DIN V 18599-2;
Ψ längenbezogener Wärmedurchgangskoeffizient;
l Länge der Wärmebrücke;
A wärmeübertragende Umfassungsfläche.

Ein Wärmebrückenkorrekturwert von 0,05 W/(m²K) beschreibt demzufolge, dass einem Quadratmeter wärmeübertragender Umfassungsfläche ein längenbezogener Wärmebrückenverlustkoeffizient von 0,05 W/(m²K) mit einer Konstruktionslänge von einem Meter zuzuordnen ist.

Die Berechnung des längenbezogenen Wärmedurchgangskoeffizienten (Ψ-Wert) erfolgt unter Beachtung der DIN EN ISO 10211 [2008] mit der folgenden Gleichung:

$$\Psi = L^{2D} - \sum_{j=1}^{n} U_j \cdot l_j \qquad [51]$$

L^{2D} thermischer Leitwert der zweidimensionalen Wärmebrücke;

U_j Wärmedurchgangskoeffizient des jeweils zwei Bereiche trennenden 1-D-Bauteils;

l_j die Länge innerhalb des 2-D-geometrischen Modells, für die der U_j gilt;

n die Nummer der 1-D-Bauteile.

Wird die Gleichung 51 näher betrachtet, so wird deutlich, dass der Ψ-Wert einer Wärmebrücke immer als ein Differenzwert aufzufassen ist. Er drückt das Verhältnis aus zwischen dem numerisch ermittelten zweidimensionalen und dem für das Modell ohne Einfluss der Wärmebrücke errechneten eindimensionalen Wärmeverlust (Leitwert). Dieser Verlust wird grundsätzlich auf eine Temperaturdifferenz von 1 Kelvin bezogen und ist daher unabhängig von der tatsächlich vorliegenden Temperaturdifferenz. Das ermöglicht eine von der vorliegenden Temperaturdifferenz unabhängige Berechnung. Fernerhin zeigt die Berechnungsvorschrift, dass ein Ψ-Wert entgegen mancherorts getätigter Annahmen zunächst über die energetische Qualität des berechneten Details wenig aussagen kann. Für die wirkliche Beurteilung, ob ein Detail ausreichend gut gedämmt ist, wird die Heranziehung der berechneten Leitwerte und die auf der Wärmebrücke vorhandene Oberflächentemperatur besser geeignet sein.

Die längenbezogenen Wärmedurchgangskoeffizienten (Ψ-Werte) sind gemäß DIN V 4108-6 [2003] und DIN V 18599-2 [2011] für folgende Wärmebrücken zu berechnen:

- Gebäudekanten;
- Fenster- und Türlaibungen (umlaufend);
- Decken- und Wandeinbindungen;
- Deckenauflager;
- wärmetechnisch entkoppelte Balkonplatten.

Die Temperaturrandbedingungen für die Berechnung von Wärmebrücken sind größtenteils im Beiblatt 2 zu DIN 4108 [2006] enthalten als sogenannte Temperaturfaktoren. Ausgehend von einer allgemeinen Temperaturdifferenz zwischen innen (beheizt) und außen von 25 K kann die jeweils anliegende Temperatur eines dritten Raumes (Erdreich, unbeheizter Keller oder unbeheiztes Dachgeschoss) berechnet werden. Beispiele für die Berechnung dieser Temperaturen werden im Abschnitt 5.2 gezeigt. Für die Berechnung der Oberflächentemperatur enthält DIN 4108-2 [2013] festgelegte Randbedingungen, die im Beiblatt 2 zur DIN 4108 [2006] um Hinweise zur richtigen Modellierung der Wärmebrücken ergänzt werden. Welche Temperaturrandbedingungen bei der Berechnung der Oberflächentemperatur anzuwenden sind, zeigt Tabelle 3.

Tab. 3: Temperaturrandbedingungen nach DIN 4108-2 [2013]

Gebäudeteil bzw. Umgebung	Temperatur in °C
unbeheizter Keller	10
Erdreich, an der unteren Modellgrenze nach DIN EN ISO 10211 [2008]	10
Unbeheizte Pufferzone	10
Unbeheizter Dachraum, Tiefgarage	– 5
Außenlufttemperatur	– 5
Innentemperatur	20

Für die Berechnung der Oberflächentemperatur interessiert für den Nachweis nach DIN 4108-2 [2013] nur der Ort mit der minimal auftretenden Temperatur. Unter den genannten Randbedingungen muss sichergestellt sein, dass der sogenannte Temperaturfaktor f_{Rsi} den Wert von 0,7 nicht unterschreitet, was bei einer Außentemperatur von – 5 °C und einer Innentemperatur von 20 °C zu einer Oberflächentemperatur von mindestens 12,6 °C führt. Gleichung 12 verdeutlicht diesen Zusammenhang.

$$f_{Rsi} = \frac{\theta_{si} - \theta_e}{\theta_i - \theta_e} \qquad [52]$$

f_{Rsi} dimensionsloser Temperaturfaktor;
θ_{si} raumseitige Oberflächentemperatur;
θ_i die Innenlufttemperatur;
θ_e die Außenlufttemperatur.

Wird der Temperaturfaktor eingehalten, so wird vorausgesetzt, dass auf der Oberfläche die für die Schimmelpilzbildung kritische Luftfeuchte von 80 % nicht erreicht wird. Die kleine Abweichung, die sich jedem auftut, der die Gleichung 52 mit den Randbedingungen einer Außentemperatur von – 5 °C und einer Innentemperatur von + 20 °C nachrechnet (12,5 °C wären exakt möglich, 12,6 °C sind aber gefordert), geben den nötigen Abstand vor. Was aber ist bei anderen Randbedingungen einzuhalten, wenn zum Beispiel die Innentemperatur 20 °C und die Temperatur des angrenzenden Raumes 10 °C beträgt? Sind es hier die 12,6 °C oder der Mindestwert von f_{Rsi} = 0,7? Gemäß DIN 4108-2 [2013] sind bei abweichenden Randbedingungen die erforderlichen Maßnahmen anhand des Raumklimas festzulegen. Diese Maßnahmen sollen auch bei abweichenden Randbedingungen sicherstellen, dass die kritische relative Luftfeuchte auf der Bauteiloberfläche den Wert von 80 % nicht überschreitet. Welche Maßnahmen bei abweichenden Randbedingungen als ausreichend erachtet werden, bleibt dem Planer überlassen. Nicht immer werden höhere Durchlasswiderstände der Bauteile den gewünschten Erfolg bringen; insbesondere dann nicht, wenn die relative Luftfeuchte im Raum selbst schon mit 80 % anzunehmen ist. Hier sind dann zusätzliche Maßnahmen zum Mindestluftwechsel und ggf. zur Entfeuchtung vorzusehen.

Aufgrund der in den Berechnungsnormen – wie z.B. in der DIN V 18599-1 [2011] – getroffenen Festlegung, dass alle Flächen im Nachweis außenmaßbezogen unter Beachtung der DIN EN ISO 13789 [2008] zu ermitteln sind, hat auch die Berechnung der Ψ-Werte außenmaßbezogen zu erfolgen, was unter Umständen, wie wir bereits festgestellt haben,(z.B. bei Außenwandecken), zu negativen Ψ-Werten führen kann.

Das folgende Eingangsbeispiel soll die Berechnung des Ψ-Wertes unter Anwendung der DIN EN ISO 10211 [2008] verdeutlichen:

Der Wärmebrückeneinfluss einer in der Außenwand eingebundenen Stahlbetonstütze soll untersucht werden. Die Stahlbetonstütze wird außenseitig zusätzlich mit 4 cm Wärmedämmung mit einem Bemessungswert der Wärmeleitfähigkeit von 0,035 W/(mK) gedämmt. Die gewählte Schnittführung ist Bild 46 zu entnehmen. Die Stahlbetonstütze ist bei der Ermittlung des U-Wertes der Außenwand nicht berücksichtigt worden.

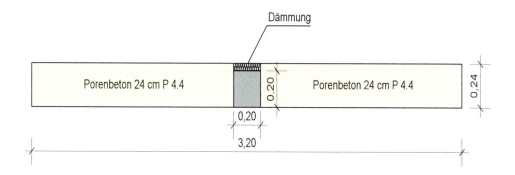

Bild 46: Außenwand mit Stahlbetonstütze

Der U-Wert der Außenwand beträgt 0,599 W/(m²K) (24 cm Porenbetonplatte P4,4/0,55 mit λ = 0,16 W/(mK)) berechnet nach DIN EN ISO 6946.

Der Term $U \cdot l$ aus Gleichung 11 wird zu: 0,599 · 3,20 m = 1,92 W/(mK)

Der mit einem FEM-Programm ermittelte Wärmestrom beträgt 51,52 W/m.

Der thermische Leitwert berechnet sich aus:

$$L^{2D} = \frac{q}{\Delta\theta} = \frac{51,52}{25} = 2,06 \text{ W/(mK)} \qquad [53]$$

q Wärmestrom 2-D aus Wärmebrückenprogramm;
$\Delta\theta$ Temperaturdifferenz (hier: 20 − (− 5) = 25 K).

Außenmaßbezogener Wärmebrückenverlustkoeffizient Ψ_a:

$$\Psi_a = 2,06 - 1,92 = 0,144 \text{ W/(mK)}$$

Bei einer 3 m hohen Stahlbetonstütze wären demnach für den Anschluss zusätzliche Verluste von 0,144 · 3 m = 0,432 W/K zu berücksichtigen.

Wird der längenbezogene Wärmebrückenverlustkoeffizient auf die gesamte wärmeübertragende Umfassungsfläche bezogen, so ergibt sich ein Wert von 0,432/9,6 m² = 0,045 W/(m²K). Dieser Wert wäre demnach unser ΔU_{WB}, mit dem der berechnete U-Wert zu korrigieren ist, um den gleichen Wärmestrom zu erhalten.

$$q = (0,599 \cdot 9,60)+(0,144 \cdot 3,00) = 6,18 \text{ W/K} = (0,599+0,045) \cdot 9,60 \text{ m}^2$$

3 Berücksichtigung zusätzlicher Wärmeverluste über Wärmebrücken

Das gleiche Beispiel verwenden wir, um den Temperaturfaktor f_{Rsi} zu ermitteln. Die Randbedingungen der Berechnung sowie die Ergebnisse sind Bild 47 zu entnehmen. Der grüne Punkt in der Zeichnung dokumentiert den Ort mit der geringsten Temperatur, in diesem Fall sind dies nach FEM-Berechnung exakt 12,84 °C.

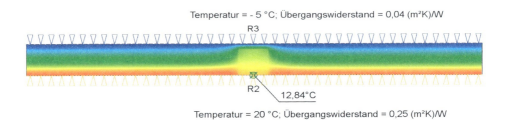

Bild 47: Ermittelter Temperaturverlauf für die ausgewiesenen Randbedingungen

Nach Gleichung 52 resultiert aus der ermittelten Oberflächentemperatur von 12,84 °C ein Temperaturfaktor von:

$$f_{Rsi} = \frac{12,84-(-5)}{20-(-5)} = 0,71$$

Neben den bereits gezeigten Berechnungen ist auch der Nachweis zu führen, dass an jeder Stelle der Konstruktion die Mindestwärmedämmung nach DIN 4108-2 [2013] vorhanden ist. Der Wärmedurchlasswiderstand ist ohne Berücksichtigung der für die Berechnung der Oberflächentemperatur oder des längenbezogenen Wärmedurchgangskoeffizienten verwendeten Übergangswiderstände zu berechnen. Mit der Wärmeleitfähigkeit und der Dicke der verwendeten Materialien wird der Wärmedurchlasswiderstand ermittelt:

Bemessungswerte der Wärmeleitfähigkeit:

Porenbeton: 0,16 W/(mK)

Stahlbeton: 2,1 W/(mK)

Dämmung: 0,035 W/(mK)

Berechnung der Wärmedurchlasswiderstände:

R_{Wand}: 0,30/0,16 = 1,87 (m²K)/W

$R_{Stütze}$: 0,20/2,1 + 0,04/0,04 = 1,09 (m²K)/W

Für den Vergleich mit den normativen Anforderungen ist demnach nur der ermittelte Wert im Bereich der Wärmebrücke maßgebend. Die Anforderungen an den Mindestwärmeschutz nach DIN 4108-2 [2013] sind in Tabelle 4 enthalten.

Tab. 4: Mindest-Wärmedurchlasswiderstand nach DIN 4108-2 [2013]

Spalte	1	2	3
Zeile	Bauteile	Beschreibung	Wärmedurchlasswiderstand des Bauteils[b] R in m² · K/W
1	Wände beheizter Räume	gegen Außenluft, Erdreich, Tiefgaragen, nicht beheizte Räume (auch nicht beheizte Dachräume oder nicht beheizte Kellerräume außerhalb der wärmeübertragenden Umfassungsfläche)	1,2[c]
2	Dachschrägen beheizter Räume	gegen Außenluft	1,2
3	Decken beheizter Räume nach oben und Flachdächer		
3.1		gegen Außenluft	1,2
3.2		zu belüfteten Räumen zwischen Dachschrägen und Abseitenwänden bei ausgebauten Dachräumen	0,90
3.3		zu nicht beheizten Räumen, zu bekriechbaren oder noch niedrigeren Räumen	0,90
3.4		zu Räumen zwischen gedämmten Dachschrägen und Abseitenwänden bei ausgebauten Dachräumen	0,35
4	Decken beheizter Räume nach unten		
4.1[a]		gegen Außenluft, gegen Tiefgarage, gegen Garagen (auch beheizte), Durchfahrten (auch verschließbare) und belüftete Kriechkeller	1,75
4.2		gegen nicht beheizten Kellerraum	0,90
4.3		unterer Abschluss (z. B. Sohlplatte) von Aufenthaltsräumen unmittelbar an das Erdreich grenzend bis zu einer Raumtiefe von 5 m	0,90
4.4		über einem nicht belüfteten Hohlraum, z. B. Kriechkeller, an das Erdreich grenzend	0,90
5	Bauteile an Treppenräumen		
5.1		Wände zwischen beheiztem Raum und direkt beheiztem Treppenraum, Wände zwischen beheiztem Raum und indirekt beheiztem Treppenraum, sofern die anderen Bauteile des Treppenraums die Anforderungen der Tabelle 3 erfüllen	0,07
5.2		Wände zwischen beheiztem Raum und indirekt beheiztem Treppenraum, wenn nicht alle anderen Bauteile des Treppenraums die Anforderungen der Tabelle 3 erfüllen.	0,25
5.3		oberer und unterer Abschluss eines beheizten oder indirekt beheizten Treppenraumes	wie Bauteile beheizter Räume
6	Bauteile zwischen beheizten Räumen		
6.1		Wohnungs- und Gebäudetrennwände zwischen beheizten Räumen	0,07
6.2		Wohnungstrenndecken, Decken zwischen Räumen unterschiedlicher Nutzung	0,35

[a] Vermeidung von Fußkälte.
[b] bei erdberührten Bauteilen: konstruktiver Wärmedurchlasswiderstand
[c] bei niedrig beheizten Räumen 0,55 m² · K/W

Gehen wir davon aus, dass die im Bild 46 gezeigte Wand eine Außenwand eines beheizten Raumes ist, so ist nach Tabelle 4 ein mindestens einzuhaltender Wärmedurchlasswiderstand von 1,2 (m²K)/W maßgebend. Dieser Wert wird im Stützenbereich (Wärmebrücke) nicht erreicht. Da es sich gemäß DIN 4108 [2013] bei der Stütze um ein flächiges Bauteil handelt, kommen Ausnahmen von den in Tabelle 4 dargestellten Werten nicht in Betracht. Die Anforderungen an den Mindestwärmeschutz sind demnach nicht erfüllt, die Dicke der Stützendämmung wäre zu ändern. Das zeigt, dass der alleinige Nachweis eines Ψ-Wertes und eines f_{Rsi}-Wertes nicht ausreicht, eine Wärmebrücke umfassend zu beurteilen.

3.2 Berechnung der Transmissionswärmeverluste unter Beachtung des Einflusses der Wärmebrücken

Zwar wissen wir aus den dargestellten Grundlagen, wie die Wärmeverluste über Wärmebrücken berechnet werden können; es fehlt aber noch eine oder mehrere Möglichkeiten, diesen Wert in die Berechnung von Wärmeverlusten ganzer Gebäude einzubinden. Dazu dienen beispielsweise die Vorschriften der Energieeinsparverordnung (EnEV) im Zusammenhang mit den dort zitierten Normen. Zum Teil sind aber auch von den Normen abweichende Vorschriften zu beachten. So ist nach EnEV 2014 der flächenbezogene Transmissionswärmeverlust für Wohngebäude H'_T grundsätzlich nach DIN EN 832 [2003] mit den in DIN V 4108-6 [2003] Anhang D genannten Randbedingungen zu ermitteln. Dabei dürfen die Vereinfachungen für den Berechnungsgang nach DIN EN 832 [2003] verwendet werden. Im Folgenden werden wir uns vor allem auf die in der DIN V 18599-2 [2011] vorhandene Methodik beschränken und nur am Ende kurz auf die Unterschiede zur DIN V 4108-6 [2003] abstellen.

In der DIN V 18599-2 [2011] wird für H_T der Begriff Transmissionswärmetransferkoeffizient verwendet. Er ist in Abhängigkeit von der Lage des Bauteils in der wärmeübertragenden Umfassungsfläche zu berechnen und schließt die zusätzlichen Wärmeverluste der Wärmebrücken ein. Der gesamte Wärmeverlust über die wärmeübertragende Umfassungsfläche ergibt sich aus der folgenden Beziehung:

$$H_T = H_{T,D} + H_{T,iu} + H_{T,S} + H_{T,iZ} \qquad [54]$$

H_T Transmissionswärmeverlust;
$H_{T,D}$ Wärmetransferkoeffizient nach außen;
$H_{T,iu}$ Wärmetransferkoeffizient zwischen beheizten und unbeheizten Gebäudezonen;
$H_{T,S}$ Wärmetransferkoeffizient über das Erdreich (entspricht H_g nach DIN EN ISO 13370);
$H_{T,iZ}$ Wärmetransferkoeffizient zwischen beheizten Gebäudezonen.

Die in der Gleichung 54 dargestellten Wärmetransferkoeffizienten werden in anderen Normen auch als Leitwerte mit der Einheit W/K bezeichnet. Die Berechnung der einzelnen Wärmetransferkoeffizienten ist aus den folgenden Gleichungen zu entnehmen.

$$H_{T,D} = \sum (U_j \cdot A_j) + \Delta U_{WB} \cdot \sum A_j \qquad [55]$$

oder

$$H_{T,D} = \sum (U_j \cdot A_j) + \sum (l_j \cdot \Psi_j) \qquad [56]$$

A_j die Fläche des Bauteils i der Gebäudehülle in m²;
U_j der Wärmedurchgangskoeffizient in W/(m²K) des Bauteils j der Gebäudehülle, berechnet nach DIN EN ISO 6946 und DIN EN ISO 10077;
l_j die Länge der zweidimensionalen Wärmebrücke j;
Ψ_j der längenbezogene Wärmedurchgangskoeffizient in W/(mK) der Wärmebrücke j nach DIN EN ISO 10211;

3.2 Berechnung der Transmissionswärmeverluste

ΔU_{WB} der pauschale außenmaßbezogene Wärmebrückenzuschlag.

Der ΔU_{WB} ergibt sich nach Abschnitt 3.1, der Ψ-Wert aus einer Wärmebrückenberechnung. Bei Anwendung des berechneten Ψ-Wertes ist darauf zu achten, dass grundsätzlich gleiche Außenmaße zu verwenden sind. Die für die anderen Koeffizienten maßgebenden Größen sind in den Gleichungen 57 bis 60 enthalten. Im Vergleich zu den Gleichungen 55 und 56 ergeben sich vor allem Unterschiede bei den verwendeten Indizes.

$$H_{T,iu} = \sum (U_j \cdot A_j) + \Delta U_{WB} \cdot \sum A_j \qquad [57]$$
oder
$$H_{T,iu} = \sum (U_j \cdot A_j) + \sum (l_j \cdot \Psi_j) \qquad [58]$$

$$H_{T,iz} = \sum (U_j \cdot A_j) \qquad [59]$$

$$H_{T,s} = \sum (U_j \cdot A_j) + \sum (l \cdot \Psi_g) \qquad [60]$$

Aus den vorstehenden Gleichungen ist zu entnehmen, dass die Berücksichtigung des zusätzlichen Wärmeverlustes für Bauteile, die an die Außenluft oder an unbeheizte Räume grenzen, prinzipiell über eine Pauschale oder über berechnete längenbezogene Wärmedurchgangskoeffizienten erfolgen kann. Die Pauschale ist an die Bedingung geknüpft, dass die Vorgaben nach Beiblatt 2 zur DIN 4108 [2006] eingehalten werden. Werden Bauteile betrachtet, die beheizte Räume voneinander trennen, so müssen keine zusätzlichen Wärmeverluste über Wärmebrücken einbezogen werden. Die DIN V 18599-2 [2011] spricht hier allerdings nur davon, dass dieser Grundsatz "in der Regel" gilt – die Regel selbst ist nicht definiert. Da Wärmeverluste nach dieser Norm zu angrenzenden beheizten Räumen nur dann einbezogen werden, wenn die Soll-Raumtemperaturen beider Räume (oder Zonen) eine Differenz von mehr als 4 K aufweisen, können wir eine Grundlage dieser Regel bereits als gegeben annehmen. Wie ist es aber bei größeren Temperatur-Differenzen? Da die über die Bauteile in die anderen Räume (niedrig beheizt) abfließende Wärme hier als Quelleintrag wirksam wird, kann auch bei anderen Temperaturdifferenzen der Wärmebrückeneinfluss bei der energetischen Betrachtung entfallen. Der "wirkliche" Verlust wird dann bei der Berechnung des Wärmestroms des niedrig beheizten Wärmestromes nach außen energetisch berücksichtigt. Eine nähere energetische Betrachtung der Wärmeverluste an den niedrig beheizten Raum erübrigt sich auch dann, wenn beide Räume mit dem gleichen Wärmeerzeuger beheizt werden. Werden die temperierten Gebäudezonen mit unterschiedlichen Wärmeerzeugern versorgt, so kann es in Abhängigkeit von den zu erwartenden Quelleinträgen durchaus sinnvoll sein, die Wärmeverluste über Wärmebrücken auch zwischen beheizten Räumen zu betrachten. Ein "Kochrezept" dazu kann es nicht geben, der Nachweisführende muss hier mit Augenmaß entscheiden.

Werden die Wärmetransferkoeffizienten über das Erdreich berechnet, so sind mehrere Ansätze nach DIN V 18599-2 [2011] möglich. Ein Ansatz bezieht sich auf die Verwendung des stationären Wärmetransferkoeffizienten H_g nach DIN EN ISO 13370 [2008] mit den dort beschriebenen Berechnungsalgorithmen. Werden Gebäude nur beheizt, dann ist darüber hinaus auch die Berechnung der Wärmeverluste unter Einbeziehung des Temperatur-Korrekturfaktors möglich. Es gelten dann die Berechnungsvorschriften für die Berechnung des $H_{T,iu}$ nach Gleichung 57 oder 58. Für das erdberührte Bauteil wird ein stationärer Wärmedurchgangskoeffizient U ermittelt, der sich aus dem Schichtaufbau des erdberührten Bauteils ergibt. Je nach Richtung des Wärmestroms (horizontal bei Bodenplatten, vertikal bei Wänden) wird ein innerer Wärmeübergangswiderstand von 0,17 (m²K)/W oder 0,13 (m²K)/W angenommen, der äußere wird zu null gesetzt. Der reguläre Wärmetransferkoeffizient ergibt sich dann aus dem Produkt des U-Wertes und der Fläche des erdberührten Bauteils. Der Temperatur-Korrekturfaktor ist in Abhängigkeit vom Wärmedurchlasswiderstand des erdberührten Bauteils und der Bauteil-Geometrie zu ermitteln. Tabelle 5 zeigt auszugsweise für Gebäude ohne Keller den zu ermittelnden Temperatur-Korrekturfaktor (F_G).

Tab. 5: Ermittlung des F_G-Wertes für Bodenplatten nicht unterkellerter Gebäude nach DIN V 18599-2 [2011]

Bauteil	Temperaturkorrekturfaktor F	Bodenplattenmaß B'					
		< 5 m		5 m bis 10 m		> 10 m	
Fußboden auf dem Erdreich ohne zusätzliche Randdämmung, Fläche gegen Erdreich gedämmt	F_G	R_f		R_f		R_f	
		≤ 1	> 1	≤ 1	> 1	≤ 1	> 1
		0,45	0,6	0,4	0,5	0,25	0,35
Fußboden c auf dem Erdreich mit Randdämmung:							
• 5 m breit, waagerecht	F_G	0,30		0,25		0,2	
• 2 m tief, senkrecht	F_G	0,25		0,2		0,15	

Der so ermittelte Temperatur-Korrekturfaktor dient dann als Eingangsgröße für die Berechnung einer monatlichen mittleren Erdreichtemperatur nach Gleichung 61.

$$\theta_u = \theta_i - F_G \cdot (\theta_i - \theta_e) \qquad [61]$$

F_G Temperatur-Korrekturfaktor (Index "G" für Bodenplatten nicht unterkellerter Gebäude);

θ_i Bilanzinnentemperatur nach DIN V 18599-2 [2011];

θ_e monatliche mittlere Außentemperatur nach DIN V 18599-10 [2011].

Die Verluste über Wärmebrücken erdberührter Bauteile werden bei der Wahl dieses Verfahrens wieder über eine Pauschale oder unter Verwendung der berechneten Ψ-Werte ermittelt. Wird diese Berechnungsart für den Wärmetransferkoeffizienten und dann später für die Berechnung der Quellen/Senken der erdberührten Bauteile verwendet, so ergibt sich die Frage, wie die Ψ-Werte im genauen Nachweis zu ermitteln sind. Dürfen diese dann mit den Randbedingungen nach DIN EN ISO 10211 [2008] in Verbindung mit DIN EN ISO 13370 [2008] berechnet werden, oder besteht für diesen Fall die Forderung, die Randbedingungen nach dem berechneten Temperatur-Korrekturfaktor auszurichten und die Wirkung des Erdreichs auszuschalten – so wie es beispielsweise im Beiblatt 2 zur DIN 4108 umgesetzt worden ist. Die nationalen Normen

3.2 Berechnung der Transmissionswärmeverluste

enthalten hierfür keine Regelungen. Wir werden uns im Abschnitt 4 zu den Unterschieden bei der Berechnung erdberührter Wärmebrücken nochmals mit den Ergebnissen und Differenzen unterschiedlicher Berechnungsansätze auseinandersetzen und Empfehlungen ableiten.

Grundsätzlich ermöglicht die DIN V 18599-2 auch eine Berechnung nach DIN EN 13370 [2008]. Hierbei werden die stationären Verluste über die erdberührten Bauteile in Abhängigkeit von der Lage, der Geometrie und des Dämmniveaus ermittelt. Der mit dem Ansatz der DIN EN ISO 13370 [2008] ermittelte Wärmedurchgangskoeffizient unterscheidet sich zum Teil erheblich vom zuvor genannten Ansatz. Die Modellierung zur Bestimmung des Randeinflusses der Wärmeübertragung (Wärmebrücken) folgt den Vorgaben der DIN EN ISO 10211 [2008], zusätzliche Einflüsse einer vorhandenen Randdämmung – vertikal wie horizontal – werden entweder nach einem im Anhang B der DIN EN ISO 13370 [2008] festgelegten Algorithmus berücksichtigt oder gehen in die numerische Berechnung nach DIN EN ISO 10211 [2008] ein. Die Berechnung der Senken/Quellen nach DIN V 18599-2 [2011] erfolgt dann mit der üblichen Temperaturdifferenz zwischen der monatlichen Bilanz-Innentemperatur und der mittleren monatlichen Außentemperatur.

Haben die Wärmeströme durch erdberührte Bauteile einen erheblichen Anteil am Gesamtwärmestrom aller wärmeübertragenden Bauteile, so darf der monatliche Wärmestrom über das Erdreich nach dem in DIN EN ISO 13370 [2008] beschriebenen Verfahren bestimmt werden. Mit diesem Ansatz wird korrektiv eingegriffen, um den Fehler zu korrigieren, der mit dem stationären Berechnungsansatz verbunden ist. Welchen Fehler? Zwar werden die Wärmeverluste beim stationären Ansatz mit dem Temperatur-Korrekturfaktor grob "zurechtgerückt", doch das Phänomen des zeitverschobenen Wärmeflusses im Erdreich bleibt bei dieser Korrektur außen vor. Der zusätzliche Wärmestrom durch die Wärmebrücken wird sowohl über den stationären Anteil des Wärmestroms als auch über den harmonischen Anteil erfasst (Wirkung einer Randdämmung).

Wann ein Wärmestrom als erheblich anzusehen ist, verrät die DIN V 18599-2 [2011] indes nicht, da viele Faktoren – Flächenanteil, Dämmung, Randausbildung – hier hineinspielen. So kann beispielsweise eine große ungedämmte Bodenplatte bei einem Gebäude geringer Höhe einen hohen Wärmestromanteil bedingen. Bei gleichen Flächenverhältnissen wird sich aber auch ein komplett anderes Bild ergeben, wenn die Bodenplatte über eine gute Flächen- und Randdämmung verfügt. Grob abgeschätzt sollte von einem erheblichen Wärmestrom immer dann ausgegangen werden können, wenn der Anteil der Wärmeverluste über das Erdreich mindestens 60 % des Gesamtwärmeverlustes umfasst.

Dreidimensionale Wärmebrücken werden von der Norm nur auf indirektem Wege in die Berechnung der Wärmeverluste des Gebäudes einbezogen. Grund dafür ist die Überlegung, dass ihre begrenzte Flächenwirkung einerseits und der oftmals hohe Aufwand für den Nachweis andererseits in keinem wirtschaftlich vertretbaren Verhältnis zueinander stehen. Man beschränkt sich deshalb darauf, einen möglichen flächenwirksamen Einfluss bereits bei der Berechnung des *U*-Wertes zu erfassen. Hier sei beispielsweise der Wärmeverlust über Drahtanker oder Dübel genannt, der zu einer Korrektur des Wärmedurchgangskoeffizienten führen kann. Die DIN EN ISO 6946 [2008] setzt dabei voraus, dass von einer Flächenwirkung immer dann ausgegangen werden muss, wenn der auf den Quadratmeter bezogene Leitwert (*U*-Wert) um mindestens

3 % erhöht wird. Auch die in Deutschland bauaufsichtlich zugelassenen Systeme für Fassaden beinhalten bereits diese Korrektur.

In DIN V 4108-6 [2003] werden die zusätzlichen Wärmeverluste über Wärmebrücken auf ähnliche Weise erfasst wie in der DIN V 18599-2 [2011]. Unterschiede ergeben sich vor allem bei der Anwendung der vereinfachten Berechnung der Transmissionswärmeverluste. Die Vereinfachung bezieht sich auf die Verwendung von Temperaturkorrektur-Faktoren, so wie diese auch in der DIN V 18599-2 [2011] enthalten sind.

Der in der Norm als spezifischer Transmissionswärmeverlust H_T bezeichnete Wärmeverlust nach Gleichung 62 entspricht nicht vollumfänglich dem Ansatz nach Gleichung 54.

$$H_T = \sum U_i A_i + H_U + L_S + H_{WB} + \Delta H_{T,FH} \qquad [62]$$

H_T Transmissionswärmeverlust;
U_i Wärmedurchgangskoeffizient des Bauteils i;
A_i Fläche des Bauteils i;
H_U Wärmeverlust über Flächen zu unbeheizten Räumen;
H_{WB} Wärmeverlust über Wärmebrücken = $\Delta U_{WB} \cdot A$;
L_S thermische Leitwert über das Erdreich;
$H_{T,FH}$ zusätzlicher Wärmeverlust für Bauteile mit Flächenheizung.

Wird dieser Ansatz verwendet, so fließen die Verluste ausschließlich über den pauschalen Wärmebrückenzuschlag in die Berechnung ein. Unabhängig von der Lage des Bauteils erhalten alle einen Aufschlag von 0,10 W/(m²K) auf den berechneten U-Wert. Dieser Wert kann halbiert werden, wenn die zur Ausführung vorgesehenen Details die Gleichwertigkeitskriterien nach Beiblatt 2 zur DIN 4108 erfüllen. Im vereinfachten Nachweis kommt es demnach zu einer leichten Überbewertung der Verluste, da die Pauschale die konkret anliegende Temperaturdifferenz am Bauteil vernachlässigt. Alternativ dazu kann das detaillierte Berechnungsverfahren der DIN V 4108-6 [2003] verwendet werden, welches die Verluste über Wärmebrücken – ähnlich wie im Verfahren nach DIN V 18599-2 [2011] – den einzelnen Bauteilen zuordnet.

Die Übereinstimmung mit den Anforderungen aus dem Beiblatt 2 zur DIN 4108 [2006] an die Planung und Ausführung von Konstruktionsdetails ist, wie zuvor erwähnt, eine wesentliche Grundlage für die Anwendung pauschaler Zuschläge. In aller Regel kann bei Einhaltung der im Beiblatt genannten Grundregeln für das wärmebrückenminimierte Planen und Ausführen von Details auf eine detaillierte Berechnung der Verluste verzichtet werden. Dem sogenannten Gleichwertigkeitsnachweis kommt somit eine besondere Rolle in der Nachweisführung zu, da er – teilweise abweichend von den Regeln der DIN EN ISO 10211 [2008] – eine spezielle Form der Nachweisführung darstellt, die ermöglicht, mit möglichst geringem Aufwand eine Abschätzung der zusätzlichen Verluste vorzunehmen und sicherzustellen, dass auch die Oberflächentemperatur an der ungünstigsten Stelle den von der DIN 4108-2 [2013] geforderten Wert einhält. Bevor wir uns jedoch dieser speziellen Nachweisart zuwenden können, wird im kommenden Abschnitt die Grundlage für eine richtige Modellierung der Wärmebrücken gelegt, da diese auch im Gleichwertigkeitsnachweis einen gewichtigen Einfluss auf die Korrektheit der ermittelten Werte hat.

4 Modellierung von Wärmebrücken

Nahezu jede Berechnung einer Wärmebrücke beginnt mit der Überlegung, wo der Schnitt in die Gebäudehülle anzusetzen ist, um den zusätzlich zu berücksichtigenden Wärmeverlust richtig zu erfassen. Nicht selten sind Wärmebrücken in unmittelbarer Nähe zueinander angeordnet, sodass sich die Frage, wer beeinflusst eigentlich wen und in welchem Maße, nicht immer auf den ersten Blick beantworten lässt. Selbst erfahrene Ingenieure wählen derweil Umwege, um den richtigen Berechnungsansatz zu finden. Um nicht allzu große Auswüchse zuzulassen, hat die grundlegende europäische Berechnungsnorm DIN EN ISO 10211 [2008] zumindest für die üblichen Fälle einige Annahmen definiert, an denen man sich bei der Modellierung orientieren kann und sollte. Man ist jedoch nicht davor gefeit, auch für spezielle Situationen Annahmen treffen zu müssen, die keine Norm enthält. Wichtig ist, diese möglichst genau zu beschreiben und ggf. zu begründen.

Wenn in den folgenden Abschnitten von Modellierung die Rede ist, so ist darunter das Aufbereiten eines Details für eine Berechnung zu verstehen. Mit der Schnittführung meinen wir das Einzeichnen von adiabatischen Trennlinien in ein Modell.

Wenden wir uns zunächst den Grundprinzipien der Schnittführung an einer Wärmebrücke zu. In der DIN EN ISO 10211 [2008] sind dazu folgende Hinweise enthalten:

- Die Schnittführung erfolgt in der Symmetrieebene, falls diese weniger als d_{min} vom zentralen Element (also von dem Teil, den wir hier als Wärmebrücke bezeichnen) entfernt ist.
- Ist keine Symmetrie enthalten, so ist im Abstand von mindestens d_{min} vom zentralen Element die Schnittführung vorzunehmen.
- Im Erdreich nach speziellen Vorgaben (siehe unten).

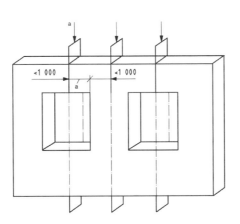

Legende
a   Die Pfeile geben die Symmetrieebene an.

Bild 48: Als Schnittebenen verwendbare Symmetrieebenen DIN EN ISO 10211

Gemäß DIN EN ISO 10211 [2008] ist demnach der Symmetriefall immer höher zu werten als der von der Norm definierte Mindestabstand d_{min}. Eine "künstliche" Modellierung mit Abständen zum zentralen Element, die real gar nicht existieren, steht demzufolge im Widerspruch zu den normativen Vorgaben. Für ein 3-D-Modell enthält die DIN EN ISO 10211 [2008] die in Bild 49 dargestellte mögliche Schnittführung. Wie aus Bild 49 zu erkennen ist, treffen zwei Wärmebrücken – Wandecke und Fensteranschluss – in einem relativ kleinen Bereich aufeinander. Für diesen Fall lässt die Norm zu, den Schnitt so zu wählen, dass für beide Wärmebrücken d_{min} (= 1 m) eingehalten werden kann. Zwar relativiert dieses Vorgehen das vorgenannte Grundprinzip für die 3-D-Schnittführung, doch ist der Hinweis unter 1 (siehe Bild 49) geeignet, auch hier den Bezug auf die tatsächlich vorhandene Symmetrieebene nicht grundsätzlich zu ignorieren.

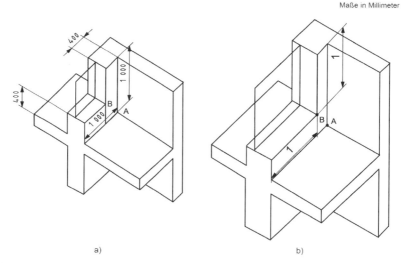

Legende
1   1 000 mm oder in Bezug auf eine Symmetrieebene
A   Wärmebrücke, an der Ecke des Innenraums (Region A)
B   Wärmebrücke, in der Umgebung des Fensters in der Außenwand (Bereich B)
ANMERKUNG   Die Wärmebrücke B erfüllt nicht die Bedingung des Mindestabstandes von d_{min} (= 1 m) von der Schnittebene (siehe Bild 6a)). Dies wird durch die Erweiterung des Modells in zwei Richtungen (siehe Bild 6b)) berichtigt.

Bild 49: Modell mit mehr als einer Wärmebrücke (wichtig für 3-D-Modelle) nach DIN EN ISO 10211

Aber warum wird eine Schnittführung gefordert, die das Symmetrieverhalten eines Anschlussdetails berücksichtigt? Kann es nicht eigentlich egal sein, wenn das Modell beliebig verlängert wird? Wir betrachten doch in der Berechnung des Ψ-Wertes immer auch den Sollverlust in Abhängigkeit von der mitwirkenden Länge des eindimensionalen U-Wertes. Problematisch wird es aber immer dann, wenn wir in den Einflussbereich einer benachbarten Wärmebrücke hineinschneiden. Nach [Wieland, Heim-1990) ist die "Grundvoraussetzung für die Einführung einer Symmetrie-Ebene-Achse, dass die im Bauteil auftretenden Wärmestromlinien resp. Temperaturen durch eine Spiegelung an diesen Ebenen/Achsen ineinander identisch überführbar sind". Indem wir genau diese symmetrischen Verhältnisse anstreben, legen wir also die Grundlage dafür, dass die Annahme einer adiabatischen Schnittkante gerechtfertigt ist. Bei der üblicherweise in der Praxis vorherrschenden 2-D-Modellierung von Wärmebrücken wird sich aber der Symmetrieansatz der Schnittführung auf wenige Fälle beschränken. Bild 50 zeigt einen solchen praxisrelevanten Fall der Schnittführung in inhomogenen Bauteilen, wie wir es regelmäßig bei Holzdachkonstruktionen oder auch Holzständerwänden vorfinden. Die Symmetrie kann mit einer der im Bild 50 gezeigten Varianten hergestellt werden. Die Annahme einer adiabatischen Schnittkante ist für beide Herangehensweisen gerechtfertigt.

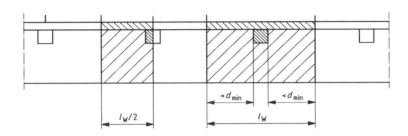

Legende

d_{min} Mindestdicke
l_w festgelegter Abstand

Bild 50: Beispiele für die Anordnung von Schnittebenen im 2-D-Modell (DIN EN ISO 10211)

Ist keine Symmetrieebene zu beachten, so wird von der Norm die Einhaltung eines Mindestabstandes zum zentralen Element gefordert. Dieser mit d_{min} bezeichnete Abstand soll entweder 1 m oder das Dreifache der Dicke des flankierenden Bauteils haben, je nachdem, welcher der größere Wert ist. Daher wird auch ein "d" als Abkürzung für eine Länge benutzt, da der Wert aus einer Dicke des Elements abgeleitet wird. Bild 54 zeigt die Anwendung von d_{min} anhand einer am Wand-Decken-Anschluss bestehenden Wärmebrücke.

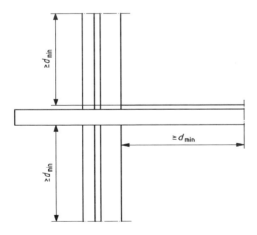

Bild 51: Beispiele für die Anordnung von Schnittebenen im 2-D-Modell (DIN EN ISO 10211)

Warum wird in der Schnittführung ein Mindestabstand vom zentralen Element verlangt? Dieser Mindestabstand soll sicherstellen, dass wir den adiabatischen Schnitt (Randbedingung 2. Art, Neumann-Randbedingung) an einer Stelle ansetzen, an der kein Einfluss der Wärmebrücke mehr festzustellen ist. Die Isothermen verlaufen hier wieder parallel und die Richtung des Wärmestroms nimmt ihren typisch senkrecht zur Plattenebene gerichteten Verlauf ein. So wie bei vielen normativen Vorgaben typisch, so soll auch d_{min} möglichst viele Situationen abdecken, die in den Schnittebenen auftreten können. Für die überwiegende Anzahl der Schnittführungen ist eine Entfernung von 1 m vom zentralen Element bereits auf der sicheren Seite, wie Bild 52 beispielhaft für einen ungedämmten Deckenanschluss zeigt.

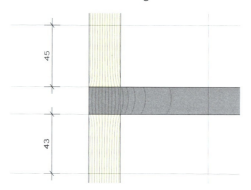

Bild 52: Abstand der letzten Isothermenkrümmung vom zentralen Element

Die letzte Isothermenkrümmung nach Bild 52 ist unter den hier dargestellten Bedingungen bei ca. 45 cm – der Unterschied im Bild 52 zwischen oben und unten ist hauptsächlich initiiert durch die unterschiedlichen Wärmeübergangswiderstände – zu erwarten, also weit unterhalb des von der Norm geforderten Mindestabstandes. Dass sich zu den Schnittebenen hin wieder parallele Isothermenbilder einstellen, überrascht indes nicht, weil an den Schnittebenen selbst per Definition die Randbedingung 2. Art vorgegeben ist.

Sollten im FEM-Programm keine Isothermen vorhanden sein, so kann ersatzweise auch die Oberflächentemperatur als Maß der noch vorhandenen Beeinflussung herangezogen werden. Mit dem stationären *U*-Wert kann bei gegebenem Übergangswiderstand die zu erwartende Oberflächentemperatur im ungestörten Bereich berechnet werden. Wird diese Oberflächentemperatur an der Oberfläche erreicht, liegt keine Beeinflussung mehr vor. Nachteilig für diese Methode ist, dass viele Temperaturpunkte untersucht werden müssen und – je nach Netzgenerierung – keine allzu große Präzision erwartet werden kann. Beim dritten Element nach Bild 52 ist diese Methode indes nicht so einfach übertragbar. Hier fehlt für die Handrechnung der klassische eindimensionale Bezug, überdies fehlt ein klarer Temperaturunterschied zwischen der Warmseite und der Kaltseite. Der Wärmestrom fließt sowohl von oben als auch von unten in die Wärmebrücke hinein, die Wärmestromrichtung wechselt im Querschnitt. Bild 53 verdeutlicht diesen Wärmetransport.

4 Modellierung von Wärmebrücken

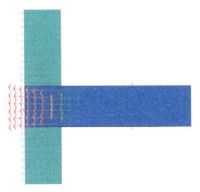

Bild 53: Wärmefluss über das dritte angrenzenden Element in die Wärmebrücke

Aus dem Bild 53 entnehmen wir, dass im Verhältnis zu den angrenzenden Wänden der Einfluss der Wärmebrücke – einem Kamineffekt ähnlich – deutlich später abklingt. Hier wäre, grob betrachtet, der Abstand von mindestens 1 m gerechtfertigt. Zumindest wird eine Verkürzung der mitwirkenden Länge hier einen etwas größeren Einfluss haben als bei der Wand. Wir können also konstatieren, dass der von der Norm gewählte Mindestabstand zwar grob, aber dennoch praktikabel ist, da aufwendige und in den meisten Fällen zusätzliche Nebenrechnungen vermieden werden. Als Maß für die richtige Wahl der Schnittebene kann gelten, ob der Ψ-Wert bei Verlängerung der angrenzenden ungestörten Bauteile noch nennenswert verändert wird. Ist dies nicht der Fall, so sind die Schnittebenen richtig gesetzt. Das kann im Einzelfall auch bedeuten, die von der Norm festgesetzten Mindestlängen überschreiten zu müssen.

Wie bereits ausgeführt, ist die Dicke des flankierenden Bauteiles ausschlaggebend dafür, welche mitwirkende Länge bei der Modellierung zu verwenden ist. Wie ist aber zu verfahren, wenn angrenzende Bauteile über unterschiedliche Bauteildicken verfügen? In [Volland, Pils, Skora-2012] wird die Länge d_{min} immer dem jeweils betrachteten Bauteil zugeordnet. So kann beispielsweise bei drei flankierenden Bauteilen auch mit drei d_{min} gerechnet werden. Unsere Ausführungen zum Bild 52 und Bild 53 unterstreichen, dass diesem Lösungsweg ein physikalischer Ansatz nahesteht. Bei näherem Hinschauen ist der Grund für den unpräzisen Wortlaut in der deutschen Ausgabe der DIN EN ISO 10211 [2008] wahrscheinlich ein ganz banales Übersetzungsproblem. In der Originalfassung der Norm wird d_{min} bezeichnet mit " is the greater of 1 m and three times the thickness of the flanking element concerned". Dieses "concerned", was schlichtweg als "betreffend" zu übersetzen ist, kann der deutschen Übersetzung nicht entnommen werden. Andererseits begeht niemand einen Fehler, wenn die maximale Dicke aller beteiligten flankierenden Bauteile als Grundlage für die Bestimmung von d_{min} verwendet wird.

Bild 54 veranschaulicht einen typischen Modellierungsfall. Aus dem Schnitt soll das zentrale Element (Wärmebrücke) herausgeschnitten werden, die Mindestabstände sind einzuhalten. Die Wände haben eine Gesamtdicke von je 39 cm, die Decke inklusive des Deckenaufbaus verfügt über eine Konstruktionsdicke von 31 cm. Das Dreifache der Wanddicke ist 117 cm, das der Decke beträgt 93 cm. Demnach wird einmal die vorgeschriebene Mindestdicke von 1 m unterschritten und zweimal überschritten. Für die Schnittführung in der Wand gilt daher ein d_{min} von 117 cm (gerundet 120 cm), für die Decke ist der Mindestabstand von 1 m einzuhalten. Dieser Abstand ist jeweils von den Innenkanten ausgehend anzunehmen, was sicherstellt, dass der Einfluss aus dem Konstruktionsaufbau der beteiligten Bauteile ausgeschaltet wird und die mitwirkende Länge (d_{min}) tatsächlich mit der Bauteildicke zunimmt.

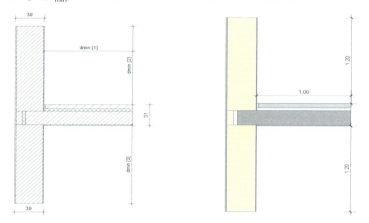

Bild 54: Beispiel einer Schnittführung an einer Wärmebrücke

Nachdem klar ist, dass die gängige Schnittführung an Wärmebrücken nach den beiden oben genannten Regeln (Symmetrie oder Mindestabstand) erfolgt, sind jetzt die Ausnahmen zu dieser Regel bzw. möglichen Kombinationen zu betrachten. Schauen wir zunächst auf das Letztgenannte – auf die möglichen Kombinationen aus Symmetrie und Mindestabstand. Dazu betrachten wir das im Bild 55 dargestellte Anschlussdetail eines zweischaligen Mauerwerks.

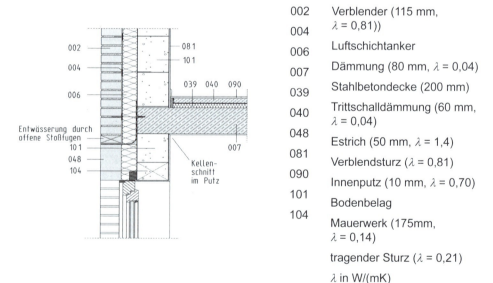

002	Verblender (115 mm, λ = 0,81))
004	
006	Luftschichtanker
007	Dämmung (80 mm, λ = 0,04)
039	Stahlbetondecke (200 mm)
040	Trittschalldämmung (60 mm, λ = 0,04)
048	Estrich (50 mm, λ = 1,4)
081	Verblendsturz (λ = 0,81)
090	Innenputz (10 mm, λ = 0,70)
101	Bodenbelag
104	Mauerwerk (175mm, λ = 0,14)
	tragender Sturz (λ = 0,21)
	λ in W/(mK)

Bild 55: Sturzdetail eines zweischaligen Mauerwerks

Setzt man voraus, dass oberhalb der Decke zunächst keine Wandöffnung folgt, so hätten wir es hier mit einer Kombination von symmetrischen Vorgaben (Fensterbereich) und zu beachtenden Mindestlängen zu tun (Decke und aufgehendes Mauerwerk). Wir setzen die Höhe der Fensters willkürlich auf 2,26 m fest.

Für den Deckenschnitt ergibt sich eine Mindestlänge von 1 m (da 3d < 1 m), der Wandschnitt wäre bei d_{min} = 1,11 m (> 1 m) vorzunehmen. Aus der Symmetrievorgabe ergibt sich für das Fenster ein Abstand vom Sturz von 1,23 m (2,26/2). Die mit den Vorgaben erstellte Schnittführung am Detail stellt Bild 56 dar.

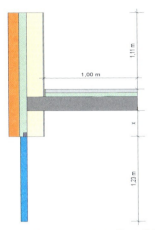

Bild 56: Schnittführung am Sturzdetail eines zweischaligen Mauerwerks

Das Fenster des Details ist als einfacher Blockrahmen modelliert, da hier nur der Anschluss des Rahmens an den Baukörper eine Rolle spielen soll – zur generellen Herangehensweise zur Modellierung von Fenstern werden wir später noch zurückkommen. Zunächst soll uns aber interessieren, ob die doch etwas üppig ausgefallenen Schnittlängen für das Fenster nicht vielleicht noch herabgemindert werden können. Dazu ist ein Blick auf den Temperaturverlauf förderlich, da für die Symmetrie eine möglichst gute Übereinstimmung der Temperaturverläufe auf beiden Schnittseiten vorausgesetzt wird. Bild 57 veranschaulicht das Temperaturfeld im Detail und an den Schnittkanten.

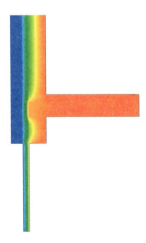

Bild 57: Temperaturverlauf im berechneten Detail

Bild 57 zeigt für die hier gewählte Modellierung der Fenster, dass im Fensterblock schon im geringen Abstand vom Anschluss des Rahmens an den Sturz stabile Temperaturbedingungen vorliegen. Auch das überrascht mit Blick auf die gewählte Modellierung nicht. Die auch vom Beiblatt 2 zu DIN 4108 [2006] verwendete Modellierung betrachtet nur die Einflüsse des Rahmenanschlusses, die zusätzlichen Verluste beispielsweise des Glas-Rand-Verbundes sind nicht mit einbezogen – oder besser gesagt: diese werden nur indirekt einbezogen über den verwendeten U-Wert nach DIN EN ISO 10077-1 [2010]. Dieser Fakt lässt die Möglichkeit zu, die symmetrische Schnittebene von derart modellierten Fenstern zu verringern, die Länge von 1 m für das Fenster bzw. die Hälfte der Höhe resp. Breite sollte für die Wahl der richtigen Schnittebene ausreichend sein. Damit ist sichergestellt, dass die Berechnung des Ψ-Wertes für typische Anschlüsse nur einmal ausgeführt und nicht jedes Mal in Abhängigkeit von den Fenstermaßen zu wiederholen ist. Aber auch hier gilt: Im Zweifelsfall mehrere Schnittlängen ausprobieren, um festzustellen, ob der berechnete Wert noch signifikant verändert wird. Bild 58 stellt für ein Brüstungsdetail im monolithischen Mauerwerk eine solche Änderung exemplarisch vor. Das Fenster wird mit einer Länge von 0,50 m, 1,00 m und 1,50 m in der Berechnung berücksichtigt. Das Detail entspricht dem Bild 42 aus dem Beiblatt 2 zur DIN 4108 [2006]. Das Mauerwerk verfügt über eine Wärmeleitfähigkeit von 0,21 W/(mK), das Fenster ist mit einem 7 cm breiten Rahmen modelliert, der eine Wärmeleitfähigkeit von 0,13 W/(mK) besitzt. Dieser Ansatz führt zu einem U-Wert für das Fenster von 1,40 W/(m²K).

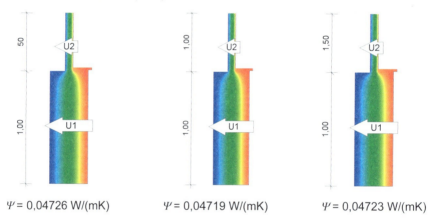

Bild 58: Berechnete Ψ-Werte für unterschiedliche Schnittebenen im Modellfenster

Die Ergebnisse der Berechnung der Ψ-Werte zeigen einen, erwartungsgemäß, geringen Einfluss der Lage der adiabatischen Schnittkante im Fenster auf das berechnete Ergebnis. Die Abweichung in der vierten Stelle nach dem Komma dürfte hauptsächlich aus der numerischen Berechnung herrühren (Rundung, Netzgenerierung) und ist folglich für die Verwertung und Bewertung der Ergebnisse von untergeordneter Bedeutung. Die Ergebnisse zeigen, dass eine von den Abmessungen der Fenster unabhängige Schnittführung möglich ist, ohne nennenswerte Abweichungen zu verursachen. Der Nachweis in der Praxis kann daher mit einem "Standard-Schnitt" geführt werden. Zu empfehlen wäre eine Mindestschnitt-Länge von 0,50 m. Wir werden diese Schnittführung später in unserem Beispielprojekt erneut aufgreifen.

Die Schnittführung am Fenster ist, wie bereits erwähnt, auf den ersten Blick sehr grob gewählt – wissen wir doch um die teils filigranen Konstruktionen im Inneren der Rahmen und um den Einfluss des Glas-Rand-Verbundes. Und trotzdem diese Herangehensweise? Man muss in der Tat unterscheiden, welches Ziel die Nachweisführung hat, danach kann dann der Grad der "Grobheit" ausgewählt werden. Die DIN EN ISO 1007-1 [2010] enthält Angaben, wie das wärmetechnische Verhalten von Fenstern zu beurteilen ist. Hierbei werden Einflussgrößen wie die Abstandhalter, die Glasarten, die Rahmenarten und geschlossene Abschlüsse bewertet und in einem Wert, dem U_w, als die für das Fenster kennzeichnende wärmetechnische Größe zusammengefasst. Der U-Wert des Fensters ist daher immer schon ein aus mehreren Einflussgrößen zusammengesetzter Wert und wird nicht, wie beispielsweise bei üblichen Außenwänden, aus den in Reihe geschalteten thermischen Widerständen bestimmt. Sollen die U-Werte von Rahmen oder von Rollladenkästen bestimmt werden, so enthält DIN EN ISO 10077-2 [2012] ein dafür passendes numerisches Verfahren, mit dem auch PC-Programme hinsichtlich ihrer Verwendungseignung überprüft werden können. Ein Beispiel für die Validierung eines Berechnungsprogrammes mit dem Berechnungsfall D.1 nach DIN EN ISO 10077-2 [2012] zeigt Bild 59. Der Aluminiumrahmen wird wie ausgeführt modelliert und dabei mit einer Dämmfüllung (rechter Block) versehen. Die Schnittkanten sind adiabatisch, es wird zwischen innen und außen eine Temperaturdifferenz von 20 K angenommen.

Bild 59: Numerische Berechnung eines Rahmens nach DIN EN ISO 10077-2 [2012]

Mit der im Bild 59 verwendeten genauen Modellierung des Rahmens wird der U-Wert des Rahmens (U_f) bestimmt, der wiederum als Eingangswert für die Berechnung des U-Wertes des Fensters (U_w) dient.

Mit den heute zur Verfügung stehenden numerischen Rechenprogrammen kann der in Bild 59 gezeigte Fall auch auf konkrete Einbausituationen übertragen werden. Dazu wäre es aber erforderlich, bei jedem detaillierten Nachweis den Rahmen und den Glas-Rand-Verbund mit den vorhandenen Materialien und Kammersystemen zu modellieren. Neben dem zeitlichen Aufwand für eine derartige Nachweisführung steht die Frage im Raum, ob zum Zeitpunkt des Nachweises der genaue Rahmenaufbau überhaupt bekannt ist. Für die überwiegende Anzahl der Praxisfälle dürfte diese Frage zu verneinen sein. Eine mögliche Vereinfachung der Modellierung und Schnittführung liegt darin, das Fenster – wie im Bild 56 bereits verwendet – als einen homogenen Baukörper mit einem vorgegebenen thermischen Widerstand zu betrachten. Der thermische Widerstand ist abhängig vom U-Wert des Fensters und auf eine Rahmenbreite von 7 cm bezogen. Da der U-Wert des Fensters die Übergangswiderstände einschließt, ist die Wärmeleitfähigkeit dieses Blockes entsprechend anzupassen. Diese gewählte Modellierung ist aus Bild 60 zu entnehmen.

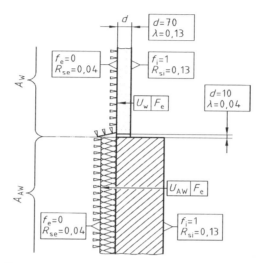

Bild 60: Vereinfachte Fenstermodellierung nach Beiblatt 2 zur DIN 4108 [2006]

Da im Beiblatt 2 zur DIN 4108 [2006] von einem U-Wert des Fensters von 1,4 W/(m²K) ausgegangen wird, ergibt sich ein Bemessungswert der Wärmeleitfähigkeit für den Ersatzblock von 0,13 W/(mK). Der thermische Gesamtwiderstand wird somit zu

R_T = 0,07/0,13+0,13+0,04 = 0,708 (m²K)/W

und der daraus resultierende U-Wert des Fensters zu

U_W = 1/0,708 = 1,41 W/(m²K) ≈ 1,40 W/(m²K)

Aber warum wird der U-Wert des Fensters auf eine Breite von 7 cm und nicht beispielsweise 8 oder 9 cm bezogen? Grund dafür war die zum Zeitpunkt der Erstellung des Beiblatts als durchaus typisch zu betrachtende Rahmenbreite. In der Zwischenzeit dürfte sich die Rahmenbreite, insbesondere für Fenster mit geringeren U-Werten als 1,0 W/(m²K), etwas erhöht haben. Aber hat das Auswirkungen auf die Nachweisführung eines Anschlusses, der mit einem derartigen Fenstermodell nachgewiesen wird? Und: Was kann man tun, wenn nicht das oben erwähnte "Modellfenster" eingesetzt wird? Wir berechnen dazu das Detail im Bild 60 für eine einheitliche Rahmenbreite von 7 cm und adjustieren nur die Wärmeleitfähigkeit des Fensterblocks. Die Fenster sollen U-Werte von 1,4, 1,3, 1,2, 1,1 und 1,0 W/(m²K) haben. Wir wählen ein monolithisches Mauerwerk mit einer 1 cm Dämmschicht zwischen dem Rahmen (Fenster) und dem Mauerwerk. Da die Rahmenbreite konstant sein soll, wird nur die Wärmeleitfähigkeit des Fensterblocks von 0,13 W/(mK) schrittweise auf 0,117, 0,106, 0,095 und 0,084 W/(mK) verändert. Für das Mauerwerk wird eine Wärmeleitfähigkeit von 0,21, 0,18, 0,12 und 0,09 W/(mK) angenommen und liegt somit innerhalb der Grenzen der nach Beiblatt 2 zur DIN 4108 [2006] möglichen Wärmeleitfähigkeiten für monolithisches Mauerwerk.

4 Modellierung von Wärmebrücken

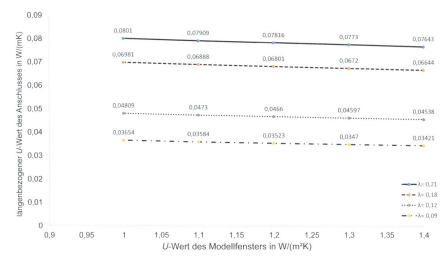

Bild 61: Ergebnisse der Ψ-Wert - Berechnung des Anschlusses Fenster-Mauerwerk

Die im Bild 61 dargestellten Ergebnisse zeigen zunächst eine klare Abhängigkeit des berechneten Ψ-Wertes vom U-Wert des Fensters und der Wärmeleitfähigkeit des angrenzenden Mauerwerkes. Je besser das angrenzende Mauerwerk, desto geringer wird insgesamt der berechnete Verlustwert. Müsste es aber doch nicht eigentlich anders sein, da wir in der Erklärung des Ψ-Wertes im Abschnitt 3.1 immer von einem "Relativwert" gesprochen haben? Nimmt die Wärmeleitfähigkeit des Mauerwerks ab, so müsste doch der thermische Einfluss des Anschlusses steigen, was mithin einen höheren längenbezogenen Verlustwert vermuten ließe. Wir müssen von diesen Erkenntnissen auch nichts korrigieren, denn der im Bild 61 gezeichnete Verlauf drückt genau das zuvor Gesagte aus – nur eben mit einem anderen Bezug. Die zwischen Rahmen und Mauerwerk eingefügte Dämmschicht von 1 cm wird gemäß Bild 60 als "Rahmenanteil" gezählt und verbessert so schließlich den numerisch berechneten L^{2D} bei gleichzeitig geringerer Korrektur desselben. Wird das erfasste Fenster besser – geringerer U-Wert –, so wird der positive Einfluss des Anschlusses zurückgedrängt, der Verlustwert steigt. Will man dies korrigieren, so böte sich an, den Anschluss zu verbessern mit einem Dämmstoff geringerer Wärmeleitfähigkeit, durch einen dickeren Streifen des gleichen Materials oder letztlich als Kombination beider Maßnahmen. Auch wenn die Abweichungen innerhalb einer Gruppe von Wärmeleitfähigkeiten und U-Werten geringfügig erscheinen, so können diese jedoch nicht missachtet werden. Die Nachweise sind mit den tatsächlich vorhandenen U-Werten der Fenster zu führen, das Modellfenster ist nach Maßgabe dieses Wertes anzupassen. Weit weniger interessant ist es, ob der tatsächliche Rahmen eine vielleicht um 1 oder 2 cm größere Breite aufweist. In diesen Fällen sind erste Differenzen (bei gleichen U-Werten, also angepasster Wärmeleitfähigkeit des Fensterblocks) in der dritten wertanzeigenden Stelle nach dem Komma zu erwarten. Es bleibt demnach festzuhalten, dass für eine Berechnung der zusätzlichen Verluste des Anschlusses Wand-Fensterrahmen eine Modellierung des Fensters als Fensterblock mit einer Dicke von 7 cm und einer vom U-Wert des Fensters (nicht des Rahmens) abgeleitete Wärmeleitfähigkeit ausreicht. Eine feinere Untergliederung des Rahmens und des Glas-Rand-Verbundes ist nicht

4 Modellierung von Wärmebrücken

erforderlich und führt im Allgemeinen auch zu keinen genaueren Ergebnissen. Möglich wäre auch, nur den *U*-Wert für die Verglasung für den Fensterblock zu berücksichtigen und die Wärmeleitfähigkeit des gesamten Fensterblocks daraus abzuleiten. Zwar führt diese Methode aufgrund der in Bild 61 gezeigten Abhängigkeiten zu einer leichten Überbewertung des Randanschlusses, doch bewegt man sich somit mit den berechneten Verlustwerten immer auf der sicheren Seite des Nachweises.

Neben der Schnittführung an einzelnen Wärmebrücken ist für den Nachweis auch von Bedeutung, ob sich einzelne Verlustwerte bei der Überlagerung addieren lassen. Oder ist jede neue zusammengestellte Situation immer zu berechnen? Was ist gemeint? Wir nehmen uns wieder das Detail aus Bild 55 und werden feststellen, dass in einem Gebäude wahrscheinlich drei Kombinationen eines nachzuweisenden Deckenanschlusses vorliegen werden.

1. Deckenanschluss mit Fenstersturz.

2. Deckenanschluss ohne obere Brüstung und Fenstersturz.

3. Brüstung oberhalb des Deckenanschlusses.

4. Der Deckenanschluss mit Brüstung oben und Fenstersturz unten.

Von Interesse ist in den folgenden Berechnungen, ob ein Detail auch aus den bereits berechneten Verlustwerten zusammengesetzt werden kann. Dazu werden die drei vorgenannten Anschlüsse wie in Bild 62 dargestellt geschnitten. Die Schnittführung für Variante 2 richtet sich nach den oben genannten Kriterien, bei den beiden Fensteranschlüssen versuchen wir durch die Wahl der adiabatischen Schnittebenen den Einfluss des Deckenanschlusses auszuklammern. Für die Fenster ist ein symmetrischer Schnitt bei 1,00 m eingefügt. Für diesen Aufbau ergeben sich die unter den Varianten dargestellten längenbezogenen Wärmedurchgangskoeffizienten.

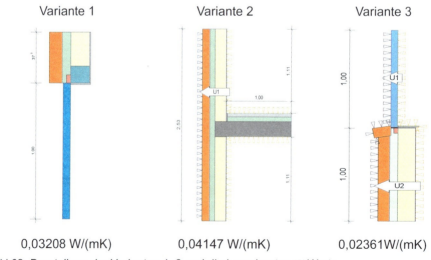

Bild 62: Darstellung der Varianten 1–3 und die berechneten Ψ-Werte

4 Modellierung von Wärmebrücken

Jetzt berechnen wir mit den gleichen Randbedingungen das Kombi-Detail, d.h., alle bisher einzeln berechneten Einflüsse werden unter ein Detail subsumiert. Ist diese Superposition überhaupt möglich und führt sie zu gleichen Ergebnissen? Das Ergebnis zeigt Bild 63.

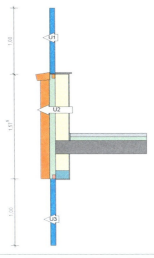

Ψ = 0,09620 W/(mK)

Bild 63: Darstellung des Berechnungsergebnisses für das Gesamtdetail

Wir bilden die Summe der in Bild 62 enthaltenen Werte und vergleichen diese mit dem Ergebnis im Bild 63. Die Differenz geht gegen null. Beide Rechenwege führen schließlich zu gleichen Verlustwerten. Mit dieser Erkenntnis ist es möglich, selbst noch so komplizierte Details zu "zerkleinern" und nach ihrer thermischen "Entschärfung" zusammenzusetzen. Zumindest für Details zwischen zwei Räumen – z.B. zwischen außen und innen – kann so vorgegangen werden. Besonders aufmerksam ist vorzugehen, wenn mehr als zwei Temperaturrandbedingungen (z.B. an das Erdreich grenzende Bauteile, Bauteile nach außen und an unbeheizte Räume grenzend) vorhanden sind. Für derartige Bauteile sind mitunter mehrere Rechengänge erforderlich, um den jeweils maßgebenden Wärmestrom zu berechnen (siehe Abschnitt 6).

Zusammenfassend lässt sich das bisher diskutierte Vorgehen zur richtigen Schnittführung als das nachträgliche Korrigieren eindimensionaler Annahmen des Wärmestroms auffassen. Bisher verzichtet haben wir auf die Darstellung von auf das Innenmaß von Bauteilen bezogenen Korrekturen, da diese in Deutschland eher die Ausnahme darstellen. Manche Details werden in der Praxis mit den oben besprochenen Schnittarten (Symmetrie und/oder d_{min}) auch nicht immer sofort erkennbar zu modellieren sein. Andere Details werden sich diesen Prinzipien geradezu entziehen. Für diese Fälle lohnt es sich, die Frage der Methode unter die der Zielstellung zu stellen. Mit der Schnittführung wollen wir einen Wärmestrom korrigieren, der mit seiner eindimensionalen Erfassung nicht ausreichend in die Gesamtbilanz eingegangen ist. Und wir klären, ob die Oberflächentemperatur den gesetzten Vorgaben entspricht. Aus der oben gezeigten Zerlegung wissen wir, dass auch ordentliche Ergebnisse erzielt werden können, wenn die Mindestabstände mal nicht so ganz den geforderten Werten entsprechen.

Neben der richtigen Wahl der Schnittebene beschäftigt uns daher immer auch die korrekte Zuordnung der sogenannten Soll-Verluste. Als Soll-Verluste werden solche bezeichnet, die sich bei eindimensionaler Berechnung des Details ergeben. Hier kommt es jetzt darauf an, die richtige Zuordnung des Soll-Verlustes zur Wärmebrücke vorzunehmen. In Deutschland wenden wir grundsätzlich eine auf das Außenmaß bezogene eindimensionale Berechnung an. Festgeschrieben sind die Grundsätze dieses Vorgehens in DIN EN ISO 13789 [2008] und DIN V 18599-1 [2011]. Bild 64 verdeutlicht diesen Bezug anhand eines Wohngebäudes mit einer für alle Wohnungen einheitlichen Innentemperatur.

Bild 64: Beispiel Außenmaßbezug

Werden innerhalb eines Gebäudes auch Bereiche mit unterschiedlichen Temperaturen (bei Wärmebrücken müssen uns nur die angrenzenden unbeheizten Räume interessieren) voneinander abgetrennt, so ist auch hier, wie Bild 65 zeigt, ein Außenmaßbezug herzustellen.

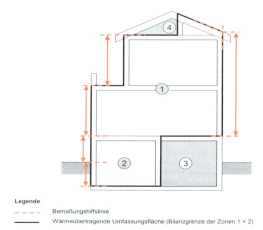

Bild 64: Beispiel Außenmaßbezug bei unterschiedlich temperierten Zonen

Für die korrekte Berechnung von Wärmebrücken-Verlusten ist es daher als grundlegend zu bezeichnen, dass derjenige, der für die Berechnung der Verlustwerte verantwortlich zeichnet, bestens vertraut ist mit den im energetischen Nachweis des Gebäudes verwendeten Maßbezügen. Werden Kataloge mit Verlustwerten aufgestellt, so ist die Angabe, auf welchen Maßbezug sich die Werte beziehen, eine wichtige Voraussetzung für deren breite Anwendung. Ein kritischer Blick des Anwenders und gegebenenfalls ein stichprobenartiges Überprüfen von Katalogwerten ist ohnehin geboten. Das gilt insbesondere für Bauteile, die an das Erdreich grenzen. Warum? Weil die hier durch die Norm angebotene breite Vielfalt möglicher Schnittführung zu unterschiedlichen Ergebnissen führen kann. Wir werden diese Vielfalt der vorhandenen Spielregeln und deren Gründe im Folgenden näher erläutern. Fragen wir uns zunächst, was das Besondere dieser Details im Verhältnis zu anderen ist. Hierbei unterstützen soll eine Darstellung des Wärmestroms über einen Wand-Bodenplatten-Anschluss. Dieser Anschluss ist schon als zweidimensionales Problem zurechtgeschnitten, siehe Bild 65. Gezeichnet ist eine ungedämmte Bodenplatte mit einer Außenwand, am Kopf und unterhalb der Bodenplatte steht Erdreich an. Die weißen Pfeile dokumentieren die Richtung und den Betrag des Wärmestroms, je länger und größer der Pfeil ist, umso stärker ist der an dieser Stelle fließende Wärmestrom.

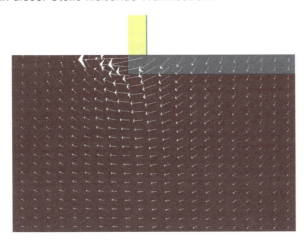

Bild 65: Wärmestromverlauf an einer ungedämmten Bodenplatte

Bild 65 zeigt, dass sich der Wärmestrom unter den oben gesetzten Bedingungen wie ein Kreisbogen unterhalb der Bodenplatte abzeichnet. Mit zunehmender Entfernung vom Kontakt des Erdreiches zur Außenluft wird der initiierte Wärmestrom deutlich kleiner. Mathematisch aufbereitet – z.B. mittels Methode der Kreisbogen-Approximation – kann der für die Bodenplatte maßgebende Leitwert ermittelt werden. Für die Schnittführung ist entscheidend, welche Länge der Bodenplatte einzubeziehen ist. Die anzuwendenden Gleichungen für die Ermittlung des Leitwertes sind aus Abschnitt 9 zu entnehmen. Mit der im Bild 65 dargestellten Skizze wird zusätzlich eine der wesentlichen Herausforderungen des Nachweises derartiger Details deutlich. Die in den energetischen Nachweisen üblicherweise zur Berechnung der Verluste über Bodenplatten – oder allgemeiner: über erdberührte Bauteile – gewählten Methoden ignorieren den Einfluss des unterhalb der Bodenplatte vorhandenen Erdreiches zwar nicht, greifen dabei aber zu Vereinfachungen, die wir zuvor als Temperaturkorrektur-Faktoren beschrieben haben. Wir tun fortan so, als ob z.B. unterhalb der Bodenplatte eine Temperatur vorhanden sei, die nur von der Dämmung der Bodenplatte und ihrer Geometrie abhinge. Damit grenzen wir für z.B. die Bodenplatte die typischen Randprobleme einfach aus. Will man eine Berechnung vereinfachen, so ist dieses Herangehen optimal – sucht man nach Lösungen, die den tatsächlichen Verlauf des Wärmestroms möglichst realitätsnah beschreiben, so wird dieser Weg nicht erfolgreich sein. Gleiches gilt für die später noch vorzunehmenden Korrekturen des Wärmestroms aufgrund von Wärmebrücken in derartigen Bauteilen. Wie genau wir uns dem Schnitt in eine solche Wärmebrücke hinein nähern wollen, hängt demgemäß davon ab, wie detailliert das Bauteil selbst thermisch beschrieben und modelliert worden ist. Im Folgenden soll das von der DIN EN ISO 10211 [2008] und der DIN EN ISO 13370 [2008] angebotene Verfahren zur richtigen Schnittführung vorgestellt werden. Wenn dieses Verfahren in der Nachweisführung angewendet wird, so kann man sicher sein, dass die Ergebnisse dem tatsächlich dreidimensionalen Verlauf des Wärmestroms am nächsten kommen. Werden die monatlichen Verluste über erdberührte Bauteile nach DIN EN ISO 13370 [2008] berechnet und nach dem Verfahren der DIN EN ISO 10221 [2008] korrigiert, befinden wir uns wohl im physikalisch nachvollziehbaren Bereich.

Aber nun zurück zur Frage, welche Schnittführung normgerecht ist – hier zunächst nur gemeint im Sinne der vorgenannten europäischen Standards. Bild 66 enthält dazu die für eine Modellierung von Wärmebrücken notwendigen Maßbezüge, wenn die längenbezogenen Wärmedurchgangskoeffizienten berechnet werden sollen.

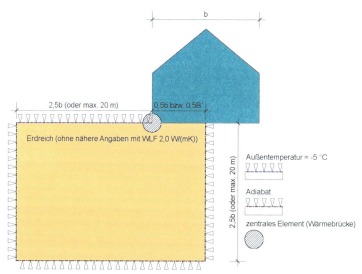

Bild 66: Anordnung der Schnittebenen im Erdreich nach DIN EN ISO 10211

Gemäß der Norm wird dem Detail ein Erdreich zugeordnet, dessen Abmessungen nur vom Gebäude und/oder von den geometrischen Ausmaßen der Bodenplatte abhängen. An der Schnittkante zur Außenluft herrscht die national bestimmte Außentemperatur, an den sonstigen Schnittkanten herrscht unsere Randbedingung 2. Art, der Wärmestrom ist null (Adiabasie). Im Inneren des Gebäudes wird die Randbedingung, wie bereits bekannt, durch die hierorts festgelegten Temperaturen geprägt. Die vertikale Schnittebene innerhalb des Gebäudes wird entweder durch die Hälfte der Gebäudebreite oder durch einen Hilfswert, den B', bestimmt. Der Wert B' aus Bild 66 ist aus der DIN EN ISO 13370 [2008] als Bodenplattenmaß bekannt und steht für das Verhältnis zwischen der wärmeübertragenden Fläche und dem halben Umfang der Bodenplatte. Mit diesem Wert werden die geometrischen Einflüsse des Wärmestroms am Rand einer Bodenplatte erfasst. Schmale und lange Bodenplatten verhalten sich trotz gleicher Fläche ungünstiger als beispielsweise quadratische Platten. Aus Bild 65 kann entnommen werden, dass die Länge der Platte einen wesentlichen Einfluss auf den Wärmestromverlauf hat. Je mehr Fläche von der Bodenplatte berücksichtigt werden kann, desto günstiger wird die Situation, da der Weg vom beheizten Innenraum zur Außenluft länger wird. Ein höherer Wärmestrom tritt auf, wenn das Bodenplattenmaß einer gesamten Seitenlänge entspricht, wie das bei unendlich langen Platten der Fall ist (B´ gleich b). Beide Bodenplatten im Bild 67 haben die gleiche Fläche, die unterschiedlichen Seitenlängen führen aber zu einem wärmetechnisch unterschiedlichen Verhalten. Der Randeinfluss der linken Bodenplatte ist kleiner als bei der rechten, hier wird fast die gesamte Plattenbreite vom Bodenplattenmaß überdeckt. Genau genommen wird mit dem Bodenplattenmaß jedem Quadratmeter der Bodenplatte eine Länge zugeordnet, an der Außentemperatur herrscht. Ist das Bodenplattenmaß größer, so ist demnach die zugeordnete Perimeterlänge kleiner. Weniger Perimeterlänge führt dann sachlogisch zu geringeren Wärmeverlusten.

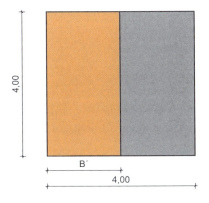 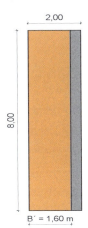

Bild 67: Ermittlung von B´ an zwei Platte mit einer Fläche von 16 m²

Mit dem Bodenplattenmaß wird ein wichtiger Ausgangswert für die Berechnung des Wärmedurchgangskoeffizienten (U-Wertes) der Bodenplatte ermittelt und, wenn ein Keller vorhanden ist, auch für die Kellerwände. Dieser U-Wert unterscheidet sich von den nach DIN EN ISO 6946 [2008] berechneten Werten dadurch, dass sowohl die Wirkung des Erdreiches als auch der zum Rand hin typische Verlauf des Wärmestromes enthalten sind. Wird der Wärmeverlust über das Erdreich später im Zusammenhang mit einer Wärmebrücke korrigiert, so sollte, um eine gleiche Ausgangsbasis herzustellen, der Ψ-Wert ebenfalls mit der geometrischen Größe B´ errechnet werden. Auf der sicheren Seite liegend wird bei der Wärmebrückenberechnung nur die Hälfte des Bodenplattenmaßes einbezogen. Für alle B´-Werte größer als 4 m kann mit ausreichender Genauigkeit ein Ψ-Wert verwendet werden, der dem entspricht, der für B´ gleich 4 m ermittelt worden ist. Mit dieser Methode kann gleichfalls ein von der Gebäudebreite unabhängiger Verlustwert ermittelt werden, die Ψ-Werte werden so universell verwendbar für unterschiedliche Bauvorhaben. Unter Einschluss dieser Hinweise ergibt sich das folgende Schnittbild für einen Wand-Bodenplattenanschluss. Die Schnitt-

4 Modellierung von Wärmebrücken

längen außerhalb des Gebäudes bleiben so wie im Bild 66 dargestellt. Die Abstände außerhalb des Gebäudes können verringert werden, wenn feststeht, dass aufgrund der örtlichen Gegebenheiten (z.B. Abstand benachbarter Gebäude) der Erdblock in der Tat zu großzügig ausfällt. Nicht verändert werden sollte der horizontale Abstand unterhalb des Fußbodens, da Änderungen an diesem Maß das Ergebnis der Berechnung deutlicher beeinträchtigen können als beispielsweise eine Änderung am Maß des vertikalen äußeren Abstandes. Diese Einflussnahme auf das Rechenergebnis ist unabhängig vom Dämmniveau der Bodenplatte.

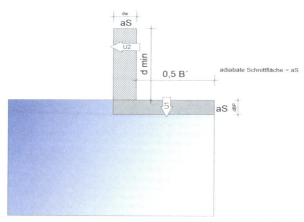

Bild 68: Modellierung des Anschlussdetails Wand-Bodenplatte innerhalb des Gebäudes

Mit der im Bild 68 verwendeten Schnittführung wird Gleichung 51 bei Außenmaßbezug zur Gleichung 63:

$$\Psi = L_{2D} - (d_{min} + d_{dP}) \cdot U_W - \frac{B' + d_w}{2} \cdot U_{BP} \qquad [63]$$

L^{2D} thermischer Leitwert der zweidimensionalen Wärmebrücke in W/(mK);

U_w Wärmedurchgangskoeffizient der Wand in W/(m²K) nach DIN EN ISO 6946

U_{BP} Wärmedurchgangskoeffizient der Bodenplatte in W/(m²K) nach DIN EN ISO 13370;

d_{min} Abstand Oberkante Fußboden zur oberen Schnittebene in der Wand in m;

d_{BP} Dicke der Bodenplatte in m;

d_W Wanddicke in m;

B' das Bodenplattemaß in m.

Die DIN EN ISO 10211 [2008] führt noch eine weitere Berechnungsart des Ψ-Wertes von erdberührten Wand-Bodenplatten-Details auf, die jedoch zwei Rechendurchläufe erfordert und auch nicht für sich beanspruchen kann, halbwegs akzeptable Ergebnisse im Vergleich zu einer zwei- oder dreidimensionalen Simulation hervorzubringen. Wir werden diese Methode daher an dieser Stelle und im weiteren Verlauf der Berechnung von Beispielen ignorieren und empfehlen, die bereits erläuterte Schnittführung zu verwenden.

Für die Schnittführung durch Bodenplatte und aufgehende Wände in beheizten Kellern hält die DIN EN ISO 10211 [2008] keine Lösung bereit. Die im Bild 68 für nicht unterkellerte Gebäude vorgestellte Lösung kann auch auf beheizte Keller übertragen werden, da hier dem Grunde nach ganz ähnliche Wärmeströme zu erwarten sind. Der Wärmestrom wird vom beheizten Keller über das Erdreich zur Außenluft verlaufen. Das Bodenplattenmaß ist an dieser Stelle auch geeignet, den vom konkreten Gebäude unabhängigen geometrischen Einfluss zu regeln. Der Wärmestrom über die Kelleraußenwände wird nicht durch das Bodenplattenmaß beeinflusst. Die Schnittführung durch die aufgehende Kellerwand kann mit d_{min} erfolgen. Wenn es sich um nur teilweise angeschüttete Kellerwände handelt, sollte der Abstand zum zentralen Element so gewählt werden, dass nur der Bereich mit der Erdanschüttung (z) einbezogen wird, da ansonsten die Einflüsse des zur Außenluft gerichteten Wärmestroms den Verlustwert zu stark beeinflussen könnten. Im Bild 69 wird eine mögliche Schnittführung im beheizten Keller vorgestellt. Die Höhe der Erdanschüttung an der Kelleraußenwand muss den realen Bedingungen am Gebäude entsprechen, die Abstände außerhalb des Gebäudes sind wie im Bild 66 dargestellt zu wählen.

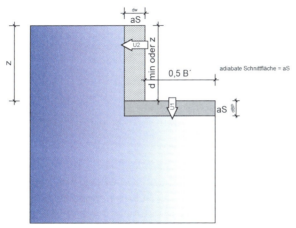

Bild 69: Modellierung des Anschlussdetails Wand-Bodenplatte innerhalb eines beheizten Kellers

Die Regel für die Berechnung des Ψ-Wertes stimmt mit Gleichung 63 überein, nur der U-Wert der mit Erdreich angeschütteten Wand ist jetzt nach DIN EN ISO 13370 [2008] zu ermitteln und wird als U_{bw} bezeichnet.

Zwei kleine Übungsbeispiele sollen die zuvor erklärte Vorgehensweise nochmals erläutern, wobei die verwendeten Materialien dabei von untergeordneter Bedeutung sind. Es wird ausschließlich die Schnittführung erläutert, andere Beispiele können aus dem Kapitel Projektbeispiel entnommen werden.

Es handelt sich in beiden Fällen um eine Bodenplatte mit einer Länge von 14 m und eine Breite von 10 m. Die Außenwanddicke soll 30 cm betragen, woraus ein d_{min} von 1 m resultiert. Die Anschütthöhe der Kellerwand beträgt 2,00 m.

4 Modellierung von Wärmebrücken

unterkellertes Gebäude   nicht unterkellertes Gebäude

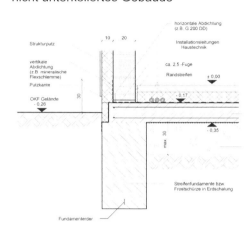

Bild 70: Anschlussdetails Wand-Bodenplatte

Da für beide Anschlussdetails die gleiche Fläche und der gleiche Umfang der Bodenplatte gelten sollen, ergibt sich daraus ein für beide Bodenplatten gültiges Bodenplattenmaß von:

$$B' = \frac{A}{0,5 \cdot P} = \frac{10 \cdot 14}{0,5 \cdot (10 + 10 + 14 + 14)} = 5,83\,\text{m} \approx 5,85\,\text{m} \qquad [64]$$

P   Umfang der Bodenplatte in m;
A   Fäche der Bodenplatte in m²;
B´ das Bodenplattemaß in m.

Alternativ könnte richtungsabhängig mit der jeweils für den Nachweis maßgebenden Gebäudebreite modelliert werden. Für die Außenabmessungen des Erdblocks wird in allen Richtungen wegen 2,5 ·14 > 20 m der maximal nach Bild 66 mögliche Wert von 20 m benutzt. Für das rechte Detail ist zu beachten, dass nicht die gesamte Stirnseite der Bodenplatte mit Erdreich angeschüttet ist. Aus diesem Grunde ist die Bodenplatte auch stirnseitig gedämmt. Der "klassische" Verlauf des Wärmestroms, so wie wir ihn aus Bild 65 kennen, wird sich bei diesem Detail daher nicht einstellen. Das Streifenfundament aus dem rechten Bild kann bei der Modellierung und Schnittführung missachtet werden, da die Wärmeleitfähigkeit des Betons nur unwesentlich über der des Erdreichs – sofern Standardwerte verwendet werden – liegt. Der aus Bild 66 bekannte horizontale Abstand der Schnittebene vom Fußboden – in unserem Fall auch 20 m – beginnt an der Unterseite der Bodenplatte. Selbst für den Fall, dass das Streifenfundament mit in die Modellierung eingebaut wird, kann auch hier mit gutem Wissen, das Ergebnis nicht maßgebend zu verfälschen, die Unterseite der Bodenplatte als Ausgangspunkt für die 2,5b herhalten. Der am linken Detail vorhandene kleine Überstand der Bodenplatte kann ebenfalls ignoriert werden, da ansonsten auch hier nur Materialien gegeneinander ausgetauscht werden, bei denen die thermische Leitfähigkeit ähnlich oder gar gleich ist. Bild 70a zeigt das modellierte und geschnittene linke, Bild 71 das rechte Detail. Der Erdblock wird nur anteilig dargestellt, um das Gesamtbild lesbarer zu gestalten. Für die Erläuterung der Schnittführung entbehrliche Bauteilschichten werden nicht eingezeichnet.

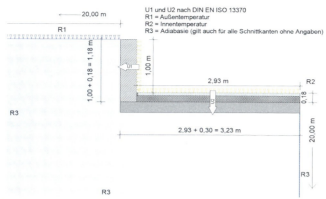

Bild 70a: Modellierung und Schnittführung für das linke Anschlussdetail aus Bild 69

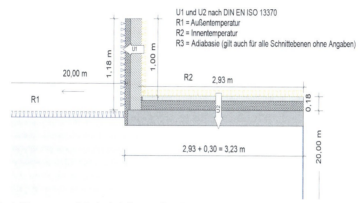

Bild 71: Modellierung und Schnittführung für das rechte Anschlussdetail aus Bild 69

Gelegentlich sind Nachweise zu führen, die den Verlustwert von Innenwänden, die auf Bodenplatten von unterkellerten oder nicht unterkellerten Gebäuden stehen, zum Ziel haben. Die DIN EN ISO 10211 [2008] und die DIN EN 13370 [2008] enthalten für einen solchen Nachweis keine Hinweise, wie das Detail zu modellieren und zu schneiden ist – wenn von den allgemeinen Hinweisen abgesehen wird, die wir oben bereits erläutert haben. Gemeint ist auch mehr die Schnittebene in der Bodenplatte bzw. die Größe des zu verwendenden Erdblocks für diesen Nachweis. Die flankierende Wand ist nach den oben erläuterten Grundsätzen einer richtigen Schnittführung zu behandeln. Bild 72 zeigt exemplarisch das Detail einer Innenwand, die auf der innen gedämmten Bodenplatte steht.

Das Problem einer korrekten Schnittführung – korrekt im Sinne von: nah am tatsächlichen Wärmeverlust, wenn man ihn dreidimensional berechnete – wird deutlich, wenn wir das Detail aus Bild 72 in das Bild 65 hineindächten. Zunächst kann eine Innenwand überall innerhalb der Fläche stehen. Fernerhin kann die Wand unterschiedlichen Abstand vom Umfang haben, sie kann auf der Dämmung (nichttragende Wand) stehen oder diese durchstoßen. Eine Kombination von Innen- und Außendämmung der Bodenplatten gehört heute ebenfalls zu den etablierten Bauarten; in diesem Fall durchdringt der Fußpunkt nur eine Dämmebene. Alle diese konstruktiven Besonderheiten haben einen mehr oder weniger starken Einfluss auf den Wärmestrom über den Fußpunkt hinein in die Bodenplatte. Und selbst innerhalb eines Gebäudes sind die Bedingungen nicht beständig, da eine Innenwand zum Beispiel von der Mitte des Gebäudes zur Außenwand läuft und mit jeder gewonnenen Nähe zur Außenwand bzw. zum Bodenplattenrand sich der Wärmestrom verändert. Hinzu kommt, dass die Ausführung des Bodenplattenrandes – das trifft generell für alle Bodenplatten zu – den Wärmestrom von der Innenwand über die Bodenplatte nach außen vergrößern oder verringern kann.

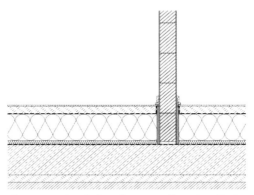

Bild 72: Fußpunkt einer Innenwand auf einer innen gedämmten Bodenplatte

Aufgrund der zuvor beschriebenen vielfältigen Einflüsse auf den Wärmestrom über diese Details ist eine Schnittführung immer dann nicht einfach, wenn der Anspruch aufrechterhalten werden soll, ein möglichst realistisches Ergebnis zu erzielen. Ob das der Grund ist, dass keine der zur Verfügung stehenden Normen einen Vorschlag unterbreitet, bleibt ungewiss. Selbst das Beiblatt 2 zur DIN 4108 [2006], welches einen Grenzwert für derartige Details enthält, spart die Angabe von Randbedingungen für die Berechnung aus. In [Feist-1999] werden unterschiedliche Ansätze für die Modellierung von Wärmebrücken erdberührter Bauteile miteinander verglichen. Zwar sind diese vor allem auf die bereits behandelten Anschlüsse zwischen Außenwand und Bodenplatte ausgelegt, doch scheint es möglich, sie auch für den hier vorliegenden speziellen Fall mit in Betracht zu ziehen. [Feist-1999] schlägt eine Temperatur von 10 °C als Mittelwert zwischen der dortselbst hergeleiteten Innen- und Außentemperatur vor. Eine allgültige Lösung des Problems über eine Nutzung eines Erdblocks – ähnlich wie oben beschrieben – enthält die Literatur indes nicht. Nutzbar erscheint der Ansatz über die Festlegung einer unter der Bodenplatte vorhandenen Temperatur in Abhängigkeit von den Temperatur-Korrekturfaktoren. Der Temperatur-Korrekturfaktor ist uns aus Abschnitt 3.2 bereits bekannt. Mit ihm wird festgelegt, welcher Anteil von der Differenz zwischen innen und außen am in Rede stehenden Bauteil anliegt. So gibt ein Faktor von 0,6 an, dass 60 % des z.B. nach DIN 4108-2 [2013] festgelegten Temperaturunterschiedes von 25 K am Bauteil anliegen. Bei einer Innentemperatur von 20 °C führt dies zu einer Außentemperatur von 20 – 0,6 · 25 = 5 °C. Im gewählten Verfahren werden korrekte Ergebnisse erzielt, wenn der Wärmestrom (siehe Gleichung 51) mit dem gleichen Korrekturfaktor F_G berücksichtigt wird wie für den energetischen Nachweis des Gebäudes. Der Verlustwert ist auch bei dieser Herangehensweise immer auf den bestehenden Temperaturunterschied zwischen innen und außen von 25 K zu beziehen, da er auch weiterhin den Wärmeverlust vom Gebäudeinneren an die Außenluft beschreibt.

4 Modellierung von Wärmebrücken

Unter den dargestellten Voraussetzungen wird sich dann die nachfolgend dargestellte Schnittführung ergeben.

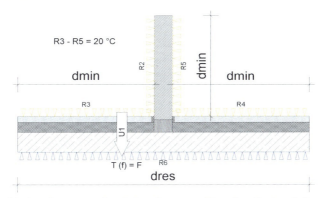

Bild 73: Fußpunkt einer Innenwand auf einer innen gedämmten Bodenplatte

Werden die allgemeinen Grundsätze der Schnittführung auf das Bild 71 bezogen, so ergeben sich die im Bild 73 eingefügten Längen. Es wird hierbei ein Faktor F_G von 0,5 vorausgesetzt. Dieser ergäbe sich bei unserem Bodenplattenmaß nach Gleichung 61 (5,85 m) und einem R_f von > 1 (mit dem Fußbodenaufbau nach Bild 72 sicher zu erreichen) aus der Tabelle 5.

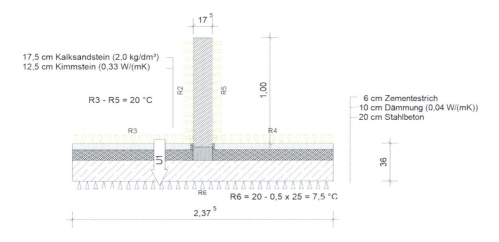

Bild 74: Temperaturen und Schichtaufbau

Für das gemäß Bild 74 modellierte Detail wird ein längenbezogener Verlustwert (Ψ-Wert) von 0,1211 W/(mK) ermittelt. Das gewählte Modell ist auch gegenüber Veränderungen der Breite der einbezogenen Bodenplatte stabil. So bringt selbst eine Verlängerung der Bodenplatte um 2 m allenfalls eine Abweichung von 0,06 %, die vernachlässigt werden kann. Dahingegen wird das Modell sehr anfällig gegenüber geometrischen Veränderungen, wenn der Wärmestrom ohne Korrektur ermittelt wird – wenn folglich F_G = 1,0 ist. Der Wärmestrom aus der L^{2D}-Berechnung bleibt bei der Berechnung konstant – es wird nichts an den Temperaturen und an der Schnittführung geändert –, die Reduzierung zum Verlustwert fällt aber wegen des Wegfalls der Korrektur wesentlich üppiger aus. Und je länger die einbezogene Bodenplatte, desto größer wird dieser Abzug, sodass auch untereinander die Werte stark auseinanderdriften.

Sind die Wärmeverluste über Erdreich mit einer der in DIN EN ISO 13370 [2008] beschriebenen Methoden ermittelt worden, so kann der in Bild 75 vorgeschlagene Weg zur Ermittlung des Ψ-Wertes angewendet werden. Diese Methode führt in der Regel zwar zu etwas höheren Verlustwerten, als nach dem oben beschriebenen Verfahren, sie hilft aber, im gewählten System – genaue Berechnung der Verluste nach DIN EN 13370 [2008] oder indirekte Methode mit F-Werten – zu bleiben.

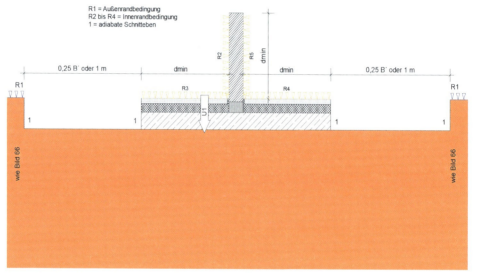

Bild 75: Vorschlag einer Schnittführung des Fußpunktes nach Bild 74 in Anlehnung an DIN EN ISO 10211 und DIN EN ISO 13370

Die Schnittführung nach Bild 75 enthält einen zusätzlichen Erdblock links und rechts des Details von 0,25 B' oder 1 m (der größere Wert ist maßgebend), daran schließt sich der Erdblock nach Bild 66 an, an dessen Oberfläche die Außentemperatur herrscht. Die Tiefe der Erdblöcke entspricht ebenfalls den Vorgaben nach Bild 66 (2,5b). Der U-Wert der Bodenplatte im Verfahren nach Bild 75 ist nach den Regeln der DIN EN ISO 13370 [2008] zu ermitteln. An den Schnittkanten der Bodenplatte sind adiabatische Bedingungen anzunehmen. Gleiches gilt für den oberen Abschluss des zusätzlichen Erdblocks innerhalb von 0,25 B' bzw. 1 m.

Für den Fall, dass nur Temperaturen an der Oberfläche von Konstruktionen zu ermitteln sind, hat die DIN EN ISO 10211 [2008] eine besondere Schnittführung vorgesehen, Bild 76.

4 Modellierung von Wärmebrücken

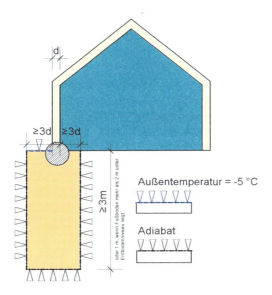

Bild 76: Anordnung der Schnittebenen, wenn nur Oberflächentemperaturen zu ermitteln sind nach DIN EN ISO 10211

Die Veränderung der Schnittebenen für den Nachweis der Temperaturen an der Oberfläche von erdberührten Bauteilen im Vergleich zu Bild 66 erfolgte deshalb, weil der in seinen Abmessungen geringere Erdblock für ein klein wenig mehr Sicherheit in der Berechnung sorgt. Wird diese noch mit höheren Übergangswiderständen an den inneren Oberflächen kombiniert, kann für die stationäre Berechnung eine sichere Prognose erwartet werden. Aus diesem Grunde hat auch das Beiblatt 2 zur DIN 4108 [2006] diese Schnittführung für die Nachweise der Einhaltung des f_{RSI} bzw. der minimal geforderten Temperatur an der Oberfläche mit kleinen Änderungen übernommen. Statt ≥ 3d wird ein Wert von ≥ 1 m gefordert und statt ≥ 3 m wird der vertikale Abstand auf genau 3 m festgeschrieben.

Für die Bestimmung der Temperatur an der Oberfläche von Details nach Bild 72 enthalten beide Normen ebenfalls keine Angaben zu einer korrekten Schnittführung. Zweckmäßig ist eine Schnittführung nach Bild 74 mit den geänderten Randbedingungen für Temperatur und Wärmeübergang. So ist die Temperatur an der Außenseite jetzt unabhängig vom F-Wert, sie wird generell mit 10 °C festgelegt. Eine Begründung, warum 10 °C gerechtfertigt sind, enthält u.a. [Feist-1999].

Wir verlassen an dieser Stelle die Ausführungen zu der Schnittführung an erdberührten Details mit dem Hinweis, dass nicht alle Besonderheiten der Dämmung dieser Bauteilart hier besprochen worden sind. Allein, wenn am Rand von Bodenplatten eine zusätzliche senkrechte oder waagerechte Dämmung angebracht wird, beeinflusst das den Verlustwert so, dass diese Maßnahme längere Ausführung verdiente. Die Wirkung auf die Schnittführung von Details ist jedoch von untergeordneter Natur, sodass hier nur auf die Beispielberechnung im Abschnitt 9 und auf interessante Erörterungen in z.B. [Hagentöft-1998] und [Feist-2004] verwiesen werden kann. Auch für die Fall, erdberührte Bauteile unter Beachtung tatsächlich vorhandener und sich über das Jahr ändernder Temperaturen im Erdreich zu berechnen, gilt, dass überwiegend die Verluste über Wärmebrücken und weniger die Art des Schneidens der Details davon beeinflusst werden.

Einer besonderen Form der Modellierung in der zweidimensionalen Berechnung unterliegen die als inhomogen bekannten Bauteile. Warum das so ist, zeigt Bild 77. Um die Verluste des dargestellten Details vollständig zu erfassen, müsste eine dreidimensionale Berechnung vorgenommen werden. Zweidimensional ist eine Schnittführung entweder nur im Dämmbereich oder im Sparrenbereich möglich, nie in beiden zugleich. Aber nur einen Bereich zu schneiden und damit den Wärmeverlust des gesamten Anschlusses zu erfassen, wäre falsch oder zumindest fehlerbehaftet. Um eine für die Praxis verwendbare Lösung zu erhalten, wird in die Berechnung des U-Wertes nach DIN EN ISO 6946 [2008] bereits der Einfluss der Wärmebrücke einbezogen. Die Modellierung der Wärmebrücke erfolgt dann so, dass nur im Gefachbereich geschnitten wird. Für die Berechnung des Verlustwertes nach Gleichung 51 ist dann auch nur der U-Wert – Bild 77 rechts (U 1) – für den Gefachbereich zu verwenden und nicht der nach DIN EN ISO 6946 ermittelte. Die mit diesem Verfahren einhergehenden Abweichungen von der dreidimensionalen Berechnung sind gering, wenn wir den Wärmeverlust meinen. Sind allein Temperaturen an der Oberfläche gesucht, so wird es richtig sein, diese am Sparren zu ermitteln. Das Beiblatt 2 zur DIN 4108 [2006] fordert bisher eine solche Herangehensweise aus unerklärbaren Gründen nicht. Hier wird der Nachweis der Temperatur an der Oberfläche des Gefaches als ausreichend angesehen.

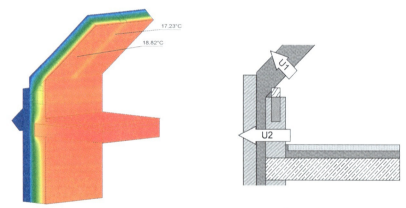

Bild 77: Dreidimensionale (links) und zweidimensionale (rechts) Modellierung von inhomogenen Bauteilen (wie z.B. Dach)

Wenn $U2$ nach Bild 77 ebenfalls ein inhomogenes Bauteil ist, so kann wie bereits beschrieben auch für dieses Bauteil vorgegangen werden.

Eine weitere in der DIN EN ISO 10211 [2008] nicht enthaltene Randbedingung betrifft die Berechnung von Wandecken mit unterschiedlichen Temperaturen auf der Wandoberfläche. Wandecken werden bei auf das Außenmaß bezogene Berechnung gern nachgewiesen, weil diese einen negativen Ψ-Wert aufweisen. Somit kann der rechnerische Wärmeverlust des Gebäudes verringert werden. Dazu ist der Schnitt waagerecht anzusetzen, der Abstand von der inneren Kante zur adiabatischen Grenze ist mit d_{min} vorgegeben. Nun kann es aber vorkommen, dass für die Wand keine einheitliche Temperatur auf der Oberfläche vorliegt. Ein Bespiel für diese Gegebenheit ist eine teilweise angeschüttete Kelleraußenwand, Bild 78.

4 Modellierung von Wärmebrücken

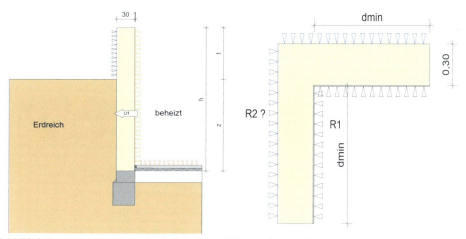

Bild 78: Wandecke Vertikalschnitt (links) und Horizontalschnitt (rechts)

Um dreidimensionale Berechnungen vermeiden zu können, gilt es, den im Bild 78 dargestellten Fall zu vereinfachen. Mit jeder der drei nachfolgenden Varianten kann das Problem deutlich vereinfacht werden. Empfohlen werden die Varianten 2 und 3.

1. Der Verlustwert wird für die gesamte Wand ohne Temperaturfaktor durchgeführt und entspricht somit der Berechnung einer an die Außenluft grenzenden Wand.

2. Es ist eine mittlere Temperatur für die gesamte Wandhöhe zu ermitteln. Diese ergibt sich aus der Anschütthöhe und dem Temperaturfaktor und kann von Gebäude zu Gebäude unterschiedlich sein. Der R_{si} wird zu null gesetzt. Der Ψ-Wert für den Anschluss wird berechnet, indem vom L^{2D} nur ein verminderter Wärmestrom abgezogen wird, siehe Beispiel. In welcher Höhe der Wärmestrom zu reduzieren ist, folgt aus dem errechneten neuen Korrekturfaktor F, Gleichung 65.

3. Es wird nacheinander der Verlustwert für die Wandabschnitte ermittelt. Anschließend wird ein mittlerer Verlustwert über die gesamte Wandhöhe errechnet.

Beispiel:

Eine Wand d = 30 cm mit λ = 0,21 W/(mK) ist 1,60 m (z) angeschüttet. Die Wand ist 2,50 m hoch und hat demzufolge einen an die Außenluft grenzenden Teil von 0,90 m (t). Für die Wand ist ein Temperaturfaktor von 0,60 ermittelt worden.

Temperatur im nicht erdberührten Bereich: $T_1 = -5\,°C$;

Temperatur im erdberührten Bereich: $T_2 = 20 - (0{,}6 \cdot 25) = 5\,°C$;

Mittlere Temperatur auf der Außenoberfläche:

$$T_m = \frac{(T_1 \cdot z) + (T_2 \cdot t)}{z + t} = \frac{(-5 \cdot 0{,}90) + (5 \cdot 1{,}60)}{2{,}50} = 1{,}4\,°C \qquad [64]$$

Temperaturkorrektur-Faktor für den U-Wert:

$$F = \frac{(T_2 - T_M)}{25} = \frac{(20 - 1{,}4)}{25} = 0{,}74 \qquad [65]$$

Die Ergebnisse der Berechnung zeigen, dass die Varianten 2 und 3 zu etwa gleichen Verlustwerten führen. Die Variante 1 liegt etwas unterhalb der Werte und überschätzt den zu korrigierenden Wärmestrom über die Ecke, Bild 79.

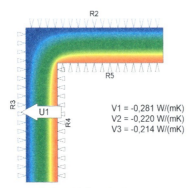

Bild 79: Berechnungsergebnisse (Ψ-Werte) für die Varianten

Wird die Angabe einer Temperatur an der Oberfläche benötigt – z.B. als Nachweis, dass der f_{RSI}-Wert eingehalten wird –, so ist diese immer für den nicht angeschütteten Teil der Wand zu ermitteln. Ändert sich der U-Wert über die Wandhöhe nicht, so braucht für den erdberührten Teil der Wand kein weiterer Nachweis geführt zu werden.

Die Aufgaben, die für eine Schnittführung von Wärmebrücken zu erledigen sind, führen zu der Frage, ob es möglich ist, diese zu vereinfachen. Die DIN EN ISO 10211 enthält leider nur eine sehr begrenzte Anzahl von Vereinfachungen, denen wir uns jetzt im Einzelnen zuwenden:

1. Ist die Oberfläche eines Materialblocks nicht eben, so darf diese eben gemacht werden, wenn die Leitfähigkeit des Materials unter 3,0 W/(mK) ist. Der Abstand der ebenen Linie von der ursprünglichen Außenkante des nicht ebenen Körpers darf einen Wert von $d_c = R_c \cdot \lambda$ nicht überschreiten, Bild 80. Dabei ist als R_c ein Wert von 0,03 m²K/W zu verwenden, für λ ist die Wärmeleitfähigkeit des Materials zu verwenden. Werden Bauteile mit einer geringen Wärmeleitfähigkeit korrigiert, so fällt die zugelassene Korrektur der Oberfläche weitaus geringer aus als bei Baustoffen mit einer hohen Wärmeleitfähigkeit.

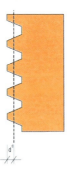

Bild 80: Änderung der Lage der Oberfläche nach DIN EN ISO 10211

2. Soll die Grenzfläche zwischen zwei Materialien verschoben werden, so ist diese Verschiebung immer nur senkrecht zur Innenoberfläche vorzunehmen.

Dabei hat das Material mit der höheren Wärmeleitfähigkeit das Material mit der geringeren zu verdrängen, Bild 81.

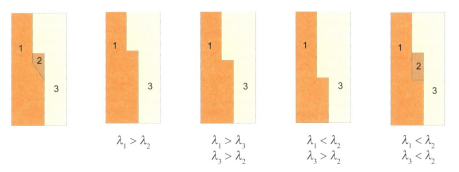

Bild 81: Beispiele für die Verschiebung von Grenzflächen nach DIN EN ISO 10211

3. Dünne Schichten bis zu einer Dicke von 1 mm dürfen für die Modellierung vernachlässigt werden (z.B. Abdichtungen nach DIN 18195 [2011]). Wirken sich dünne metallische Schichten nur unwesentlich auf den Wärmestrom eines Details aus, so können sie ebenfalls vernachlässigt werden. Was wesentlich ist, gibt die Norm nicht an. Grob gilt aber auch hier, dass ein Einfluss von ≤ 3 % als eine unwesentliche Auswirkung anzusehen ist.

4. Zubehör an der Außenoberfläche von Bauteilen (z.B. Regenrinnen, Lampen), welches nur punktweise mit der Fassade verbunden ist.

5. Für alle Bauteile darf ein horizontaler Wärmestrom angenommen werden, sodass auf eine Unterteilung der R_{si}-Werte verzichtet werden kann. Im Abschnitt "Randbedingungen" werden wir davon kein Gebrauch machen, trotzdem ist es nützlich, diese Vereinfachung zu kennen.

6. Der innere Hohlraum von Rollladenkästen kann über eine gleichwertige homogene Schicht mit einem λ_{eq} modelliert werden. Aus der Annahme, dass diese Hohlräume normalerweise gemäß DIN EN ISO 10077-2 [2012] als leicht belüftet gelten, wird ein thermischer Widerstand von $R = 0{,}18$ (m²K)/W berechnet, der über die vorhandene Dicke des Hohlraumes zum λ_{eq} führt.

7. Für das Erdreich kann eine Wärmeleitfähigkeit von 2,0 W/(mK) verwendet werden.

8. Schichten, die nur einen geringen Einfluss auf den Ψ-Wert und auf die Temperatur auf der Oberfläche von Konstruktionen haben, dürfen vernachlässigt werden. Gegebenenfalls sind einander gegenläufige Einflüsse unterschiedlich zu berücksichtigen.

5 Nachweis der Gleichwertigkeit nach Beiblatt 2

5.1 Einleitung

Das Berechnen von Wärmebrücken ist mit erheblichem zeitlichen Aufwand verbunden, sodass jede Erleichterung im Nachweis – unter Umständen sogar ein kompletter Verzicht – willkommen ist. Solchergestalt soll das Beiblatt 2 zur DIN 4108 [2006] sein. Ursprünglich erarbeitet, um Planern einige Grundsätze an die Hand zu geben, wie zusätzliche Wärmeverluste über Wärmebrücken wenn nicht gänzlich verhindert, so doch aber vermieden werden können. Bedeutung erlangte es mit der EnEV 2002, wo erstmals der im Abschnitt 3 erläuterte Zuschlag auf den flächenbezogenen Leitwert obligatorisch wurde. Seither ist das Bemühen, einen möglichst geringen Zuschlag anwenden zu müssen, mit den Lücken, die das Beiblatt nach wie vor bietet, eng verbunden. Jeder möchte selbstverständlich auf einen besonderen Nachweis verzichten und den geringeren Zuschlag anwenden – die meisten tun es auch –, muss aber auch feststellen, dass das Beiblatt nicht alle Details enthält. Und auch gar nicht enthalten muss, da es nur eine Art von Umriss bildet, in dessen Grenzen ein Nachweis der Übereinstimmung auf verschiedenen Wegen möglich ist. Welche Wege für den Nachweis freigegeben sind, wird im Beiblatt 2 selbst detailliert erläutert. Insofern zielen die nachfolgenden Ausführung hauptsächlich darauf ab, die Ausführungen im Beiblatt 2 mit Beispielen informativ zu ergänzen.

5.2 Methoden des Gleichwertigkeitsnachweises

Es ist möglich, Wärmebrücken auf der Grundlage der nach DIN EN ISO 10211 [2008] festgelegten Randbedingungen zu berechnen oder auch nur einen Nachweis der Gleichwertigkeit nach Beiblatt 2 zur DIN 4108 [2006] zu führen.

Der Nachweis der Gleichwertigkeit zu den im Beiblatt 2 aufgezeigten Konstruktionen kann dabei mit einem der nachfolgenden Verfahren vorgenommen werden:

a. Bei der Möglichkeit einer eindeutigen Zuordnung des konstruktiven Grundprinzips und bei Vorliegen der Übereinstimmung der beschriebenen Bauteilabmessungen und Baustoffeigenschaften ist eine Gleichwertigkeit gegeben.

Diese Art des Gleichwertigkeitsnachweises folgt dem Grundsatz, dass das zu beurteilende Detail mit einem Detail aus dem Beiblatt übereinstimmt. Ein Beispiel ist in Tabelle 5 aufgeführt.

5.2 Methoden des Gleichwertigkeitsnachweises

Tab.5: Gleichwertigkeitsnachweis nach Verfahren zu a.

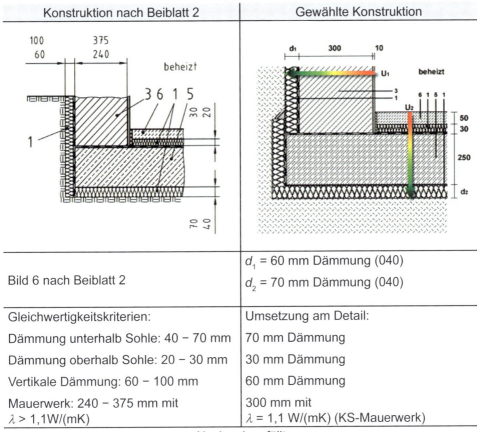

Konstruktion nach Beiblatt 2	Gewählte Konstruktion
Bild 6 nach Beiblatt 2	d_1 = 60 mm Dämmung (040) d_2 = 70 mm Dämmung (040)
Gleichwertigkeitskriterien:	Umsetzung am Detail:
Dämmung unterhalb Sohle: 40 – 70 mm	70 mm Dämmung
Dämmung oberhalb Sohle: 20 – 30 mm	30 mm Dämmung
Vertikale Dämmung: 60 – 100 mm	60 mm Dämmung
Mauerwerk: 240 – 375 mm mit λ > 1,1 W/(mK)	300 mm mit λ = 1,1 W/(mK) (KS-Mauerwerk)

Nachweis erfüllt

Von Interesse ist, ob bei vollständiger Übereinstimmung mit den Details nach Beiblatt 2 der z.B. von DIN V 18599-2 [2011] ausgewiesene flächenbezogene Wert von 0,05 W/(m²K) gerechtfertigt ist. Ferner geben die zum Teil deutlich voneinander abweichenden Grenzwerte ausreichend Anlass zu Vergleichen zwischen Bauarten – schnell wird, sachlich und fachlich falsch, von "guten" und von "bösen" Varianten der Ausführung gesprochen. So hat beispielsweise eine einschalige Wand in Verbindung mit einer Bodenplatte auf Erdreich einen negativen Grenzwert, bei einer außen gedämmten Bodenplatte aber einen deutlich positiven. Wir wissen aus den anderen Kapiteln, dass ein Ψ-Wert keine Qualität offenbart – schon gar nicht, wenn ganz unterschiedliche Bauarten verglichen werden sollen. Geschuldet sind die Unterschiede zwischen den Bauarten einzig und allein der Art der Berechnung. Wer Qualitäten vergleichen möchte, der muss sich die Wärmeströme und die Temperaturen an den Oberflächen vornehmen, nicht die Ψ-Werte. Um zu prüfen, ob die 0,05 W/(m²K) überhaupt gerechtfertigt sind, soll an einem Einfamilienhaus überprüft werden. Dazu wird vorausgesetzt, dass die Details der Ausführung und des Beiblatts einander entsprechen. Es soll sich um ein nicht unterkellertes Einfamilienhaus handeln, Bild 82. Über die Verschalung der Giebel kann hinweggeschaut werden, da auch im Beiblatt 2 der Außenputz nicht berücksichtigt worden ist.

Tabelle 6 erfasst alle nach dem Beiblatt 2 ausgewählten Details mit den für das Projekt maßgebenden Längen der Wärmebrücken.

Bild 82: Beispielgebäude

Tab.6: Wärmebrücken und Grenzwerte nach Beiblatt 2, einschalige Außenwand

Bezeichnung der Wärmebrücke	gewählt nach Bbl. 2	Länge in m	Grenzwert für Ψ in W/(mK)	Verlust in W/K
Bodenplatte		36,8	0,20	7,36
Fensterbrüstungen		17,25	0,07	1,20
Fensterlaibungen		34,50	0,05	1,17
Rollladenkästen		17,25	0,32	4,56
Geschossdecke		20,20	0,06	1,35
Ortgang		14,00	0,06	0,84
Traufe		20,20	0,08	1,62
Gesamtverlust				17,56
auf die Umfassungsfläche von 349,20 m² bezogen in W/(m²K)				0,055

5.2 Methoden des Gleichwertigkeitsnachweises

In der Tabelle 7 wird diese Aufstellung wiederholt für ein kerngedämmtes Mauerwerk.

Tab.7: Wärmebrücken und Grenzwerte nach Beiblatt 2, kerngedämmte Außenwand

Bezeichnung der Wärmebrücke	gewählt nach Bbl. 2	Länge in m	Grenzwert für Ψ in W/(mK)	Verlust in W/K
Bodenplatte		36,8	0,10	3,68
Fensterbrüstungen		17,25	0,04	0,38
Fensterlaibungen		34,5	0,03	0,70
Rollladenkästen		17,25	0,25	3,56
Geschossdecke		20,2	0	0
Ortgang		14,00	0,06	0,84
Traufe		20,20	0	0
Gesamtverlust				9,16
auf die Umfassungsfläche von 349,20 m² bezogen in W/(m²K)				0,030

Bei der zweiten Ausführung mit Kerndämmung ist der pauschale Zuschlag nach DIN V 18599-2 [2011] etwas zu hoch angesetzt, bei der ersten dagegen werden die Verluste mit dem pauschalen Ansatz ein wenig unterbewertet. Nicht vergessen werden darf aber, dass keine positiven Effekte – z.B. Außenecken – einbezogen worden sind. Auch für die erste Ausführung wird folglich der pauschale Wert auf der sicheren Seite sein. Beide Beispiele sind willkürlich und aus diesem Grunde auch ohne Anspruch versehen, den pauschalen Zuschlag herzuleiten und zu begründen. In der Praxis wird selbst bei gleicher Ausführung der Anteil der Wärmebrücke variieren, zum Teil sogar sehr stark. Trotzdem sollten Aussagen, dass im Mittel der pauschale Wert der Norm mit den Hinweisen zur Ausführung von Details nach Beiblatt 2 erreicht werden kann, mittels einer großen Zahl von Praxisfällen zu untermauern sein.

b. Bei Materialien mit abweichender Wärmeleitfähigkeit erfolgt der Nachweis der Gleichwertigkeit über den Wärmedurchlasswiderstand der jeweiligen Schicht.

Diese Anleitung für die Feststellung der Gleichwertigkeit soll ermöglichen, dass bei Einhaltung des thermischen Widerstandes für die gesamte Konstruktion auch abweichende Aufbauten verwendet werden können. Von Interesse ist diese Regel vor allem dann, wenn beispielsweise Mauerwerk oder Dämmstoff mit einer geringeren Wärmeleitfähigkeit eingesetzt werden. Zu beachten ist, dass im Beiblatt 2 selbst kein Wärmedurchlasswiderstand der Konstruktion ausgewiesen wird. Daher ist regelmäßig davon auszugehen, dass der im Beiblatt enthaltene Grenzwert nur mit den Baustoffen erreicht wird, die den größten thermischen Widerstand aufweisen. Klarer wird das Gemeinte anhand des in Tabelle 6 gezeigten Beispiels.

Tab.6: Gleichwertigkeitsnachweis nach Verfahren zu b.

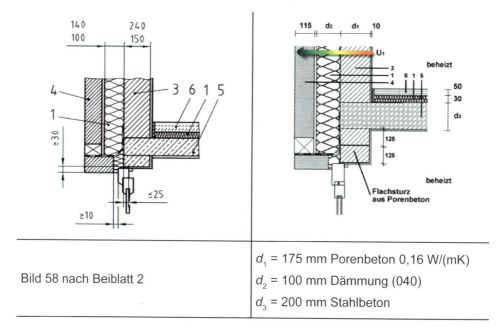

Bild 58 nach Beiblatt 2	d_1 = 175 mm Porenbeton 0,16 W/(mK) d_2 = 100 mm Dämmung (040) d_3 = 200 mm Stahlbeton

5.2 Methoden des Gleichwertigkeitsnachweises

Gleichwertigkeitskriterien:	Umsetzung am Detail:
Mauerwerk: 150 – 240 mm mit $\lambda \geq 1{,}1$ W/(mK)	175 mm Porenbeton mit $\lambda = 0{,}18$ W/(mK)
Dämmung: 100 – 140 mm mit $\lambda = 0{,}04$ W/(mK)	100 mm Dämmung mit $\lambda = 0{,}04$ W/(mK)
Stahlbetondecke	Stahlbetondecke
Stahlbetonsturz mit $\lambda = 2{,}1$ W/(mK)	Porenbetonflachsturz mit $\lambda = 0{,}21$ W/(mK)
Fuge Blendrahmen-Baukörper mit 10 mm Dämmstoff ausfüllen	Fuge Blendrahmen-Baukörper mit 10 mm Dämmstoff ausgefüllt

Nachweis erfüllt

$$R_1 \leq R_2$$

Hinweis: Die Forderung nach Einhaltung des Wärmedurchlasswiderstandes gilt für alle Bereiche der Konstruktion, nicht nur für das Mauerwerk selbst. Deshalb ist bei dem dargestellten Detail eine Reduzierung der Dämmung auf 80 mm nur dann möglich, wenn eine Dämmung mit einer Wärmeleitfähigkeit von ≤ 0,03 W/(mK) zum Einsatz käme, da ansonsten der Wärmedurchlasswiderstand an der Stirnseite der Decke geringer ausfiele.

c. Ist auf dem unter a) und b) dargestellten Wege keine Übereinstimmung zu erreichen, so sollte die Gleichwertigkeit des Anschlussdetails mit einer Wärmebrückenberechnung nach dem in DIN EN ISO 10211 [2008] beschriebenen Verfahren unter Verwendung der im Beiblatt 2 angegebenen Randbedingungen vorgenommen werden.

Für diese Art des Nachweises der Gleichwertigkeit ist also eine Berechnung des Ψ-Wertes gefordert. Eine solche Berechnung kann nur unter Verwendung von speziellen EDV-Programmen vorgenommen werden. Zu beachten ist hierbei, dass im Beiblatt 2 zur DIN 4108 [2006] bei den erdberührten Bauteilen von den in DIN EN ISO 10211 [2008] vorgeschriebenen Randbedingungen abgewichen wird. Die Ψ-Werte für Anschlussdetails, die mit den besonderen Randbedingungen des Beiblattes ermittelt worden sind, können daher auch nur für den Nachweis der Gleichwertigkeit verwendet werden. Die Summe der nach Beiblatt 2 ermittelten längenbezogenen Wärmedurchgangskoeffizienten führt zum Gesamtverlust über Wärmebrücken. Teilt man diesen durch die wärmeübertragende Umfassungsfläche, so wird ein ΔU_{WB} herauskommen, der unter Umständen unterhalb des nach DIN V 4108-6/DIN V 18599-2 angebotenen Wertes liegt. Wenn alle Details unter gleichen Randbedingungen ermittelt worden sind und der Gesamtverlust geringer ist als im Beiblatt 2 angegeben, so spricht nichts dagegen, den so ermittelten ΔU_{WB} zu verwenden. Dementsprechend relativiert sich die Aussage nach Beiblatt 2 und eine detaillierte Ermittlung der Verlustwerte nach den Randbedingungen des Beiblatts 2 scheint möglich. Voraussetzung ist, und das ist nicht oft genug zu betonen, dass wirklich alle Details des Gebäudes berechnet worden sind – aber das entspricht ja auch der Intention des detaillierten Nachweises.

Die zu verwendenden Randbedingungen sind in einem eigenen Kapitel des Beiblatts enthalten. Im Bild 82 werden exemplarisch die Randbedingungen für die Berechnung des Ψ-Wertes eines Anschlusses der obersten Geschossdecke dargestellt. Der Dachraum ist unbeheizt.

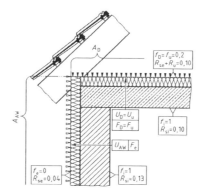

Bild 82: Randbedingung für die Berechnung des Ψ-Wertes (Beispiel)

In den Randbedingungen werden festgelegt:

1. Wärmeübergangswiderstände (nach DIN EN ISO 6946).

2. Der gewählte Außenmaßbezug der Bauteile. Für den Gleichwertigkeitsnachweis gilt dieser Bezug uneingeschränkt, auch wenn er vom verwendeten im Nachweis des Wärmeschutzes abweichen sollte.

3. Temperaturfaktoren (f_x-Wert).

Schauen wir uns zunächst eine Besonderheit der Randbedingungen an – den Temperaturfaktor f. Vorweg: Dieser hat nichts zu tun mit dem Faktor f_{RSi} und auch nichts mit unserem Temperaturfaktor nach Gleichung 9.

Die Temperaturfaktoren f_x sind aus den Temperaturkorrekturfaktoren F_x nach DIN V 4108-6 bzw. DIN V 18599-2 abgeleitet und stehen in folgender Beziehung zueinander:

$$F_x = 1 - f_x \qquad [66]$$

Der f_x-Faktor kann dafür verwendet werden, eine von den realen Temperaturen der angrenzenden Räume unabhängige Verlustrechnung durchzuführen. Dies gelingt, weil der Ψ-Wert generell eine von den Raumtemperaturen unabhängige Größe ist. Er bezieht sich immer auf einen Temperaturunterschied von 1 K, daher ist es möglich, die Randbedingungen auf diese Differenz zu normieren. Der Temperaturkorrektur F nimmt eine Anpassung an die tatsächlich vorhandene Differenz am Bauteil vor, Tabelle 7. Soll bei der Berechnung statt mit einer wirklichen Temperaturdifferenz mit einer statischen von 1 K gerechnet werden, ist jetzt die Differenz umzurechnen. Nach Bild 82 ist der f_D mit 0,2 anzunehmen, weil der F_D gemäß Tabelle 7 gleich 0,8 ist. In Temperaturen ausgedrückt, beträgt die Temperatur im Dachraum demgemäß 20 − 0,8 · 25 = 0 °C. Auf die Regeldifferenz von 1 K bezogen, ist die "neue" Temperatur mit 1 − 0.8 · 1 = 0,2 °C anzunehmen. Für gebräuchliche F-Werte nach Tabelle 7 sind in Tabelle 8 die dazugehörigen f-Werte dargestellt. Sie gelten nur für eine Temperaturdifferenz von 25 K.

5.2 Methoden des Gleichwertigkeitsnachweises

Tab. 7: Anzuwendende Temperaturkorrekturfaktoren

Bauteil	F_i [1]					
Außenwand, Fenster, Decke über Außenluft und Tiefgarage; F_e	1,00					
Dach (als Systemgrenze); F_D	1,00					
Dachgeschossdecke (Dachraum nicht ausgebaut); F_D	0,80					
Wände und Decken zu Abseiten (Drempel); F_u	0,80					
Wände und Decken zu unbeheizten Räumen; F_u	0,50					
Wände und Decken zu Räumen mit niedrigen Innentemperaturen, F_u	0,35					
Wände und Fenster zu unbeheiztem Glasvorbau bei Verglasung des Vorbaus mit						
- Einfachverglasung; F_u	0,80					
- Zweischeibenverglasung, F_u	0,70					
- Wärmeschutzverglasung, F_u	0,50					
	$B' < 5$ m [2]		5 m $\leq B' \leq 10$ m [2]		$B' > 10$ m [2]	
unterer Gebäudeabschluss	R_f bzw. R_w in m²KW⁻¹ [3]					
	≤ 1	> 1	≤ 1	> 1	≤ 1	> 1
Flächen des beheizten Kellers:						
- Fußboden des beheizten Kellers; F_G	0,30	0,45	0,25	0,40	0,20	0,35
- Wand des beheizten Kellers; F_G	0,40	0,60	0,40	0,60	0,40	0,60
Fußboden [4] auf Erdreich ohne Randdämmung [5]; F_G	0,45	0,60	0,40	0,50	0,25	0,35
Fußboden [4] auf Erdreich mit Randdämmung [5]						
- 5 m breit, waagerecht; F_G	0,30		0,25		0,20	
- 2 m tief, senkrecht; F_G	0,25		0,20		0,15	
Kellerdecke und Kellerinnenwand:						
- zum beheizten Keller mit Perimeterdämmung; F_G	0,55		0,50		0,45	
- zum unbeheizten Keller ohne Perimeterdämmung; F_G	0,70		0,65		0,55	
aufgeständerter Fußboden, F_G	0,90					

1) Gelten analog für Bauteile, die Räume mit niedrigen Innentemperaturen begrenzen, außer für Fußböden auf dem Erdreich.
2) mit B´nach Gleichung 64
3) Wärmedurchlasswiderstand von Bodenplatte R_f (oben bezeichnet als Fußboden und Bodenplatte) bzw. der Kellerwand R_w, ggf. flächengewichtetes Mittel aus den Wärmedurchlasswiderständen von Bodenplatte und Kellerwand.
4) Fließendes Grundwasser: Erhöhung von F_i um 15 %
5) Randdämmung: $R > 2$ (m²K)/W, Bodenplatte ungedämmt.

Tab. 8: Berechnung der anzusetzenden Außentemperaturen aus den f-Werten

Bauteil zu	F	f	Differenz D	Temperaturdifferenz D_1 in °C	Korrigierte Außentemperatur in °C
			$= 1 - f$	$= D \cdot 25$ K	$= 20 - D_1$
Außenluft	1	0	1	25	-5
Ungeheizter Dachraum	0,8	0,2	0,8	20	0
Erdreich	0,6	0,4	0,6	15	5
Unbeheizten Räumen	0,5	0,5	0,5	12,5	7,5

5 Nachweis der Gleichwertigkeit nach Beiblatt 2

Alle Grenzwerte für an das Erdreich grenzende Bauteile (Bodenplatte, Kellerwand) sind im Beiblatt 2 einheitlich mit einem F_G von 0,6 ermittelt worden. Diese Annahme liegt insgesamt auf der sicheren Seite, da die positiven Einflüsse aus Geometrie und dem angrenzenden Erdreich derartiger Bauteile nur unscharf berücksichtigt sind. Ist ein Nachweis der Gleichwertigkeit zu führen, so immer mit den tatsächlichen F_G-Werten für die Bodenplatte des Projektes. Die folgenden Tabellen veranschaulichen anhand eines Sturzdetails, wie bei einem Nachweis der Gleichwertigkeit nach Verfahren c. vorzugehen ist.

Tabelle 9: Gleichwertigkeitsnachweis nach Verfahren zu c.

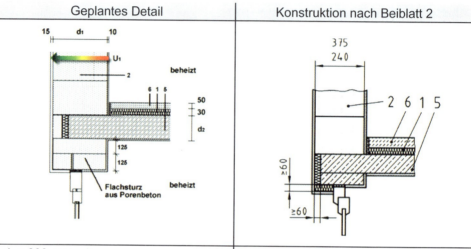

Geplantes Detail	Konstruktion nach Beiblatt 2
d_1 = 300 mm mit λ = 0,09 W/(mK) + 15 mm Leichtputz mit λ = 0,21 W/(mK) 10 mm Innenputz mit λ = 0,70 W/(mK) d_2 = 200 mm Stahlbeton Flachsturz aus Porenbeton mit λ = 0,16 W/(mK) Übermauerung mit Porenbeton mit λ = 0,16 W/(mK) Deckenrandausbildung mit 75 mm Porenbeton und 50 mm Wärmedämmung mit λ = 0,035 W/(mK) U-Wert Wand = 0,289 W/(m²K) U-Wert Fenster = 1,4 W/(m²K)	Randbedingungen für den Nachweis: 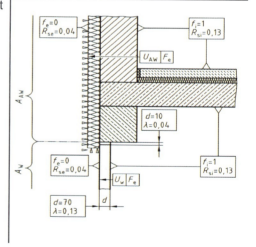

Die Modellierung des Details sowie die Ergebnisse (Wärmeströme) sind aus Bild 83 zu entnehmen.

5.2 Methoden des Gleichwertigkeitsnachweises

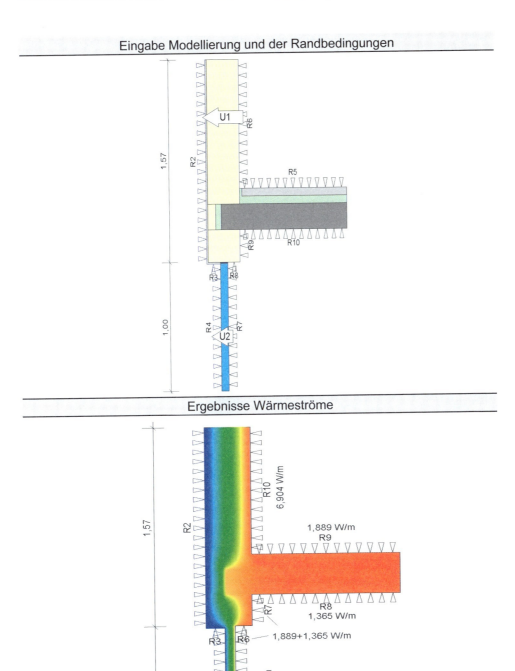

Bild 83: Eingabedaten und Ergebnisse der Berechnung mit dem Programm Psi-Therm

Auf der Basis der Berechnungsergebnisse erfolgt die Ermittlung des längenbezogenen Wärmedurchgangskoeffizienten.

Tab.10: Berechnung des Ψ-Wertes

Ermittlung des Ψ-Wertes:

Eingangsdaten:	Ergebnisse:
U-Wert der Wandkonstruktion im ungestörten Bereich	0,289 W/(m²K)
U-Wert des Fensters	1,40 W/(m²K)
Länge der Wand gemäß Modellierung (Eingabe der Länge mit Außenmaßbezug nach DIN EN ISO 13789)	1,57 m
Länge des Fensters gemäß Modellierung	1,00 m
Sollwärmestrom über die Wandfläche	0,289 x 1,57 = 0,453 W/(mK)
Sollwärmestrom über die Fensterfläche	1,40 x 1,00 m = 1,40 W/(mK)
Sollwärmestrom über die Wandfläche	1,40 + 0,453 = 1,853 W/(mK)
Temperaturdifferenz $\Delta\theta$ (innen: 20 °C, außen: – 5 °C)	25 K
Ausgabedaten:	
Gesamtwärmestrom:	49,61 W/m
Berechnungsdaten:	
Leitwert: Gesamtwärmestrom / Temperaturdifferenz	49,61/25 = 1,9844 W/(mK)
Ψ-Wert: Leitwert – Sollwärmestrom	1,9844 – 1,853 = 0,134 W/(mK)
Vergleich:	

0,134 < 0,15

Der Nachweis der Gleichwertigkeit wurde erbracht, da der berechnete Ψ-Wert geringer ist als der Grenzwert nach Beiblatt 2 zur DIN 4108 [2006]. Stimmen auch alle anderen Details des Gebäudes mit den in Beiblatt 2 enthaltenen überein, so kann der pauschale Wärmebrückenzuschlag von 0,05 W/(m²K) angewendet werden. Die Berechnung ist für jedes Detail zu wiederholen, für das nach den bisher genannten Verfahren und nach dem Verfahren zu d. keine gleichwertige Ausführung bescheinigt werden kann.

Mit dem Nachweis, dass der Grenzwert nach Beiblatt 2 eingehalten ist, sollte auch geschlussfolgert werden können, dass die minimal zulässige Oberflächentemperatur nicht unterschritten wird. Entnommen wird diese Annahme aus der im Beiblatt 2 enthaltenen Formulierung, dass alle im Beiblatt dargestellten Details auch diese Anforderung erfüllen. Für die überwiegende Zahl der Details sollte diese Annahme auch zutreffen; doch wissen wir, dass ein guter, sprich: geringer, Ψ-Wert nichts aussagt über die eigentliche Güte des Anschlusses. Im Zweifel sollte der Nachweis der ausreichenden Temperatur an der ungünstigsten Stelle nicht fehlen. Wird diese nachgewiesen, so sind andere Randbedingungen einzuhalten. Für Details ohne angrenzendes Erdreich ist der Übergangswiderstand an der Innenseite anzupassen, konkret auf 0,25 (m²K)/W für alle Richtungen des Wärmestroms, Bild 84. Ausgenommen von dieser Änderung sind die Fenster. Diese Bauteile sind deshalb ausgenommen, weil gemäß

DIN EN ISO 13788 für lichtdurchlässige Bauteile die baulichen Gegebenheiten günstiger sind als für lichtundurchlässige. Werden die Temperaturen an der Oberfläche berechnet, gelten für lichtdurchlässige Bauteile die nach DIN EN ISO 6946 festgelegten Übergangswiderstände oder, alternativ, ein Wert von 0,13 (m²K)/W für alle Richtungen.

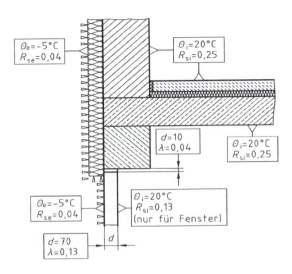

Bild 84: Randbedingungen für die Berechnung der Oberflächentemperatur

Im Abschnitt 4 hatten wir eine mögliche Vereinfachung darin erkannt, die für den Nachweis nicht wichtigen Schichten einfach wegzulassen. Genau das ist im Nachweis zur Einhaltung des Grenzwertes auch geschehen – der Innenputz wurde nicht modelliert. Einleuchtend ist, dass bei der Überprüfung des Wärmestroms so verfahren werden kann, da der Wert, wird der Putz mit einbezogen, im Sinne des Nachweises besser wird. Wollen wir aber eine Temperatur an einem Punkt ermitteln, dann kann ein Putz wegen seiner wärmeleitenden Wirkung durchaus zu geringeren Oberflächentemperaturen führen. Wir berechnen daher einmal mit und einmal ohne Putzschicht, Bild 85.

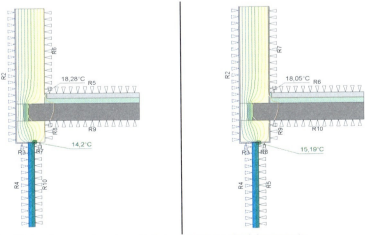

Bild 85: Oberflächentemperatur ohne (links) und mit (rechts) Innenputz

Der Innenputz wirkt innerhalb des Details einmal positiv im Sinne der Erhöhung der minimalen Innentemperatur und einmal negativ im Sinne eine Verminderung der Temperatur an der Kante Estrich-Wand im oberen Raum. Für dieses Beispiel ist zwar ein Beiseitelassen des Putzes gerechtfertigt, es zeigt uns jedoch, dass von Detail zu Detail entschieden werden muss. Man denke sich eine Wand auf einer Decke eines nicht beheizten Kellers. Ist die Wärmeleitfähigkeit des Putzes deutlich höher als die der Wand, so wirkt die Putzschicht durch den Fußbodenaufbau hindurch bis hinab auf die Decke als "Brücke", auch thermischer Kurzschluss genannt. Andererseits haben wir im Abschnitt 1.4.1 beweisen dürfen, dass die hohe Wärmeleitfähigkeit des Putzes zur Erhöhung der Kantentemperatur beiträgt. Welche Effekte gerade die gewünschten sind, hängt daher sehr von der konkreten Fragestellung ab.

d. Ebenso können Ψ-Werte Veröffentlichungen oder Herstellernachweisen entnommen werden, die auf den im Beiblatt 2 festgelegten Randbedingungen basieren.

Mit dieser Nachweisart ist es möglich, mit den von Herstellern oder wissenschaftlichen Einrichtungen bereitgestellten Ψ-Werten eigene Details hinsichtlich einer gleichwertigen Ausführung nachzuweisen. Dem Planer obliegt jedoch eine gewisse Prüfpflicht, die sich vor allem darauf konzentriert, die verwendeten Randbedingungen zu hinterfragen. Bestehen Zweifel, sollte sich der Planer, um die Haftungsfrage eindeutig zu regeln, vom Anbieter die verwendeten Randbedingungen detailliert bescheinigen lassen. In Katalogen wie [Schoch-2012] werden die verwendeten Randbedingungen dezidiert ausgewiesen.

Hinweis zur Bagatellregelung nach EnEV:

Sind nach dem Beiblatt 2 zur DIN 4108 [2006] Nachweise der gleichwertigen Ausführung eigentlich vonnöten, so dürfen diese trotzdem nach EnEV 2014 entfallen, wenn die angrenzenden Bauteile kleinere U-Werte aufweisen. Was ist gemeint? Ist das nicht sowieso klar? Nein. Das Beiblatt hat selbst Grenzen gesetzt, indem die Güte der Materialien und die Abmessungen der Details festgelegt worden sind. Es ist daher nicht nur theoretisch, sondern in der Tat sehr praktisch erforderlich, Details, die über das Dämmniveau des Beiblatts hinausgehen, nachzuweisen.

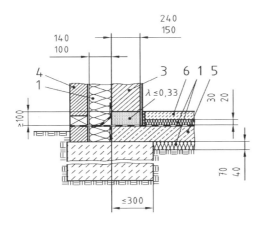

Bild 86: Detail aus Beiblatt 2 zur DIN 4108 [2006]

Wird das Detail nach Bild 85 mit einer Außenwanddämmung von 160 mm ausgeführt, so wäre eine Gleichwertigkeit rein theoretisch nicht mehr gegeben. Zwar ist es möglich – Verfahren nach a. – eine 140 mm Dämmung geringerer Wärmeleitfähigkeit einzubringen, doch eine Überschreitung der maximalen Dicke ist ohne Nachweis nicht zulässig. Wegen der größeren Wirkung von Wärmebrücken bei Konstruktionen mit höherem thermischen Widerstand wird unter Umständen der Nachweis der Gleichwertigkeit scheitern. Bessere Dämmung soll aber nicht per se zu höherem Aufwand beim Nachweis führen, nur deshalb ist diese Bagatellregelung ersonnen worden.

5.3 Empfehlungen zur energetischen Betrachtung

Unter welchen Voraussetzungen können geometrische und konstruktive Wärmebrücken im öffentlich-rechtlichen Nachweis unberücksichtigt bleiben? Diese Frage wird im neuen Beiblatt wie nachfolgend aufgezeigt beantwortet:

1. **Anschlüsse Außenwand/Außenwand (Außen- und Innenecke) dürfen bei der energetischen Betrachtung vernachlässigt werden.**

Diese Möglichkeit wurde deshalb eingeräumt, weil der Außenmaßbezug bei der Berechnung der thermischen Verluste über die Außenwände die zusätzlichen Verluste an solchen Anschlüssen generell einschließt. Bei der detaillierten Berechnung des außenmaßbezogenen Ψ-Wertes für solche Anschlussdetails werden daher auch stets negative Verlustwerte (sprich: Wärmegewinne) ermittelt. Eine Gleichwertigkeitsbetrachtung ist daher entbehrlich. Dies bedeutet jedoch nicht, dass die Gewinne bei einer detaillierten Berechnung aller Wärmebrücken eines Gebäudes nach DIN EN ISO 10211 [2008] nicht einbezogen werden dürfen.

Ergänzend sei jedoch hinzugefügt, dass diese Empfehlung nur für den Fall einer thermisch homogenen Eckausbildung zutrifft. Werden zum Beispiel Stahlbetonstützen oder Stahlstützen im Eckbereich angeordnet, so ist sicherlich eine detaillierte Berechnung der Ψ-Werte und der f_{Rsi}-Werte zu empfehlen. Derartige Konstruktionen werden von der oben erwähnten Vereinfachung nicht erfasst.

2. **Der Anschluss Geschossdecke (zwischen beheizten Geschossen) an die Außenwand, bei der eine durchlaufende Dämmschicht mit einer Dicke ≥ 100 mm bei einer Wärmeleitfähigkeit von 0,04 W/(mK) vorhanden ist, kann bei der energetischen Betrachtung vernachlässigt werden.**

Ein Beispiel für die Anwendung dieser Vereinfachung beinhaltet das Bild 86.

Konstruktion nach Beiblatt 2 (Bild 73)

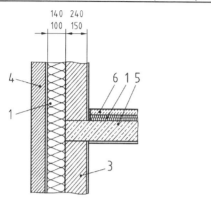

Empfehlung für die energetische Betrachtung: Nachweis der Gleichwertigkeit entfällt

Bild 86: Anschlussdetail Decke/Außenwand

Die zusätzlichen Verluste am Anschluss Decke/Außenwand sind auch für den im Bild 86 skizzierten Fall durch den im Nachweis verwendeten Außenmaßbezug bereits im Gesamtverlust der Außenwand enthalten. Die geforderte minimale Oberflächentemperatur von 12,6 °C an der Innenseite wird aufgrund der durchlaufenden Dämmschicht mit einem thermischen Widerstand von 2,5 (m²K)/W sicher eingehalten.

Werden zum Beispiel Aussteifungsstützen im Außenmauerwerk angeordnet, so gilt diese Vereinfachung aber nur dann, wenn die Außenwand bereits als zusammengesetztes inhomogenes Bauteil berechnet wurde. Eine detaillierte Berechnung der Oberflächentemperatur sollte auch für diesen Fall vorgenommen werden.

3. **Anschluss Innenwand an eine durchlaufende Außenwand oder obere und untere Außenbauteile, die nicht durchstoßen werden bzw. wenn eine durchlaufende Dämmschicht mit einer Dicke von ≥ 100 mm bei einer Wärmeleitfähigkeit von 0,04 W/(mK) vorliegt, dürfen bei der energetischen Betrachtung vernachlässigt werden.**

Die Grundlage für diese Vereinfachung wurde bereits unter 1. erläutert. Diese Empfehlung folgt dem Grundsatz, dass ohne Perforation der Dämmschicht keine Wärmebrücken auftreten, zumindest nicht für den hierorts bereits mehrfach erwähnten außenmaßbezogenen Berechnungsfall. In Bild 87 ist ein Beispiel für die Anwendung dieser Empfehlung beigefügt.

5.3 Empfehlungen zur energetischen Betrachtung

Konstruktion nach Beiblatt 2 (Bild 86)	
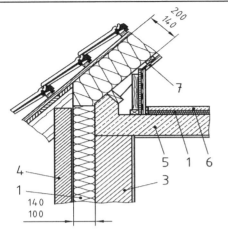	Empfehlung für die energetische Betrachtung: Nachweis der Gleichwertigkeit entfällt

Bild 87: Anschlussdetail Pfettendach an das Außenmauerwerk

Hinweis: Mit dem in Bild 87 dargestellten Konstruktionsprinzip sind auch auskragende Bauteile (Balkonplatte) erfasst. Hier fordert das Beiblatt, grundsätzlich auskragende Bauteile thermisch von der Gebäudehülle zu trennen. Auch für diesen Anwendungsfall sind keine weiteren Nachweise erforderlich.

4. Einzeln auftretende Türanschlüsse in der wärmetauschenden Hüllfläche (Haustür, Kellerabgangstür, Kelleraußentür, Türen zum unbeheizten Dachraum) dürfen bei der energetischen Betrachtung vernachlässigt werden.

Grund dieser Regelung ist, dass vereinzelt auftretende thermische Schwachstellen innerhalb der Gebäudehülle nur wenig den Wärmeverlust beeinflussen. Um den Nachweis einfacher zu gestalten, wird hier der Nutzen mit dem Aufwand abgewogen, der notwendig ist, derartige Details zu modellieren und zu berechnen. Sie im wärmetechnischen Nachweis vernachlässigen zu können, bedeutet aber nicht, über sie generell hinwegsehen zu können. Wenn an einzelnen Details die Temperatur an der Oberfläche in dem Maße verringert wird, dass hier Schimmelpilzbildung oder gar Tauwasser zu erwarten sind, gilt dieser simple Nachweis nicht und darf daher nicht als "Befreiung" von der Sorgfaltspflicht verstanden werden.

6 Berechnung von Wärmebrücken bei mehr als zwei Temperaturrandbedingungen

Waren bislang vor allem die Wärmebrücken mit zwei Temperaturrandbedingungen – oder anders beschrieben: die Wärmebrücken zwischen zwei Räumen – von Interesse, so wollen wir jetzt das Modell auch auf andere Bedingungen ausweiten. An und für sich hatten wir auch bei erdberührten Bauteilen oder Bauteilen an unbeheizten Räumen schon mehr als zwei Temperaturen in den angrenzenden Räumen. Nur haben wir sinnvollerweise dieses Problem ausgeschaltet, da es nicht wichtig ist, wie viel Wärme beispielsweise zwischen einem unbeheizten Raum und dem Außenraum fließt. Bislang interessiert hat uns nur, was dem beheizten Raum als zusätzlicher Wärmestrom über die Wärmebrücke verloren geht. Welche Anteile dieses Wärmestroms letztlich dem unbeheizten und welche dem Außenraum zufließen, ist zweitrangig. Schlagartig ändern wird sich die Situation immer dann, wenn benachbarte Räume auf unterschiedlichem Niveau beheizt werden. Von jetzt an werden Wärmeströme in die ein oder andere Richtung mit darüber entscheiden, welche Heizleistung erforderlich wird und welche Oberflächentemperaturen sich einstellen. Wiederum entlehnt aus der Elektrotechnik, wird in der Bauphysik der Begriff einer Leitwertmatrix verwendet. Bild 88 bringt uns diesen Begriff etwas näher.

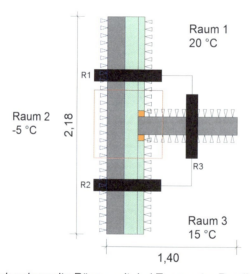

Bild 88: Drei thermisch gekoppelte Räume mit drei Temperatur-Randbedingungen

Unser zentrales Element (Rechteck) bildet die Wärmebrücke, die unterschiedlichen Temperaturen – und demzufolge auch die abweichenden Differenzen zwischen den Räumen – zwingen uns zu einem kleinen Umweg. Eben über eine Matrix, was sich mathematisch besser anhört. Aufgestellt wird die Matrix über mehrere Berechnungen, deren Anzahl gleich der Raumanzahl ist. Dazu wird jedem Raum nacheinander die Temperatur 1 zugeordnet, alle anderen erhalten die Null. Jede Berechnung führt zu einer Summe von Leitwerten, die wiederum zu einem Gleichungssystem, aus dem der gesuchte Leitwert ermittelt werden kann, Tabelle 11.

Tab.11: Zusammenstellung der Wärmeströme

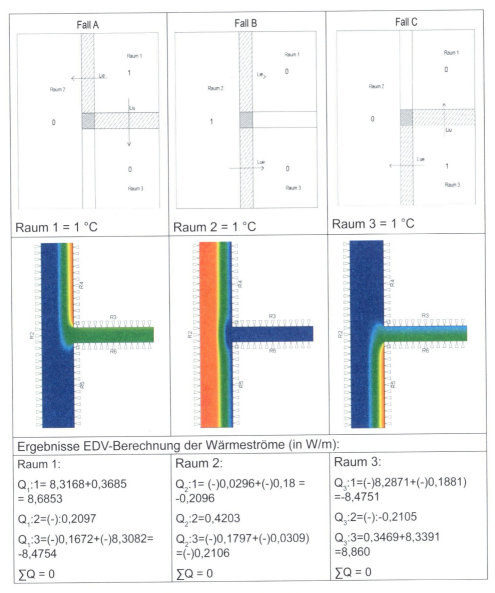

Fall A	Fall B	Fall C
Raum 1 = 1 °C	Raum 2 = 1 °C	Raum 3 = 1 °C

Ergebnisse EDV-Berechnung der Wärmeströme (in W/m):		
Raum 1:	Raum 2:	Raum 3:
$Q_1:1 = 8,3168+0,3685$ = 8,6853	$Q_2:1 = (-)0,0296+(-)0,18 =$ -0,2096	$Q_3:1=(-)8,2871+(-)0,1881)$ =-8,4751
$Q_1:2=(-)0,2097$	$Q_2:2=0,4203$	$Q_3:2=(-):-0,2105$
$Q_1:3=(-)0,1672+(-)8,3082=$ -8,4754	$Q_2:3=(-)0,1797+(-)0,0309)$ =(-)0,2106	$Q_3:3=0,3469+8,3391$ =8,860
$\Sigma Q = 0$	$\Sigma Q = 0$	$\Sigma Q = 0$

Alle Leitwerte werden in Tabelle 12 nochmals aufgeführt.

Tab.12: Leitwerte (gerundet) für die Raumsituation nach Tabelle 11

Raum	1	2	3
1	8,69	-0,21	-8,47
2	-0,21	0,42	-0,21
3	-8,47	-0,21	8,69

Wir wenden diese Leitwertmatrix nun auf die konkreten Temperaturen in den Räumen an, siehe Bild 87 und Tabelle 13.

Tab.13: Leitwertmatrix für die Raumsituation nach Bild 87

Raum	1	2	3
i=1 (20)	------	-0,21	-8,47
i=2(-5)	-0,21	------	-0,21
i=3(15)	-8,47	-0,21	------

Q_1=(-)0,21·(20--5)+(-)8,47·(20-15)= -47,60 W/m

Q_2=(-)0,21·(-5-20)+(-)0,21·(-5-15)= 9,45 W/m

Q_3=(-)8,47·(15-20)+(-)0,21·(15--5) = 38,15 W/m

Wir können auf Basis dieser Leitwertmatrix jetzt jeden Wärmestrom untersuchen und den gewünschten Verlustwert über die Wärmebrücke nach Bild 87 ableiten. Überwiegend interessiert der Wärmestrom nach außen, also von den Räumen 1 und 3 in den Raum 2 (Außenraum). Wir wenden dazu die gerade aufgestellte Leitwertmatrix an, Tabelle 13.

Gesamtwärmestrom nach außen:

Q = Q(1;2)+Q(3,2)=-0,21· (20--5)-0,21 ·(15--5) = -5,25 -4,20 = -9,45 W/(mK)

L^{2D}= |L^{2D}(1;2)+L^{2D}(3,2)| = |-0,21-0,21|= 0,42 W/(mK)

Berechnung des längenbezogenen Wärmedurchgangskoeffizienten. Der U-Wert der Außenwand beträgt 0,181 W/(m²K), die mitwirkenden Länge gemäß dem gewählten Modell 2,18 m.

Ψ = 0,42 - 2,18 m · 0,181 = 0,0254 W/(mK)

Der Anschluss verursacht demzufolge je Meter der Anschlusslänge einen zusätzlichen Wärmestrom nach außen von 0,0254 W/(mK).

Die Leitwertmatrix kann auch dazu verwendet werden, den Wärmestrom vom Raum 1 in den Raum 3 zu untersuchen und zu verringern, wenn ein allzu großes Abfließen der Wärme zwischen den beheizten Räumen unerwünscht ist.

Ähnlich wird vorgegangen wenn nicht der Leitwert, sondern die Temperatur an der Oberfläche die gesuchte Größe ist. Die Aufteilung der Temperaturen auf die Räume unterscheidet sich nicht vom oben gezeigten Vorgehen. Als Ergebnis wird ein Faktor berechnet, der die Abkürzung "g" erhält – g steht für Gewichtung – und ist für den ungestörten Wärmestrom mit dem im Abschnitt 1.2 hergeleiteten f-Wert gleichzusetzen. Grenzen mehrere Räume mit abweichenden Innentemperaturen aneinander, so wird die Berechnung der gesuchten Temperaturen für alle erdenklichen Orte an der Oberfläche der Konstruktion mit dem f-Wert allein nicht mehr gelingen. Doch was wird mit dem Faktor eigentlich gewichtet? Die Temperatur. Oder besser: Der Anteil der angrenzenden Temperaturen an der gesuchten Oberflächentemperatur. Deshalb muss in der Summe aller Faktoren auch immer eine 1 (100 %) herauskommen. Dies schließt nicht aus, dass einer der angrenzenden Räume mit der hier herrschenden Temperatur auf die gesuchte Temperatur auf der Oberfläche keinen Einfluss hat, folglich eine Null als Gewichtung erhält. Bild 88 nimmt unsere bereits bei der L^{2D}-Matrix behandelte Raumsituation wieder auf, der U-Wert der Wand beträgt nach wie vor 0,181, für die Decke ist ein U-Wert von 8,89 W/(m²K) berechnet worden. Genaugenommen sind das keine U-Werte, denn es fehlen noch die Übergangswiderstände, über die wir in der L^{2D}-Matrix vereinfachend hinweggegangen sind. Die Temperaturen an der Oberfläche werden, wie im Abschnitt 1.2 erläutert, stark beeinflusst durch die Widerstände an der Oberfläche. Wir können daher über diese hier nicht hinwegblicken und legen fest, dass der innere Übergangskoeffizient mit 1/0,25 gleich 4 W/(m²K) und der äußere mit 1/0,04 gleich 25 W/(m²K) anzunehmen ist. Mit diesen Werten werden die U-Werte zu 0,176 respektive 1,63. Mit dem Bild 88 können wir jetzt unsere ersten Faktoren zusammenstellen. Das machen wir zunächst nur für den ungestörten Bereich. Wir nutzen die Gleichung 10 und setzen $f = g$. Die Temperaturen an der Oberfläche, siehe Bild 89, sind mit einem PC-Programm ermittelt worden, unsere Faktoren werden wir in Handrechnung daran überprüfen können.

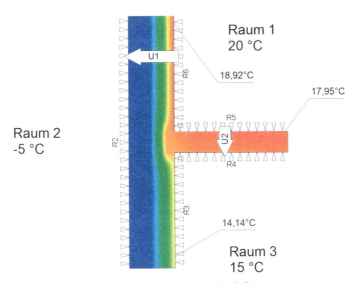

Bild 89: Ermittlung der Oberflächentemperaturen für die 3 Räume

Wir ermitteln die Gewichtungsfaktoren für alle drei ungestörten Bereiche. Ungestört heißt, dass diese Bereiche nur durch den senkrechten Wärmestrom zwischen innen und außen beeinflusst werden. Die dritte Temperatur hat auf diese Bereiche demnach keinen Einfluss, der dritte Faktor wird immer null sein:

1. Außenwand Raum 1:

$$g_1 = \frac{U_2}{\alpha_i} = \frac{0,176}{4} = 0,044$$ [67]

$$g_2 = 1 - 0,044 = 0,956$$

$$g_3 = 0$$

$$\theta_{oi} = 0,044 \cdot (-)5\,°C + 0,956 \cdot 20\,°C = 18,90\,°C$$

2. Decke Raum 1:

$$g_1 = \frac{U_2}{\alpha_i} = \frac{1,63}{4} = 0,4075 \qquad [68]$$

$$g_2 = 1 - 0,4075 = 0,5925$$

$$g_3 = 0$$

$$\theta_{oi} = 0,4075 \cdot 15\,°C + 0,5925 \cdot 20\,°C = 17,96\,°C$$

3. Außenwand Raum 2:

$$g_1 = \frac{U_2}{\alpha_i} = \frac{0,176}{4} = 0,044 \qquad [69]$$

$$g_2 = 1 - 0,044 = 0,956$$

$$g_3 = 0$$

$$\theta_{oi} = 0,044 \cdot (-)5\,°C + 0,956 \cdot 15\,°C = 14,12\,°C$$

Alle drei Ergebnisse stimmen sehr gut mit der EDV-Berechnung überein. Sollen diese Faktoren auch für den Bereich der Wärmebrücken ermittelt werden, so muss auf EDV-Programme zurückgegriffen werden. Der einfache rechnerische Ansatz des nicht gestörten Wärmestroms trifft hier nicht mehr zu. Dazu wird, ähnlich wie bei dem oben beschriebenen Rechengang, jedem Raum nacheinander die Temperatur 1 zugewiesen, Tabelle 14.

Tab.14: Berechnungsschema für die Ermittlung der g-Werte

Raum	1	2	3	g
i = 1	1	0	0	g_1
i = 2	0	1	0	g_2
i = 3	0	0	1	g_3

Ist der Gewichtssatz für die interessierende Wärmebrücke bekannt, kann damit die unbekannte Temperatur an der Oberfläche ermittelt werden. Dieser Gewichtssatz gilt dann für jede beliebige Kombination der Temperaturen (T) in den angrenzenden Räumen, Gleichung 70.

$$T = g_1 \cdot T_1 + g_2 \cdot T_2 + g_3 \cdot T_3 \qquad [70]$$

7 Berechnung von dreidimensionalen Wärmebrücken

Allein mit einer 2-*D*-Berechnung alle interessierenden Punkte einer Konstruktion umfassend zu erfassen und zu beurteilen, wird nicht immer möglich sein. Zwar gehören 3-*D*-Berechnungen heute noch eher zur Ausnahme, doch immer vielschichtigere Aufgaben zwingen uns, diese Herangehensweise zu überdenken. Dabei steht gar nicht so sehr das Erfassen aller Wärmeströme aus energetischer Sicht im Mittelpunkt, vielmehr sind es die Temperaturen an den Oberflächen von Punkten und Kanten, die uns interessieren. So geht die DIN 4108-2 [2013] davon aus, dass die Wirkung "vereinzelt auftretender dreidimensionaler Wärmebrücken" für den wirtschaftlichen Wärmeschutz belanglos ist. Was unter vereinzelt auftretender Wärmebrücken mit, so wörtlich, "begrenzter Flächenwirkung" zu verstehen ist, definiert die Norm indes nicht.

Wir werden in diesem Abschnitt vor allem die Berechnung des χ-Wertes eingehen – das ist der um eine Dimension erweiterte Ψ-Wert. Anhang B der DIN EN ISO 10211 [2008] enthält alle wichtigen Grundlagen für die Berechnung dieses dreidimensionalen Verlustes. Darüber hinausgehende Information und Beispiele sind z.B. in [Willems; Schild-2006] zu finden. Alle bisher in den Kapiteln dieses Buches genannten physikalischen Grundlagen machen auch vor einer 3-*D*-Berechnung nicht halt. Unterschiede erwarten wir in der Modellierung und Auswertung der 3-*D*-Wärmebrücken, da 2-*D*- als auch 3-*D*-Wärmebrücken jetzt zusammen berechnet werden. Abgesehen davon gilt es, die für die Aufgabe zweckmäßige Zerlegung der Konstruktion bzw. unter Umständen sogar des ganzen Gebäudes zu finden. Üblich ist ein unterteiltes Modell, dessen thermischer Leitwert mithilfe der Gleichung 71 berechnet wird.

$$L_{3D,i,j} = \sum_{k=1}^{N_K} U_{k(i,j)} \cdot A_K + \sum_{m=1}^{N_m} L_{2D,m(i,j)} \cdot l_m + \sum_{n=1}^{N_n} L_{3D,n(i,j)} \qquad [71]$$

$L_{2D,m(i,j)}$ thermischer Leitwert aus einer 2-*D*-Berechnung für den Teil *m* des Raumes oder des Gebäudes;

$L_{3D,(i,j)}$ thermischer Leitwert aus einer 3-*D*-Berechnung für den Teil *n* des Raumes oder des Gebäudes;

$U_{K(i,j)}$ Wärmedurchgangskoeffizient aus einer 1-*D*-Berechnung für den Teil *k* des Raumes oder Gebäudes;

A_k die Fläche, über die der U_K gilt;

l_m die Länge, über die der $L_{2D,m(i,j)}$ gilt;

N_n die Gesamtzahl von 3-*D*-Teilen;

N_m die Gesamtzahl von 2-*D*-Teilen;

N_K die Gesamtzahl von 1-*D*-Teilen.

Der L^{3D} kann in Beziehung gesetzt werden zu den längenbezogenen und punktbezogenen Wärmedurchgangskoeffizienten, Gleichung 72.

$$L_{3D,i,j} = \sum_{k=1}^{N_K} U_{k(i,j)} \cdot A_K + \sum_{m=1}^{N_m} \Psi_{m(i,j)} \cdot l_m + \sum_{n=1}^{N_n} \chi_{n(i,j)} \qquad [72]$$

$\Psi_{m(i,j)}$ der lineare Wärmedurchgangskoeffizient von Teil *m* des Raumes oder Gebäudes;

$\chi_{(i,j)}$ der punktbezogene Wärmedurchgangskoeffizient von Teil n des Raumes oder Gebäudes;
N_K die Anzahl der Wärmedurchgangskoeffizienten;
N_m die Anzahl der längenbezogenen Wärmedurchgangskoeffizienten;
N_K die Anzahl der punktbezogenen Wärmedurchgangskoeffizienten.

Der punktbezogene Wert kann aus Gleichung 72 mittels Umstellung der Gleichung nach χ ermittelt werden, Gleichung 73.

$$\chi = L_{3D} - \sum_{i=1}^{N_i} U_i \cdot A_i - \sum_{j=1}^{M_j} \Psi_j \cdot l_j \quad [73]$$

L_{3D} der thermische Leitwert aus einer 3-D-Berechnung des die beiden betrachteten Räume trennenden 3-D-Bauteils;
Ψ_j der lineare Wärmedurchgangskoeffizient;
U_i der Wärmedurchgangskoeffizient des die beiden betrachteten Räume trennenden Bauteils;
l_j die Länge, über die der Ψ-Wert gilt;
N_K die Anzahl der Wärmedurchgangskoeffizienten;
N_j die Anzahl der 2-D-Bauteile;
N_i die Anzahl der 1-D-Bauteile.

Berechnen wir die χ-Werte, so wird nach Gleichung 73 vom ermittelten Wärmestrom des Modells alles das abgezogen, was bereits aus den anderen beiden Dimensionen an Wärmeströmen vorliegt und bekannt ist. Dabei sind Schnittführung und Modellierung so zu wählen, dass die Ermittlung der 2-D-Werte, also der Ψ-Werte, nicht bereits von 3-D-Einflüssen mitbestimmt wird. Ist diese zugegeben sehr pauschale Forderung nicht umsetzbar, sollte der Einfluss abgeschätzt und aus dem Ψ-Wert herausgerechnet werden. Anhand des folgenden Beispiels werden die einzelnen Schritte hin zum χ-Wert herausgearbeitet. Berechnet werden soll der χ-Wert einer einschaligen Konstruktion mit einem Deckenauflager aus Stahlbeton, Bild 90. Alle in den Schnitten eingetragenen Längen und Höhen sind aus d_{min} ermittelt worden. Symmetrien bestehen in diesem Konstruktionsdetail nicht. Putzschichten sind aufgrund ihres zu erwartenden geringen Einflusses vernachlässigt worden.

7 Berechnung von dreidimensionalen Wärmebrücken

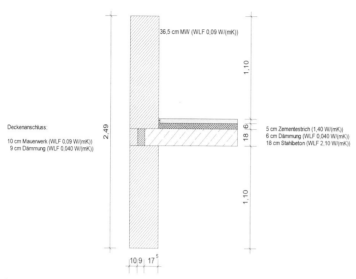

Bild 90: Deckenanschluss für ein monolithisches Mauerwerk

Betrachtet werden soll die Situation an einer Außenecke. Der Anschluss nach Bild 90 ist für diese Ecke der erste und zweite längenbezogene Verlustwert (Ψ_1). Der dritte ergibt sich aus der nach Bild 91 dargestellten Außenkante.

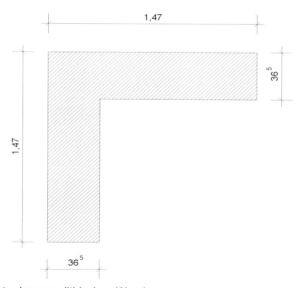

Bild 91: Außenkante der monolithischen Wand

7 Berechnung von dreidimensionalen Wärmebrücken

Mit den Randbedingungen nach Abschnitt 6 werden folgenden Ψ-Werte errechnet, Bild 92.

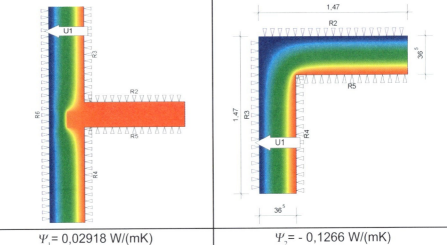

$\Psi_1 = 0{,}02918$ W/(mK) $\Psi_2 = -0{,}1266$ W/(mK)

Bild 92: Ψ-Werte der beiden beteiligten Kanten

Die Situation mit den Kanten wird jetzt in die 3-D-Darstellung überführt, was zum Bild 93 führt. Das zu berechnende Modell besteht sowohl aus gestörten als auch ungestörten Bereichen. Abmessungen des Modells sind so gewählt, dass sie mit dem 2-D-Modell übereinstimmen. Das macht es später einfacher, die 1-D-Wärmeströme zu subtrahieren – zwingend erforderlich ist diese Übereinstimmung nicht, denn die Verlustwerte nach Bild 93 sind bekanntlich immer auf einen Meter Länge zu beziehen.

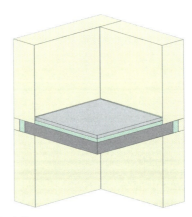

Bild 93: 3-D-Berechnungsmodell

7 Berechnung von dreidimensionalen Wärmebrücken

Berechnet wird das Modell mit einem geeigneten Berechnungsprogramm – z.B. Psi-Therm in der 3-*D-Version* – und liefert den Gesamtwärmestrom nach Bild 94.

Gesamtwärmestrom Φ: 36,32804 W = L^{3D}

Bild 94: 3-D-Berechnung

Die vom Gesamtwärmestrom abzuziehenden Wärmeströme werden in der Tabelle 15 aufgelistet. Nach Abzug aller 1-*D*- und 2-*D*-Wärmeströme steht der χ-Wert. Alle Wärmeströme sind auf das Außenmaß des Modells bezogen.

Tab.15: Berechnung des χ-Wertes für das 3-D-Modell

Nr.	Art	Berechnung	Ergebnis
	Gesamtwärmestrom L^{3D} aus EDV-Berechnung		36,32804 W
1	1-*D*- Außenwand U = 0,237 W/(m²K)	(1,47+1,47)·2,49 = 7,3206 m² Φ = 7,3206 · 0,237 · 25K	-43,3745 W
2	2-*D*-Anschluss Decke	0,02918 · (1,47+1,47) · 25K	+2,144 W
3	2-*D*-Außenkante	-0,1266 · 2,49 · 25K	-7,88
		36,32804 - 43,3745 + 2,144 - 7,88	-12,782 W
χ-Wert = $\Phi/\Delta\theta$			-0,511 W/K

Das Ergebnis der 3-D-Berechnung zeigt, dass der Außenmaßbezug den zusätzlichen Verlust des Anschlusses der Decke an die Außenwand mehr als nur ausgleicht. Bei einem ausschließlichen Innenmaßbezug wäre das Ergebnis ein anderes. Ferner unterstreicht das Ergebnis, dass eine 3-*D*-Betrachtung nicht immer erforderlich ist, um die Wärmeströme zu erfassen. Anders kann es sich mit den Temperaturen verhalten. Welche Temperaturen an den Kanten zu erwarten sind, zeigt Bild 95.

7 Berechnung von dreidimensionalen Wärmebrücken

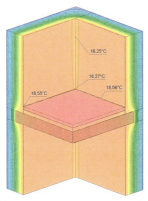 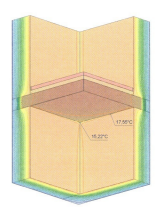

Bild 95: Kantentemperaturen gemäß 3-D-Berechnung

Die berechneten Temperaturen an den Kanten und an Punkten sind bei der 3-*D*-Berechnung etwas geringer als bei einer 2-*D*-Berechnung – ca. 1 °C. Bei einer 2-*D*-Berechnung gar nicht zu erkennen ist die deutliche Absenkung der Temperatur am unteren Schnittpunkt der linienförmigen Wärmebrücken. Hier ist eine Absenkung von ca. 2,5 K zu erwarten, was zwar für das nachgewiesene Detail noch unkritisch ist, wegen des Abstandes zum kritischen Wert von 12,6 °C, für andere Details aber gegebenenfalls kritisch werden kann. Die Aussage der DIN 4108-2 [2013], wonach diese Punkte nicht nachgewiesen werden müssen, wenn die Kanten selbst die Anforderungen erfüllen, ist zu hinterfragen. Sehr gut erkennbar sind auch die Auswirkungen der Details, die teilweise oder vollständig mit Erdreich angefüllt sind. Wir untersuchen einen solchen Fall und variieren die Bauteilaufbauten genauso wie die Höhe der Erdanschüttung. Ziel ist es, herauszuarbeiten, unter welchen Bedingungen und mit welchen Konstruktionen kritische Temperaturen zu erwarten sind. Es werden einschalige Wände mit der Dicke von 30 und 36,5 cm einbezogen, die Bodenplatte (20 cm) ist raumseitig mit 10 cm Dämmung (WLF 0,04) und einem Zementestrich versehen. Der Kopf der Bodenplatte zum Erdreich hin ist nicht gedämmt, aber in jedem Fall vollständig mit Erdreich angeschüttet. Die Schnittführung in der Bodenplatte erfolgt, wie in Abschnitt 4 ausführlich erläutert, nach einer Länge – von Innenkante des Mauerwerks gemessen – von vier Metern. Tabelle 16 enthält eine Aufstellung aller durchgearbeiteten Fälle. Für die Berechnung sind die Übergangswiderstände nach DIN 4108-2 [2013] verwendet worden.

7 Berechnung von dreidimensionalen Wärmebrücken

Tab.16: Aufstellung der Berechnungsfälle

Skizze	Fall-Nr.	Höhe der Erdanschüttung in m	Dicke des Mauerwerks in m	λ des Mauerwerks
	A_a	0,0	0,30	0,12
	A_b	0,0	0,30	0,14
	A_c	0,0	0,30	0,18
	A_d	0,0	0,365	0,12
	A_e	0,0	0,365	0,14
	A_f	0,0	0,365	0,18
	B_a	1,0	0,30	0,12
	B_b	1,0	0,30	0,14
	B_c	1,0	0,30	0,18
	B_d	1,0	0,365	0,12
	B_e	1,0	0,365	0,14
	B_f	1,0	0,365	0,18
	C_a	2,0	0,30	0,12
	C_b	2,0	0,30	0,14
	C_c	2,0	0,30	0,18
	C_d	2,0	0,365	0,12
	C_e	2,0	0,365	0,14
	C_f	2,0	0,365	0,18
	D_a	2,5	0,30	0,12
	D_b	2,5	0,30	0,14
	D_c	2,5	0,30	0,18
	D_d	2,5	0,365	0,12
	D_e	2,5	0,365	0,14
	D_f	2,5	0,365	0,18

Schema: senkrecht, waagerecht, Ecke

Die Ergebnisse der Berechnung sind der Tabelle 17 zu entnehmen. Für jeden der in Tabelle 16 aufgezeigten Fälle ist die Temperatur an der waagerechten Kante, an der senkrechten Kante und am Schnittpunkt beider Kanten (hier als Ecke bezeichnet) erfasst.

Tab.17: Berechnung des χ-Wertes für das 3-*D*-Modell

Fall-Nr.	Temperaturen in °C		
	Ecke	waagerecht	senkrecht
A_a	10,91	14,85	14,83
A_b	10,31	14,52	14,37
A_c	9,29	13,36	13,55
A_d	11,14	15,12	15,45
A_e	10,57	14,60	14,95
A_f	9,60	13,67	14,16
B_a	11,62	15,43	14,85
B_b	11,11	14,99	14,38
B_c	10,27	14,20	13,49
B_d	11,74	15,52	15,37
B_e	11,58	15,12	15,22
B_f	11,13	15,01	14,14
C_a	12,12	15,74	14,78
C_b	11,67	15,50	14,34
C_c	10,97	14,77	13,53
C_d	12,50	15,83	15,53
C_e	12,07	15,43	15,12
C_f	11,06	14,95	14,14
D_a	12,32	15,88	14,85
D_b	11,91	15,51	14,32
D_c	11,25	14,91	13,51
D_d	12,98	16,09	15,52
D_e	12,59	15,76	15,09
D_f	11,96	15,21	14,03

Die Ergebnisse in Tabelle 16 lassen folgende vorsichtige Rückschlüsse zu. Vorsichtig, weil sie eben nur für die hier untersuchten Fälle gelten und nicht auf andere Konstruktionen unkritisch übertragen werden dürfen:

1. Wird das Fundament nicht stirnseitig gedämmt, so treten an der Ecke in Verbindung der drei linienförmigen Wärmebrücken Temperaturen auf, die unterhalb der kritischen Temperatur von 12,6 °C liegen. Die fehlende Kopfdämmung kann nur mit Mauerwerk einer Wärmeleitfähigkeit ≤ 0,12 W/(mK) "aufgefangen" werden. Ob dieser eine Punkt allein für das Wachsen von Schimmelpilzen ausreicht, ist in realen Gebäuden zu testen.

2. Je Meter Erdanschüttung wird die Eck- und Kantentemperatur um bis zu einem Grad angehoben. Die Wirkung, die mit einer geringeren Wärmeleitfähigkeit erreicht werden kann, ist etwas kleiner.

3. Die Temperaturen an den Kanten sind selbst bei ungünstigen Randbedingungen als unkritisch einzustufen. Hier wären Zusatzmaßnahmen ab einer Wärmeleitfähigkeit des Mauerwerks von größer 0,18 W/(mK) zu empfehlen.

8 Berechnung von Wärmebrücken mit dem Programm Psi-Therm

8.1 Allgemeines

Im folgenden Kapitel werden die Grundlagen der Wärmebrückenberechnung anhand von ausgewählten Beispielen erläutert.

Für die Berechnungen wird das PC-Programm Psi-Therm 2-D verwendet. Dieses Programm bietet alle erforderlichen Voraussetzungen, Wärmebrücken mit zwei und mehr Randbedingungen zu berechnen, auszuwerten und zu dokumentieren. Die erforderliche Genauigkeit nach DIN EN ISO 10211 [2008] ist mit den in der Norm enthaltenen Validierungsbeispielen nachgewiesen worden.

8.2 Beispiele

A) Bodenplatte auf Erdreich

Für eine Bodenplatte nach Bild 96 ist der längenbezogene Wärmedurchgangskoeffizient nach DIN EN ISO 10211 [2008] zu berechnen. Vergleichsweise ist sowohl das Verfahren mit dem konstruktiven U-Wert in Verbindung mit dem Temperatur-Korrekturfaktor (F_x) als auch das Verfahren mit dem U-Wert nach DIN EN 13370 [2008] zu verwenden.

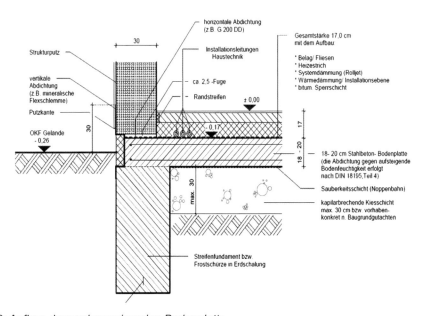

Bild 96: Aufbau der nachzuweisenden Bodenplatte

8 Berechnung von Wärmebrücken mit dem Programm Psi-Therm

Schritt 1: Modellierung der Wärmebrücke

Aufgrund der im Kapitel 4 erarbeiteten Grundlagen wissen wir, dass dem zentralen Element jeweils die richtigen Flankenelemente zuzuordnen sind. Als Flanke der Wärmebrücke ist die Außenwand und die Bodenplatte mit den erforderlichen Bezugslängen einzuzeichnen. Die Außenwand muss innenseitig mit d_{min} angenommen werden, für die Bodenplatte kämen als mitwirkende Länge sowohl 0,5 b als auch 0,5 B´ in Betracht – ersatzweise ist 4 m zulässig. Wir gehen an dieser Stelle davon aus, dass ein Standarddetail berechnet werden soll, die Maße des Gebäudes sind daher noch unbekannt. Für diesen Fall hält die DIN EN ISO 10211 [2008] einen ersatzweise wählbaren Pauschalwert von 4 m bereit, den wir in diesem Beispiel nutzen. Die mitwirkende Länge der Bodenplatte ergibt sich aus dieser Annahme wie im Bild 97 dargestellt.

Für die Schnittebenen außerhalb des Gebäudes ist Bild 66 maßgebend. Bild 97 enthält nur einen kleinen Ausschnitt des Erdblockes, da ansonsten die maßgebende Konstruktion nicht zu erkennen wäre. Der Erdblock hat die Ausmaße von 20 m x 20 m (2,5 · 8). Die 8 m folgen aus der Verwendung des Pauschalwertes von 4 m (B´ = 2 · 4 m)

Der konstruktive Aufbau nach Bild 96 wird ein klein wenig vereinfacht, da dünne Schichten wie Abdichtungen und auch Fliesen das Ergebnis nur unwesentlich beeinflussen.

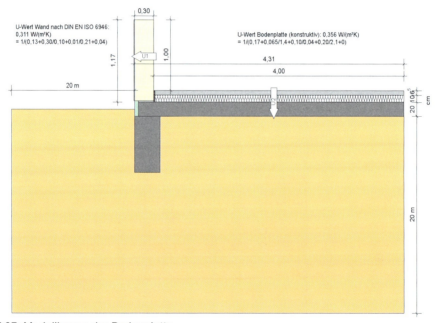

Bild 97: Modellierung der Bodenplatte

Um die Ergebnisse der Berechnung mit dem konstruktiven U-Wert mit dem nach DIN EN ISO 13370 [2008] vergleichen zu können, ist auch dieser U-Wert zu berechnen. Die Bodenplatte nach Bild 96 hat keine Randdämmung – die Kopfdämmung der Bodenplatte gilt nicht als Randdämmung, vergleiche auch Bild 140. Die Ergebnisse der Berechnung werden im Bild 98 dargestellt. Die geometrischen Angaben für die Bodenplatte sind so gewählt worden, dass vom Programm ein B´von 8 m berechnet wird. Aus der Berechnung nach Bild 98 ist nur das Ergebnis für den stationären U-Wert "U_0" wichtig. Dieser dient als Vergleichsgrundlage. Die im Bild 98 dargestellten instationären Berechnungen nach DIN EN 13370 [2008] sind für die Wärmebrückenberechung nicht von Belang, dienen hier lediglich als Vergleichsgrundlage für den sich nach stationärem oder instationärem Rechnen ergebenden monatlichen Verlustwert.

Grundfläche gegen Erdreich ohne Randdämmung

Grundfläche	A_G	160	m²
Umfang	P	40	m
Rsi		0,17	m²K/W
Rse		0	m²K/W
Wanddicke	d_w	0,3	m
λ Erdreich	Sand oder Kies	2,0	W/(mK)
R Bodenplatte		2,6416667	m²K/W

Aufbau Bodenplatte (von innen nach außen)

	d	λ	R
	[m]	[W/(mK)]	[m²K/W]
Estrich	0,065	1,400	0,046
Dämmung	0,100	0,040	2,500
Beton	0,200	2,100	0,095
		Summe	2,642

Bodenplattenmaß	B´	8,000	m
wirksame Gesamtdicke	d_t	5,9233333	m
	U_0	0,213	W(m²K)
Eindringtiefe der Temperaturwelle	δ	3,2	m
Phasenverschiebung	α	0	aus EN 13370 Tabelle F.2
	β	1	aus EN 13370 Tabelle F.2
thermischer Leitwert Hg	H_g	34,151	W/K

Wärmeübertragungskoeffizient infolge schwankender Außentemperaturen Hpe

	H_{pe}	9,589	W/K

Wärmeübertragungskoeffizient infolge schwankender Innentemperatur = nicht brücksichtigt= IT konst

	H_{pi}	0	W/K
Innentemperatur		20	°C

Wärmestrom

Monat	Jan	Feb	Mrz	Apr	Mai	Jun	Jul	Aug	Sep	Okt	Nov	Dez
Wärmestrom in W	433,736	445,362	433,736	401,972	358,582	315,192	283,428	271,802	283,428	315,192	358,582	401,972
Tage je Monat	31	28	31	30	31	30	31	31	30	31	30	31
in kWh	322,699	299,283	322,699	289,420	266,785	226,938	210,870	202,220	204,068	234,503	258,179	299,067

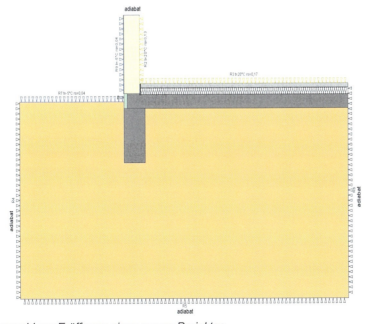

Bild 98: Berechnung des U-Wertes nach DIN EN ISO 13370

Nach der DIN EN ISO 13370 beträgt der *U*-Wert demnach 0,213 W/(m²K), das Verhältnis der beiden *U*-Werte folglich 0,213/0,356 = 0,598. Von daher ist zu erwarten, dass die Ergebnisse sich nur unmerklich voneinander unterscheiden werden, so lange ein F_x-Wert von 0,6 nach Tabelle 5 verwendet wird. Für ein *B´* von 8 m und einen R_f von > 1 ergäbe sich ein F_x-Wert nach Tabelle 5 von 0,5. Mit diesem Wert wird sich ein etwas besseres Ergebnis für den *Ψ*-Wert bei Anwendung des stationären *U*-Wertes zu einstellen.

Schritt 2: Festlegung der Randbedingungen

Bild 99 enthält alle für die Berechnung zu setzenden Randbedingungen.

Bild 99: Auswahl zur Eröffnung eines neuen Projektes

Schritt 3: Eingabe der maßgebenden Einflusslängen

Für die richtige Ermittlung des Ψ-Wertes ist es aufgrund seiner arteigenen Abhängigkeit von den geometrischen Einflüssen – wir erinnern uns daran, dass wir uns diesen Verlustwert als einen relativen Wert erarbeitet haben – wichtig, die richtigen Bezugswerte anzunehmen. Diese müssen meist manuell in die Programme eingegeben werden, da ein PC-Programm nicht von allein wissen kann, mit welcher Bezugslänge der Verlust im wärmetechnischen Nachweis ermittelt worden ist. Unterschiede zwischen den Annahmen des Beiblatts 2 zur DIN 4108 [2006] und der Annahme eines konsequenten Außenmaßbezuges nach DIN V 18599-2 [2011] werden in diesem Zusammenhang oftmals diskutiert. Da wir keinen Gleichwertigkeitsnachweis führen wollen, gilt der Außenmaßbezug nach DIN V 18599-2 [2011] uneingeschränkt. Bild 100 enthält die Eingabewerte, jeweils basierend auf den Vorgaben aus Bild 97.

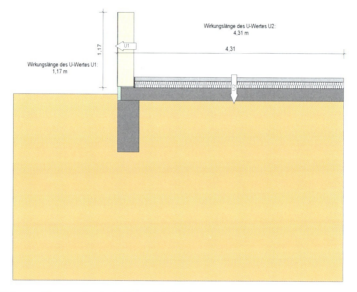

Bild 100: Wirkungslängen der beteiligten U-Werte

Schritt 4: Berechnung

Die Berechnung mit den bis hierher ausgearbeiteten Parametern erfolgt mit dem FEM-Programm. Heute sind Programme meist so entworfen, dass ein Eingriff des Nutzers in die Netzbildung nicht mehr vorgesehen ist. Das Programm elementiert nach eigenen Vorgaben, die sich üblicherweise an den zu erwartenden Temperaturänderungen und vorhandenen Grenzübergängen von Materialien mit stark voneinander abweichenden Wärmeleitfähigkeiten orientieren.

Bei sehr mächtigen Schichten wie das angrenzende Erdreich sollte eine Elementierung gewählt werden, die eine kurze Rechenzeit bei möglichst hoher Genauigkeit des Rechenergebnisses ermöglicht. Aus Kapitel 4 wissen wir, dass insbesondere ein fiktiver Halbkreis mit Mittelpunkt an der Außenseite des Fundaments und einem Radius von etwa der Hälfte der eingesetzten Bodenplattenlänge das Ergebnis beeinflussen wird. Daher hat es sich als sinnvoll erwiesen, diesen Bereich etwas feiner zu elementieren und für den Rest des Erdreiches ein gröberes Netz zu verwenden. Im Bild 101 wird diese Vorgehensweise gezeigt. Bereiche, in denen größere Temperaturgradienten (z.B. Dämmung) zu erwarten sind sowie sehr dünne Schichten sollten zur Steigerung der Genauigkeit immer fein (Kantenlänge ca. 4-6 cm) bzw. sehr fein (Kantenlänge 2-3 cm) elementiert werden.

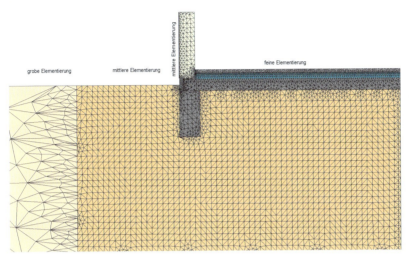

Bild 101: Ansicht Netzgenerierung

Die Berechnung des Ψ-Wertes mit dem konstruktiven U-Wert und einem Standard-Wert für F_x von 0,6 zeigt Bild 102.

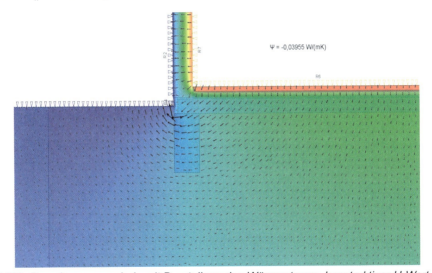

Bild 102: Berechnungsergebnis mit Darstellung des Wärmestroms, konstruktiver U-Wert

Aus Bild 102 ist nochmals anschaulich zu entnehmen, an welchem Punkt der größte Wärmestrom vorhanden ist und wie sich dieser Halbkreis um das Fundament herum einstellt. Leicht zu erkennen ist, was passierte, wenn z.B. eine vertikale Randdämmung vor dem Streifenfundament angeordnet wird. Der längere Weg des Wärmestroms um die Dämmung herum bedingte einen geringen Verlustwert.

Der Verlustwert in diesem Beispiel ist -0,03955 W/(mK). Das negative Vorzeichen zeigt, dass der Wärmeverlust, ermittelt über Außenmaße und ohne Einbeziehung des Erdreiches, überschätzt wird. Das Bild kann sich schnell wenden, wenn der F_x-Wert nicht 0,6, sondern 0,5 beträgt. Für diesen Fall ergäbe sich ein Wert von 0,11 W/(mK).

Die Berechnung wird jetzt unter Berücksichtigung des stationären U-Wertes nach DIN EN ISO 13370 [2008] durchgeführt. Im Ergebnis ergibt sich der Ψ-Wert nach Bild 103.

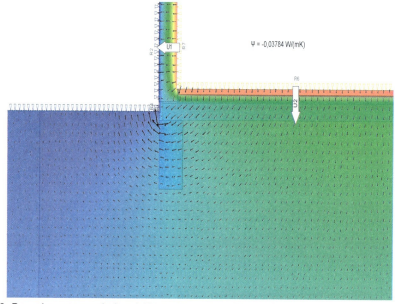

Bild 103: Berechnungsergebnis mit Darstellung des Wärmestroms

Die Ergebnisse aus beiden Berechnungen sind bei einem F_x von 0,6, wie nicht anders zu erwarten war, sehr nahe aneinander. Doch welches Ergebnis ist jetzt richtig? Ist es überhaupt angemessen, von richtigen oder falschen Ergebnissen zu sprechen? Nein, denn alle vorgestellten Ergebnisse sind richtig. Wichtig ist es, sich möglichst vor der Berechnung darüber klar zu werden, welcher Berechnungsweg eingeschlagen werden soll. Unter "Weg" ist hier alles zu subsumieren, was mit der Berechnung der Wärmeverluste über die Bauteile einher geht. Das Verfahren, was für die Wärmebrückenberechnung zu wählen ist, liegt de facto mit der EnEV-Berechnung schon vor. Ist dort ein vereinfachter Ansatz über F_x-Werte gewählt worden, so wird auch die Wärmebrückenberechnung so durchzuführen sein. Gleiches gilt für die Verwendung des stationären U-Wertes nach DIN EN ISO 13370 [2008]. Diesem Grundsatz folgend wird es auch zu keinen Diskussionen über das Abweichen von zwei Ergebnissen bei sonst fast gleichen Randbedingungen kommen, da es schlichtweg gar keine zwei Ergebnisse gibt. Einzige Ausnahme bildet der Gleichwertigkeitsnachweis nach Beiblatt 2 zur DIN 4108 [2006], da in diesem Fall sowohl die Randbedingungen nach dem Beiblatt als auch die nach DIN EN ISO 10211 [2006] für erdberührte Details verwendet werden dürfen. Die Unterschiede in den Ergebnisse werden dabei in Kauf genommen, weil diese ohnehin nur zu einem pauschalen Zuschlag führen und nicht als Ψ-Wert im Nachweis verwendet werden.

B) Fassadenschnitt mit einschaligem Mauerwerk Fenster und Rollladenkasten

Die Wärmebrücken im Fassadenschnitt nach Bild 104 sollen berechnet werden. Der Anschluss der Bodenplatte ist bereits unter A) berechnet worden, sodass nur noch die Anschlüsse der Deckenbalken zur Fassade, der Rollladenkasten und die Fensteranschlüsse zu betrachten sind. Es wird kein Gleichwertigkeitsnachweis nach Beiblatt 2 zur DIN 4108 [2006] geführt.

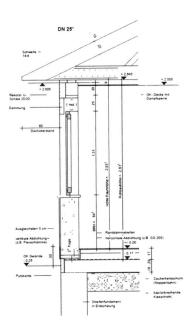

Bild 104: Systemschnitt der Fassade

Schritt 1: Modellierung der Wärmebrücken

Das zentrale Element in diesem Detail zu finden, gestaltet sich etwas aufwendiger als im ersten Detail, da nicht sofort klar ist, welche Wärmebrücke zu berechnen ist. Auch stellt sich die Frage, ob die Berechnung überhaupt in einem Schritt möglich ist, oder der Fassadenschnitt in viele einzelne Wärmebrücken zu zerlegen ist. Vorweg ist festzustellen, dass der Schnitt eine spezielle Situation der Überlagerung von mindestens vier Wärmebrücken enthält: *U*-Schalen-Anschluss; der Rollladenkasten selbst, der Anschluss des Rollladenkastens zum Fenster und dann noch der Fensteranschluss auf der Brüstung. Für die Fassadenabschnitte ohne Fenster wird diese Situation deutlich entschärft, da der Rollladenkasten und die Fenster entfallen. Das Detail im Bild 104 könnte noch einmal zerlegt werden, nur fällt es dann ungleich schwerer, sinnvolle Annahmen für mitwirkende Flankenlängen zu bestimmen. Wir entscheiden uns daher zu einem Schnitt in der Mitte des Fensters und berechnen den oberen Anschluss und den Brüstungsanschluss jeweils separat. Dass die Brüstung mit einer Höhe von ca. 84 cm leicht unterhalb von d_{min} liegt, wird bei dem vorhandenen Dämmniveau auf das Ergebnis keinen oder zumindest einen vernachlässigbaren Einfluss haben.

Die Modellierung des oberen Fassadenteils zeigt Bild 105.

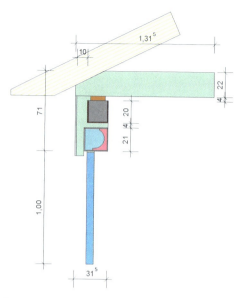

Bild 105: Modellierung des oberen Anschlusses

Die Modellierung nach Bild 105 enthält folgende besondere Merkmale:

- Das Fenster wird als Block mit einer Breite von 7 cm und einer Wärmeleitfähigkeit von 0,105 W/(mK) dargestellt. Dies entspricht einem Fenster mit einem U-Wert von 1,2 W/(m²K). Werden andere Fenster verwendet, so wird die Breite des verwendeten Ersatzbauteils und/oder dessen Wärmeleitfähigkeit angepasst.

- Die Einflusslänge des U-Wertes bis zum Fenster ist mit 71 cm berechnet worden. Sowohl für die außen gedämmte U-Schale als auch für den Rollladenkasten wird demzufolge vorausgesetzt, dass für sie ein einheitlicher U-Wert in der Berechnung der Wärmeverluste (z.B. nach EnEV) angesetzt worden ist. Gemäß DIN 4108-2 [2013] können Rollladenkästen grundsätzlich über zwei Wege in die Berechnung der Transmissionswärmeverluste einbezogen werden. Dargestellt sind diese im Bild 106. Wir haben für dieses Beispiel demnach die rechts dargestellte Variante gewählt.

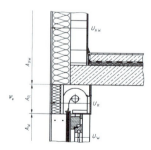 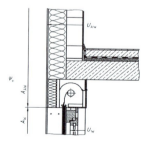

U-Wert des Rollladenkastens wird berücksichtigt   Rollladenkasten wird übermessen, U-Wert wie Außenwand

Bild 106: Berücksichtigung von Rollladenkästen

- Wie auch im Beiblatt 2 zur DIN 4108 [2006] vorgeschlagen, wird die aus einem Gefach- und Balkenbereich bestehende oberste Decke als homogenes Bauteil (nur Gefach) modelliert. Diese Vereinfachung soll hier nicht weiter kommentiert werden. Sie beinhaltet ganz zweifellos einen Fehler, doch ist zu dessen Vermeidung weder eine 3-D-Berechnung noch eine abschnittsweise Berechnung des Wärmebrückenverlustes ratsam, weil der Aufwand den zu erwartenden Effekt kaum rechtfertigt. Anders ist die Situation bei der Berechnung der Oberflächentemperatur, die sich immer auf die ungünstigste Stelle der Konstruktion zu beziehen hat. Die Berechnung ist für diesen Fall stets für den Balkenbereiches vorzunehmen.
- Für die Berechnung der Luftschicht innerhalb des Rollladenkastens ist von einer leicht belüfteten Luftschicht auszugehen. Unter Verwendung der Standardbedingungen nach DIN EN ISO 10077-2 [2008] wird für die Luftschicht von 0,185 m Breite im Rollladenkasten ein Wärmedurchlasswiderstand von ca. 0,20 (m²K)/W berechnet, was einer äquivalenten Wärmeleitfähigkeit von 0,94 W/(mK) entspricht.

Schritt 2: Randbedingungen

Es sind drei Temperaturräume zu berücksichtigen. Die Außentemperatur wird mit -5 °C und die Innentemperatur mit 20 °C angenommen. Die Temperatur im unbeheizten Dachraum ergibt sich aus dem verwendeten F_x-Wert. Nach DIN V 18599-2 [2011] ist ein F_x-Wert von 0,8 anzunehmen, was einer Temperatur von 0 °C entspricht. Alternativ kann mit dem Temperaturfaktor von 0,2 für den Dachboden, 1 für den Innenraum und 0 für den Außenraum gerechnet werden. Im Bild 107 werden alle anzuwendenden Randbedingungen aufgezeigt. Auch die Randbedingung R 8 ist auf "außen" gesetzt worden, weil hier zwei Außenmaßbezüge "kollidieren": Außenwand ist bis Oberkante Dämmung zu berücksichtigen, die Decke bis Außenkante Mauerwerk. Aufgrund der gewählten Randbedingungen für R 8 wird für die Außentemperatur nun eine 16 cm längere Kante angenommen. Alternativ könnte R 8 nochmals in zwei Abschnitte unterteilt werden.

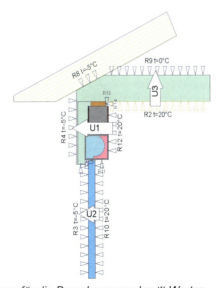

Bild 107: Randbedingungen für die Berechnungen des Ψ-Wertes

Für den U-Wert U3 wird der Wert für das einschalige Mauerwerk nach Bild 97 verwendet (0,311 W/(m²K)), der U2 ist der Wert für das Gefach (0,154 W/(m²K)). Für das Fenster (U1) wird, wie oben bereits erwähnt, ein Wert von 1,2 W/(m²K) verwendet.

Schritt 3: Durchführung der Berechnungen

Das Ergebnis der FEM-Berechnung ist im Bild 108 dargestellt. Der Ψ-Wert für den berechneten Anschluss beträgt 0,0114 W/(mK). Obwohl es sich um eine Außenecke handelt, ist der Wert in diesem Fall nicht negativ, da der zusätzliche Wärmestrom über das angrenzende Bauteil nicht allein über den Außenmaßbezug "eingefangen" werden kann.

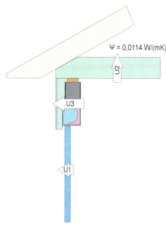

Bild 108: Berechnungsergebnis für das Detail

Der Grund für den positiven Verlust trotz des Außenmaßbezuges und des teilweise geringeren U-Wertes oberhalb des Fensters ist der erhöhte Wärmestrom an der Außenkante des Rollladenkastens. Dieser ist nach dem Auftragen der Wärmestromlinien leicht zu erkennen, siehe Bild 109.

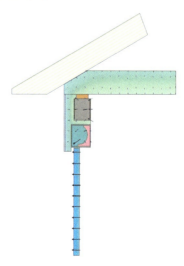

Bild 109: Darstellung der Details mit Wärmestromvektoren

Da der *U*-Wert des Fensters im Vergleich zu den sonstigen Bauteilen hoch ist, überraschen die dicken Wärmestromlinien hier nicht. Auch ist der größere Wärmestrom in die *U*-Schale oberhalb des Rollladenkastens und der Dämmung klar auf den dort angeordneten Beton zurückzuführen. Gut sichtbar ist die Verkleinerung der Wärmestromlinien aufgrund der außen angeordneten Wärmedämmung.

Entscheidend dafür, dass trotz der guten Dämmsituation ein positiver Wert herauskommt, ist der Wärmestrom über der ungedämmten Öffnung des Rollladenkastens, Bild 110

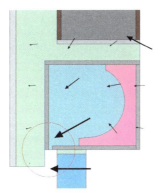

Bild 110: Wärmestromverktor an der Öffnung des Rollladenkastens

Aufgrund der Konstruktion des Rollladenkastens kann diese Stelle nicht verbessert werden, da sich hier der Panzerauslass befindet und auch die innere Wärmedämmung wegen des notwendigen inneren Raumes für den Panzer nicht weiter vorgezogen werden kann. Man muss sich mit dieser Situation bei Rollläden schlichtweg anfreunden, auch das wärmetechnische Aufwerten hat Grenzen.

Bleibt noch die Berechnung des Anschlusses des Fensters an die Brüstung nach Bild 104. Die Schritte sind wie bei dem oberen Teil bereits beschrieben, sodass hier nur die Ergebnisse dargestellt werden können. Die Modellierung des Details ist im Bild 111 enthalten.

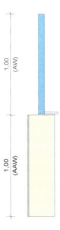

Bild 111: Modellierung des Brüstungsanschlusses

Gemäß Bild 111 ist eine mitwirkende Länge der Brüstung von 1 m gewählt worden. Diese Länge wäre aber gemäß den Modellierungsvorschriften auf der Innenseite ab Oberkante des Fertigfußbodens erforderlich. Da aber aufgrund der Detailvorgabe nur 84,5 cm vorhanden sind, bleiben wir bei den tatsächlichen Abmessungen. Diese geringe Abweichung hat auf das Ergebnis aufgrund der gut dämmenden Flanke ohnehin keinen Einfluss. Das Ergebnis für den Ψ-Wert ist Bild 112 zu entnehmen.

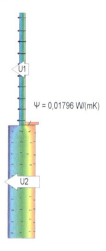

Bild 112: Ergebnis für den Ψ-Wert

Am Richtungswechsel der Vektoren am Anschluss des Fensters zum Mauerwerk ist zu erkennen, an welcher Stelle der Wert weiter verbessert werden kann. Es ist der Dämmstreifen zwischen dem Fensterblock und dem Mauerwerk. Wird er von z.B. 1 auf 2 cm verstärkt, so kann der Wert schon mal um 30 – 40 % sinken. Im Bild 113 ist dieser Fall dargestellt.

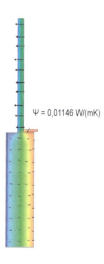

Bild 113: Berechnung des Ψ-Wertes mit einer verdoppelten Randdämmung

Verwundern könnte die Tatsache, dass sich das Ergebnis für den Anschluss bei Verbesserung des *U*-Wertes des Fensters verschlechtert. Im Bild 114 wird das Fenster aus Bild 113 durch ein Fenster mit einem *U*-Wert von 0,8 W/(m²K) ausgetauscht und der *Ψ*-Wert neu berechnet.

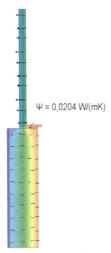

Bild 114: Berechnung des Ψ-Wertes mit einem U-Wertes des Fensters mit 0,8 W/(m²K)

Der Grund für den schlechteren *Ψ*-Wert liegt einzig und allein in der Tatsache begründet, dass die Verbesserung des Fensters sozusagen schon mit dem Fensterblock aufgefangen werden und es bei dieser Art des Nachweises einzig und allein um den Anschluss geht. Zwar ist der Gesamtwärmestrom von innen nach außen deutlich kleiner geworden, doch hat der Anschluss bei besser dämmenden Fenstern dadurch auch an Bedeutung gewonnen.

9 Projektbeispiel

Die Wärmebrücken für ein Energieplushaus sollen detailliert nachgewiesen werden, um den auf die Hüllfläche bezogenen Verlustwert so weit wie möglich zu minimieren. Das Ziel besteht darin, einen Verlustwert – bezogen auf die wärmeübertragende Hüllfläche – von deutlich unter 0,05 W/(m²K) zu erreichen.

Als ein Energieplushaus werden Gebäude bezeichnet, die im Jahr weniger Energie für Heizung, Lüftung, Trinkwasser und Haushalt benötigen, als sie produzieren. Der Begriff "Energie" umfasst hierbei sowohl den Aufwand für das Bereitstellen der Energieträger als auch auf für den tatsächlichen Bedarf des Hauses. Ein Einsatz von erneuerbaren Energien mit wirtschaftlicher Anlagentechnik allein kann diese Ideen nicht tragen. Auch für die Hüllfläche ist es wichtig, alle Verlustwerte möglichst gering zu halten. Neben den geringen U-Werten für die Außenbauteile, ist die Verminderung der Verluste über Wärmebrücken ein dafür entscheidendes Element. Für das hier vorgestellte Projekt ist ein Massivhaus entwickelt worden. Nur das Dach wird als eine leichte Konstruktion mit Holz und Dämmstoff ausgeführt. Als Außenwand wird eine Verbindung von Porenbeton mit unterschiedlichen Rohdichten verwendet. Dreifach verglaste Fenster mit einem U-Wert von 0,80 W/(m²K) leisten einen wichtigen Beitrag, die Wärmeverluste des Gebäudes zu verringern. Das Haus verfügt über eine Wärmepumpe, über eine Anlage zur Wärmerückgewinnung, über Photovoltaik und Solarthermie zur Nutzung der solaren Energie.

9.1 Ansichten, Schnitte, Grundrisse, U-Werte

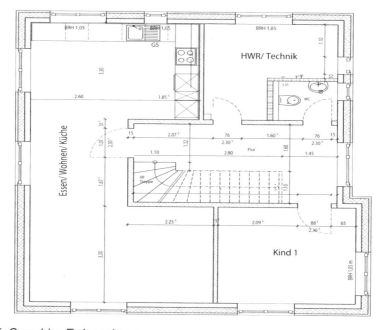

Bild 115: Grundriss Erdgeschoss

9.1 Ansichten, Schnitte, Grundrisse, U-Werte

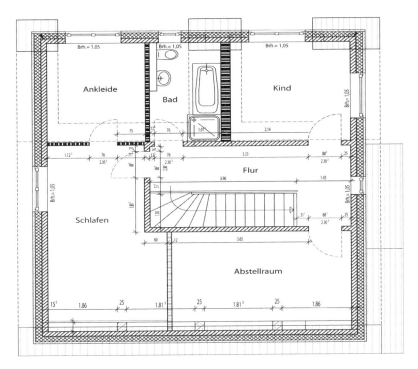

Bild 116: Grundriss Obergeschoss

Ansicht A - Südosten

Bild 117: Ansicht Südost

9 Projektbeispiel

Bild 118: Ansicht Südwest des Gebäudes nach Fertigstellung

Bild 119: Ansicht Nordost des Gebäudes nach Fertigstellung

9.2 Werksplanung

Die Berechnung der Wärmebrücken erfolgte auf der Basis der vorgelegten Werksplanung. Alle für den Nachweis relevanten Details sind den nachfolgenden Bildern zu entnehmen.

9.2 Werkplanung

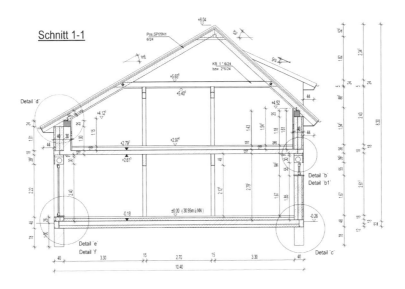

Bild 120: Details aus der Werksplanung – Schnitt 1-1

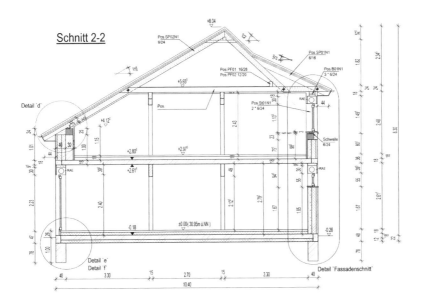

Bild 121: Details aus der Werksplanung – Schnitt 1-2

Die Detailschnitte der Fassade sind aus den Bildern 122 und 123 zu entnehmen, weitere Details (Auswahl aus der Werksplanung) aus den Bildern 124 bis 126.

9 Projektbeispiel

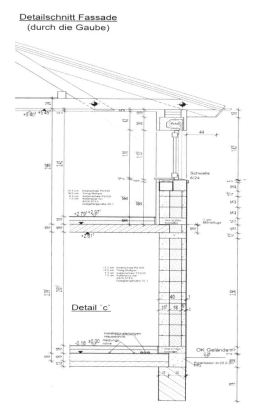

Bild 122: Detailschnitt der Fassade

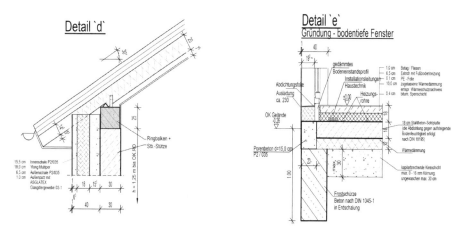

Bild 123: Detail Anschluss Sparren-Drempel – Fußpunkt der bodentiefen Fenster

9.2 Werkplanung

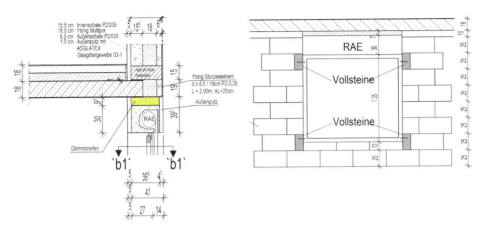

Bild 124: Detail Decke-Rollladenkasten und Fenster (links), Fensteranschluss in der Ansicht (rechts)

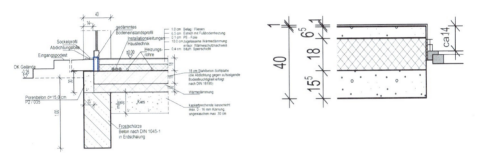

Bild 125: Detail Hauseingangstür und Laibungsanschluss

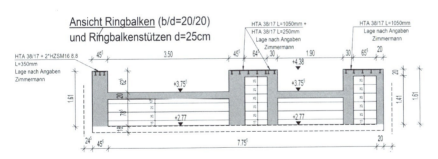

Bild 126: Ausführung und Lage des Ringbalkens auf dem Drempel

Die im Bild 126 eingetragenen Befestigungsmittel können bei der Berechnung der Wärmebrückenverluste unberücksichtigt bleiben, da sie nur eine geringe Bedeutung für die energetische Beurteilung eines Gebäudes haben.

In den nachfolgenden Bildern ist für ausgewählte Beispiele die Ausführung auf der Baustelle dargestellt.

Bild 127: Dämmung unterhalb der Bodenplatte (links), erste Steinschicht am Kopf der Bodenplatte (rechts)

Bild 128: Errichtung des aus drei Schichten Porenbeton bestehenden Außenmauerwerks

Bild 129: Errichtung des Innenmauerwerks (links, erste Schicht mit Iso-Kimm-Steinen), gedämmte Sturzausbildung (rechts)

Bild 130: Sturzausbildung im Bereich der Rollladenkästen

Bild 131: Innen vorgesetzte Stütze und Ringbalken ohne Durchdringung der Dämmebene

Bild 132: Montage des Ringbalkens auf der Giebelwand mit einem Schalungselement, nachträgliche Dämmung mit Porenbeton unterschiedlicher Rohdichte

Bild 133: Stütze im Bereich der Gauben

Bild 134: Nachträgliches Dämmen der Stützen im Bereich der Gauben

Bild 135: Nachträgliches Dämmen der Stützen im Bereich der Gauben

9.2 Werkplanung

Bild 136: Fertiggestellter Rohbau

Die verwendeten Bauteilaufbauten sind der Tabelle 18 zu entnehmen. Da die Bodenplatte nach DIN EN ISO 10211 [2008] berechnet wird, ergibt sich der U-Wert nicht allein aus der Schichtenfolge, sondern wird maßgeblich mit beeinflusst durch die geometrischen Verhältnisse (B'). Wird die Bodenplatte nach DIN EN ISO 13370 [2008] nachgewiesen, so ist ferner zu entscheiden, ob der Bodenplatte eine senkrechte oder waagerechte Randdämmung zugeordnet werden kann. Wie eine Randdämmung nach dieser Norm auszuführen ist, um als solche zu gelten, enthält Bild 137.

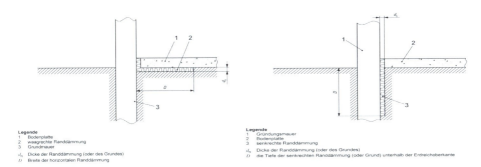

Bild 137: Waagerechte (links) und senkrechte (rechts) Randdämmung nach DIN EN ISO 13370 [2008]

Zwar ist die Bodenplatte nach Bild 125 oberseitig wie unterseitig gedämmt, aber handelt es sich dabei wirklich um eine Randdämmung im Sinne der DIN EN ISO 13370 [2008]? Zumindest nicht im klassischen Sinne, da die Kopfdämmung der Bodenplatte fehlt bzw. nicht mit gleichem thermischen Widerstand vorgesehen ist – der hier vorgesehene Porenbetonstein übernimmt die Aufgabe der Kopfdämmung, hat aber im Vergleich zu der unterhalb der Bodenplatte vorhandenen Dämmung einen geringeren thermischen Widerstand. In diesem Projekt wird daher von einem Fehlen der kompletten Übereinstimmung auszugehen sein. Die Bodenplatte wird ohne Einbeziehung einer waagerechten oder senkrechten Randdämmung berechnet. Da aber die Platte sehr gut gedämmt ist, hat diese Festlegung nur wenig Einfluss auf den längenbezogenen Verlustwert.

9 Projektbeispiel

Wandaufbau:

Schicht Nr.	Material	Dicke in m	λ in W/(mK)
1	DIN 4108-4 Gipsputz ohne Zuschlag	0,01	0,51
2	Porenbeton Planstein PP2/035	0,155	0,09
3	Porenbeton Dämmplatte	0,18	0,045
4	Porenbeton Planstein PP2/035	0,065	0,09
5	Leichtputz	0,013	0,25
	U-Wert: 0,150 W/(m²K)[1]		

[1] Angaben mit drei Stellen nach dem Komma, weil der U-Wert in diesem Fall nur ein Eingangswert für die Berechnung und kein Endergebnis im Sinne der DIN EN ISO 6946 [2008] ist.

Aufbau Bodenplatte:

Schicht Nr.	Material	Dicke in m	λ in W/(mK)
1	DIN EN ISO 10456 Platten Keramik/Porzellan	0,01	0,51
2	Zementestrich	0,065	0,09
3	DIN 4108-4 EPS	0,025	0,04
4	DIN 4108-4 EPS	0,075	0,035
5	Stahlbeton	0,20	2,3
6	DIN 4108-4 XPS	0,12	0,04
	U-Wert: 0,164 W/(m²K)		

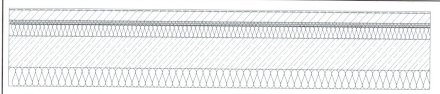

Für den Nachweis nach DIN EN ISO 10211 in Verbindung mit DIN EN ISO 13370:

Fläche der Bodenplatte: $A = 8{,}9 \cdot 10{,}40 + 0{,}5 \cdot 4{,}10 = 94{,}61$ m

Umfang: $P = 10{,}4 + 9{,}4 + 4{,}1 + 0{,}5 + 6{,}3 + 8{,}9 = 39{,}6$ m

$B' = A/(0{,}5 \cdot P) = 4{,}78$ m

thermischer Widerstand der Bodenplatte:

9.2 Werkplanung

$R_f = 0{,}012 + 0{,}046 + 0{,}625 + 2{,}143 + 0{,}086 + 3{,}00 = 5{,}912$ (m²K)/W

Wirksame Gesamtdicke d_t der Bodenplatte:

Die Wärmeleitfähigkeit der λ des Erdreiches wird gemäß DIN EN ISO 10211 [2008] mit 2,0 W/(mK) angenommen:

$$d_t = w + \lambda \cdot (R_{si} + R_f + R_{se}) \qquad [74]$$

w die Gesamtdicke der Außenwand in m;
R_f der Wärmedurchlasswiderstand der Bodenplatte in (m²K)/W;
R_{si} der innere Wärmeübergangswiderstand (0,17 oder vereinfacht 0,13) in (m²K)/W;
R_{se} der äußere Wärmeübergangswiderstand (0) in (m²K)/W;
λ die Wärmeleitfähigkeit des Erdreiches.

Aus der vorhandenen Wanddicke von 0,42 m, dem berechneten thermischen Widerstand der Bodenplatte und dem Übergangswiderstand von 0,17 (m²K)/W resultiert eine wirksame Gesamtdicke von 12,584 m. Nach DIN EN ISO 13370 [2008] ist für den Fall, dass $d_t > B'$ ist, die Bodenplatte als gut gedämmt einzuordnen. Für derartige Bodenplatten wird der U-Wert nach Gleichung 75 berechnet.

$$U = \frac{\lambda}{0{,}457 \cdot B' + d_t} \qquad [75]$$

λ die Wärmeleitfähigkeit des Erdreiches in W/(mK);
B´ das Bodenplattenmaß in m;
d_t die wirksame Dicke der Bodenplatte.

Mit den zuvor berechneten Werten ergibt sich ein U-Wert der Bodenplatte von 0,135 W/(m²K). Allein aus der Schichtfolge der Bauteile – Ansatz nach DIN EN ISO 6946 [2008] – ergäbe sich ein U-Wert von 0,16 W/(m²K).

Aufbau Dachkonstruktion/Gaubendecke:

Schicht Nr.	Material	Dicke in m	λ in W/(mK)
1	DIN 4108-4 Gipskartonplatten nach DIN 18180	0,0125	0,25
2	Sparren	0,26	0,13
	Dämmung (Gefach)		0,035
U-Wert: 0,160 W/(m²K)			

Hinweis für die Wärmebrückenberechnung: Es wird für die Modellierung und für den Abzug vom berechneten L^{2D} nur der U-Wert des Gefaches verwendet. Dieser beträgt 0,13 W/(m²K).

Fenster:

Größe	Wert
U-Wert (U_w)	0,80 W/(m²K)
g-Wert (Energiedurchlassgrad)	0,45
U-Wert Verglasung	0,70 W/(m²K)

9.3 Übersichtsplan der Wärmebrücken

Ansicht A - Südosten

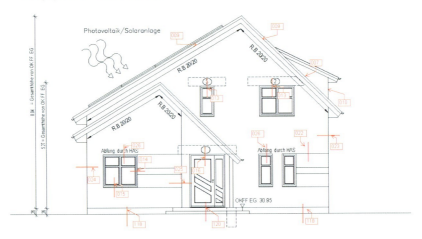

Bild 138: Ansicht Südost

Ansicht B - Nordosten

Bild 139: Ansicht Nordost

9.3 Übersichtsplan der Wärmebrücken

Ansicht C - Nordwesten

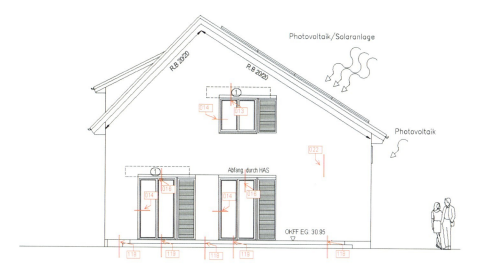

Bild 140: Ansicht Nordwesten

Ansicht D - Südwesten

Bild 141: Ansicht Südwesten

9.4 Übersicht über alle Wärmebrücken

Vorschau		Beschreibung	Wert	Länge
		001 First	-0,0349 W/(mK)	8,90 m
		002 Drempel Nordosten	-0,0112 W/(mK)	1,30 m
		003 Drempel Süd über Türelement	0,1059 W/(mK)	3,00 m
		004 Dach-Gaubendecke	0,0101 W/(mK)	5,40 m
		005 Traufe-Gaube	0,0007 W/(mK)	3,50 m
		006 Brüstung-Gaubenfenster	0,0062 W/(mK)	3,50 m
		007 Gaubenwand-Dach	0,0430 W/(mK)	8,00 m
		008 Gaubenwand-Gaubendecke	0,0035 W/(mK)	7,00 m
		009 Ortgang	0,0224 W/(mK)	25,20 m
		010 Gaubenwand-Fensterlaibung	-0,0314 W/(mK)	6,00 m
		011 Drempel-Süd	0,0340 W/(mK)	5,90 m

9.4 Übersicht über alle Wärmebrücken

Vorschau	Beschreibung	Wert	Länge
	012 Gaubenwand-Drempel	0,1127 W/(mK)	1,00 m
	013 Fenstersturz im DG	0,0880 W/(mK)	3,50 m
	014 Fensterlaibung	0,0078 W/(mK)	43,79 m
	015 Fensterbrüstung	0,0330 W/(mK)	8,00 m
	016 Türelementsturz	0,0225 W/(mK)	4,50 m
	017 Geschossdecke - Betonstütze	0,1065 W/(mK)	1,71 m
	021 Drempel Nordosten - Betonstütze	0,0320 W/(mK)	1,71 m
	022 Geschossdeckenauflager	0,0688 W/(mK)	15,55 m
	023 Außenwandecke	-0,0869 W/(mK)	12,80 m
	024 Außenwandecke - Laibung	-0,0697 W/(mK)	3,80 m
	025 Außenwandecke - Versprung	-0,0316 W/(mK)	3,00 m

9 Projektbeispiel

Vorschau	Beschreibung	Wert	Länge
	026 Fenstersturz EG	-0,0205 W/(mK)	2,50 m
	118 Fundament	-0,0035 W/(mK)	30,90 m
	119 Fundament - Fenster bodentief	-0,1904 W/(mK)	6,00 m
	120 Fundament - Hauseingangstür	-0,1003 W/(mK)	1,50 m
	027 Innenwand(15 cm) Bodenplatte	0,0394 W/(mK)	14,00 m
	028 Innenwand(11,5 cm) Bodenplatte	0,0338 W/(mK)	6,60 m

Umfassungsfläche 428,10 m²

Wärmebrückenzuschlag ΔU_{WB} 0,0030 W/(m²K)

9.5 Berechnung der Bauteillängen

Pos.	Berechnungsansätze	Gesamt
001	8,90	8,90 m
002	0,645+0,655	1,30 m
003	1,50+1,50	3,00 m
004	1,90+3,50	5,40 m
005	1,50+1,50+0,50	3,50 m
006	1,50+1,50+0,50	3,50 m
007	4*2,00	8,00 m
008	4*1,50+1,00	7,00 m
009	2*7,50+2*5,10	25,20 m
010	4*1.50	6,00 m
011	8,90-3.00	5,90 m
012	1,00	1,00 m
013	0,50+1,50+1,50	3,50 m
014	1,35+2,40+4*1,35+4*1,13+4*1,35+2*0,50+2*1,13 +4*2.40+2*1,13+4*2,40	43,79 m
015	1,50+2*0,50+0,50+1,50+2*1,50+0.50	8,00 m
016	1,50+3,00	4,50 m
017	0,455+0,455+0,30+0,30+0,20	1,71 m
021	0,455+0,455+0,30+0,30+0,20	1,71 m
022	0,75+1,90+1,00+1,40+0,40+1,40+0,645+0,655	15,55 m
023	2*4,50+3.80+10,40-3,00	12,80 m
024	3.80	3,80 m
025	3.00	3,00 m
026	1,50+2*0,50	2,50 m
027	2*5.50+3.00	14,00 m
028	3,30+3,30	6,60 m
118	4,10+2*0,50+4,40+8.90+1,30+1,80+3,70+1,50+3,00 +1,20	30,90 m
119	2*1,50+2*1,50	6,00 m
120	1,50	1,50 m

9.6 Detaillierter Ausdruck ausgewählter Wärmebrücken

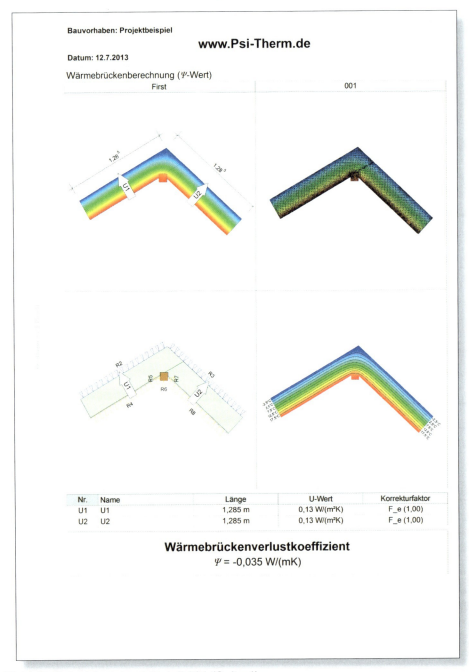

Bild 142: Beispielausdruck Detail 001 (Seite 1)

9.6 Detaillierter Ausdruck ausgewählter Wärmebrücken

Bauvorhaben: Projektbeispiel

www.Psi-Therm.de

Datum: 12.7.2013

Materiallegende:

Name	Lambda
Mineralische und pflanzliche Faserdämmstoffe (WLG 035)	0,035 W/(mK)
Fichte, Tanne, Kiefer	0,130 W/(mK)
Gipskarton nach DIN 18180	0,250 W/(mK)

Randbedingungen und Wärmeströme:

Nr	Temp	Rsi/Rse	Länge	Wärmestrom
R 2	-5,00 °C	0,10	1,28 m	-3,748 W/m
R 3	-5,00 °C	0,10	1,28 m	-3,747 W/m
R 4	20,00 °C	0,10	1,02 m	3,474 W/m
R 5	20,00 °C	0,10	0,05 m	0,175 W/m
R 6	20,00 °C	0,10	0,10 m	0,203 W/m
R 7	20,00 °C	0,10	0,04 m	0,148 W/m
R 8	20,00 °C	0,10	1,02 m	3,495 W/m

Berechnung des thermischen Leitwertes L2D für 2 Temperatur-Randbedingungen

Leitwert L2D	+0,29983 W/mK
Psi-Wert	-0,03487 W/mK

Bild 143: Beispielausdruck Detail 001 (Seite 2)

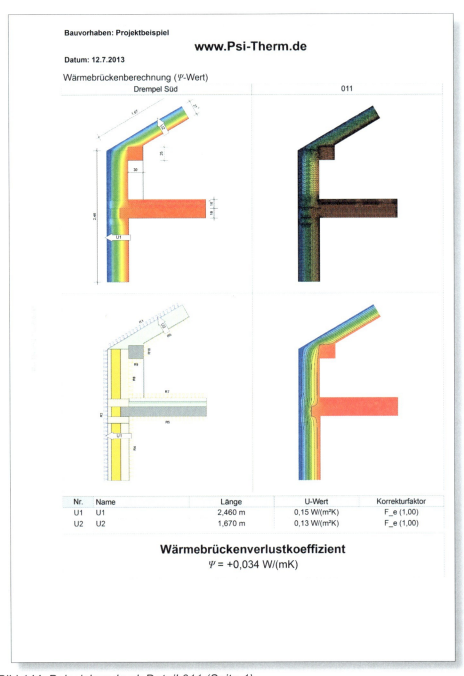

Bild 144: Beispielausdruck Detail 011 (Seite 1)

9.6 Detaillierter Ausdruck ausgewählter Wärmebrücken

Bauvorhaben: Projektbeispiel

www.Psi-Therm.de

Datum: 12.7.2013

Materiallegende:

Name	Lambda
Ytong Planblock PPW 2/0,35 - 0,09	0,090 W/(mK)
Ytong Multipor Mineraldämmplatte WI	0,045 W/(mK)
Normalbeton (2400)	2,100 W/(mK)
Gipskarton nach DIN 18180	0,250 W/(mK)
Leichtputz	0,360 W/(mK)
Mineralische und pflanzliche Faserdämmstoffe (WLG 035)	0,035 W/(mK)
Leichtputz = 700	0,210 W/(mK)
Mineralische und pflanzliche Faserdämmstoffe (WLG 040)	0,040 W/(mK)
Zement-Estrich	1,400 W/(mK)
Gipsputz ohne Zuschlag	0,510 W/(mK)

Randbedingungen und Wärmeströme:

Nr	Temp	Rsi/Rse	Länge	Wärmestrom
R 2	-5,00 °C	0,04	2,46 m	-10,046 W/m
R 3	-5,00 °C	0,10	1,67 m	-5,473 W/m
R 4	20,00 °C	0,13	1,20 m	4,492 W/m
R 5	20,00 °C	0,13	1,49 m	1,987 W/m
R 6	20,00 °C	0,10	1,01 m	3,298 W/m
R 7	20,00 °C	0,13	1,50 m	0,369 W/m
R 8	20,00 °C	0,13	0,73 m	2,926 W/m
R 9	20,00 °C	0,13	0,30 m	1,388 W/m
R 10	20,00 °C	0,13	0,28 m	1,058 W/m

Berechnung des thermischen Leitwertes L2D für 2 Temperatur-Randbedingungen

Leitwert L2D	+0,62075 W/mK
Psi-Wert	+0,03399 W/mK

Bild 145: Beispielausdruck Detail 011 (Seite 2)

9 Projektbeispiel

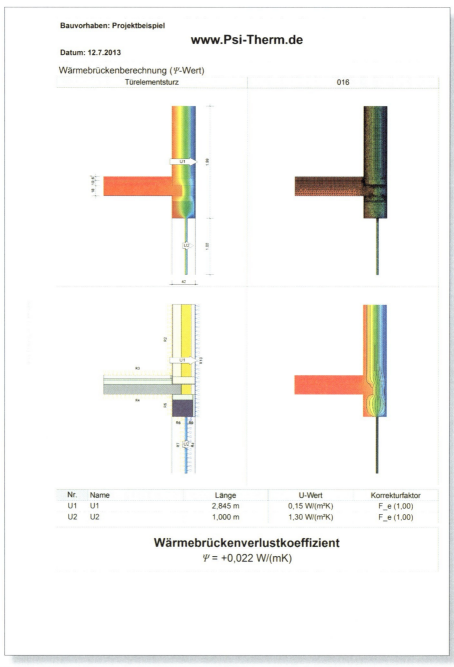

Bild 146: Beispielausdruck Detail 016 (Seite 1)

9.6 Detaillierter Ausdruck ausgewählter Wärmebrücken

Bauvorhaben: Projektbeispiel

www.Psi-Therm.de

Datum: 12.7.2013

Materiallegende:

Name	Lambda
Normalbeton (2400)	2,100 W/(mK)
Gipsputz ohne Zuschlag	0,510 W/(mK)
Normalmörtel	1,000 W/(mK)
Ytong Planblock PPW 2/0,35 - 0,09	0,090 W/(mK)
Ytong Multipor Mineraldämmplatte WI	0,045 W/(mK)
Leichtputz_700	0,250 W/(mK)
Polystyrol-Extruderschaum (WLG 035)	0,035 W/(mK)
Polystyrol-Extruderschaum (WLG 040)	0,040 W/(mK)
Zement-Estrich	1,400 W/(mK)
Mineralische und pflanzliche Faserdämmstoffe (WLG 035)	0,035 W/(mK)
ROKA NEOLINE Usb=0.38 W/m2k (d=36.5cm)	0,139 W/(mK)
Polystyrol-Extruderschaum (WLG 030)	0,030 W/(mK)
Mineralische und pflanzliche Faserdämmstoffe (WLG 040)	0,040 W/(mK)
Fensterrahmen Uf=1,3 [W/mk] (d=4cm)	0,067 W/(mK)

Randbedingungen und Wärmeströme:

Nr	Temp	Rsi/Rse	Länge	Wärmestrom
R 2	20,00 °C	0,13	1,25 m	4,740 W/m
R 3	20,00 °C	0,13	1,25 m	0,322 W/m
R 4	20,00 °C	0,13	1,25 m	2,264 W/m
R 5	20,00 °C	0,13	0,40 m	1,615 W/m
R 6	20,00 °C	0,13	0,23 m	2,245 W/m
R 7	20,00 °C	0,13	1,00 m	32,626 W/m
R 8	-5,00 °C	0,04	1,00 m	-32,684 W/m
R 9	-5,00 °C	0,04	0,15 m	-2,203 W/m
R 10	-5,00 °C	0,04	1,99 m	-8,926 W/m

Berechnung des thermischen Leitwertes L2D für 2 Temperatur-Randbedingungen

Leitwert L2D	+1,75248 W/mK
Psi-Wert	+0,02245 W/mK

Bild 147: Beispielausdruck Detail 016 (Seite 2)

9 Projektbeispiel

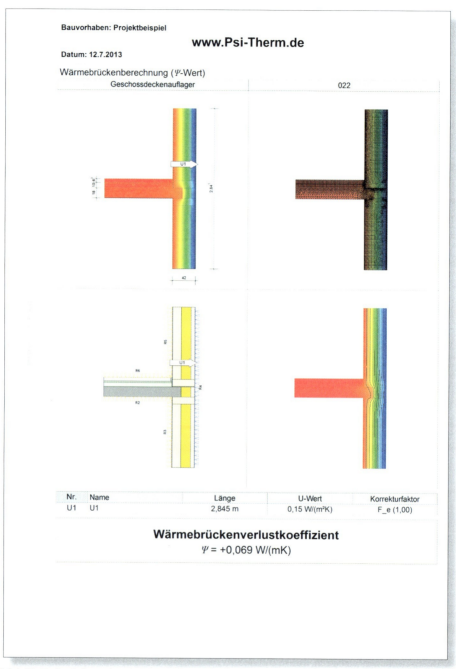

Bild 148: Beispielausdruck Detail 022 (Seite 1)

9.6 Detaillierter Ausdruck ausgewählter Wärmebrücken

Bauvorhaben: Projektbeispiel

www.Psi-Therm.de

Datum: 12.7.2013

Materiallegende:

Name	Lambda
Normalbeton (2400)	2,100 W/(mK)
Gipsputz ohne Zuschlag	0,510 W/(mK)
Ytong Planblock PPW 2/0,35 - 0,09	0,090 W/(mK)
Normalmörtel	1,000 W/(mK)
Ytong Multipor Mineraldämmplatte WI	0,045 W/(mK)
Leichtputz_700	0,250 W/(mK)
Polystyrol-Extruderschaum (WLG 035)	0,035 W/(mK)
Polystyrol-Extruderschaum (WLG 040)	0,040 W/(mK)
Zement-Estrich	1,400 W/(mK)

Randbedingungen und Wärmeströme:

Nr	Temp	Rsi/Rse	Länge	Wärmestrom
R 2	20,00 °C	0,13	1,25 m	2,514 W/m
R 3	20,00 °C	0,13	1,25 m	4,767 W/m
R 4	-5,00 °C	0,04	2,85 m	-12,377 W/m
R 5	20,00 °C	0,13	1,25 m	4,752 W/m
R 6	20,00 °C	0,13	1,25 m	0,344 W/m

Berechnung des thermischen Leitwertes L2D für 2 Temperatur-Randbedingungen

Leitwert L2D	+0,49507 W/mK
Psi-Wert	+0,06879 W/mK

Bild 149: Beispielausdruck Detail 022 (Seite 2)

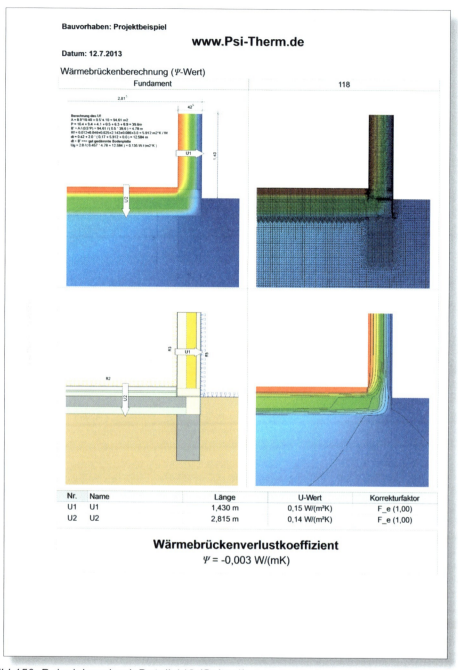

Bild 150: Beispielausdruck Detail 118 (Seite 1)

9.6 Detaillierter Ausdruck ausgewählter Wärmebrücken

Bauvorhaben: Projektbeispiel

www.Psi-Therm.de

Datum: 12.7.2013

Materiallegende:

Name	Lambda
Normalbeton (2400)	2,100 W/(mK)
Polystyrol-Extruderschaum als Perimeterdämmung (WLG 040)	0,040 W/(mK)
Ytong Planblock PPW 2/0,35 - 0,09	0,090 W/(mK)
Normalmörtel	1,000 W/(mK)
Ytong Multipor Mineraldämmplatte WI	0,045 W/(mK)
Polystyrol-Extruderschaum (WLG 035)	0,035 W/(mK)
Zement-Estrich	1,400 W/(mK)
Fliesen	1,300 W/(mK)
Gipsputz ohne Zuschlag	0,510 W/(mK)
Leichtputz_700	0,250 W/(mK)
Böden (naturfeucht): Bindiger Boden	2,000 W/(mK)

Randbedingungen und Wärmeströme:

Nr	Temp	Rsi/Rse	Länge	Wärmestrom
R 2	20,00 °C	0,17	2,39 m	9,541 W/m
R 3	20,00 °C	0,13	1,25 m	5,220 W/m
R 4	-5,00 °C	0,04	11,95 m	-9,090 W/m
R 5	-5,00 °C	0,04	1,43 m	-5,672 W/m

Berechnung des thermischen Leitwertes L2D für 2 Temperatur-Randbedingungen

Leitwert L2D	+0,59044 W/mK
Psi-Wert	-0,00346 W/mK

Bild 151: Beispielausdruck Detail 118 (Seite 2)

10 Randbedingungen für die Berechnung

10.1 Allgemeines

Auf den folgenden Seiten werden die häufig anzuwendenden Randbedingungen für die Berechnung der Oberflächentemperaturen und der Ψ-Werte zusammengestellt. Auf dieser Grundlage kann für das nachzuweisende Detail die Modellierung und Schnittführung vorgenommen werden. Die Randbedingungen sind alle aus den beiden maßgebenden Normen – DIN EN ISO 10211[2008] und Beiblatt 2 zur DIN 4108 [2006] – entnommen.

In den nachfolgenden Randbedingungen zur Berechnung der Oberflächentemperatur wird ein innerer Wärmeübergangswiderstand von 0,25 (m²K)/W für die Oberfläche von Fenstern und Rahmen vorgeschlagen. Diese Annahme steht im Widerspruch zum Beiblatt 2 der DIN 4108-2 [2006] und der DIN EN ISO 10211/13788 [2008], die einheitlich einen R_{si} von 0,13 (m²K)/W für die Verglasung und den Rahmen verwenden. Die Annahme in den europäischen Normen ist darin begründet, dass eine kleine Menge an Tauwasser auf Fensterscheiben und Rahmen vorübergehend akzeptiert werden kann. Diese Menge darf allerdings nicht in die angrenzenden Bauteile abfließen, sofern diese als feuchteempfindlich anzusehen sind.

Obgleich es bei der Berechnung der Oberflächentemperatur zur Vermeidung von Schimmelpilzbildung nicht um Tauwasser geht, hat auch das Beiblatt 2 zur DIN 4108 [2006] für die Berechnung der geforderten Mindesttemperatur an der Oberfläche von Fenster- und Rahmenflächen einen geringeren R_{si} zugelassen.

Die neue Ausgabe der DIN 4108-2 [2013] enthält für den inneren Wärmeübergangswiderstand keine Unterscheidung mehr zwischen den Fenstern/Rahmen und den sonstigen inneren Oberflächen. Nach Abschnitt 6.3 dieser Norm ist immer ein R_{si} von 0,25 (m²K)/W zu verwenden. Für den Nachweis der Oberflächentemperatur auf den Fenstern/Rahmen ist diese Annahme ohne Belang, da direkt auf der Oberfläche auch geringere Temperaturen auftreten dürfen als 12,6 °C. Für die angrenzenden Bauteile können die unterschiedlichen Übergangswiderstände aber sehr wohl bemessungsrelevant sein, denn sobald ein geringerer Übergangswiderstand angenommen wird, ist die Oberfläche des Fensters/Rahmens wärmer und die Querleitung in angrenzende Bauteile führt hier unter Umständen zur Erhöhung der Oberflächentemperaturen.

Auf der sicheren Seite liegt der Planer demnach immer dann, wenn für die Berechnung der kritischen Oberflächentemperatur auch für die Fenster und Rahmen ein Übergangswiderstand von 0,25 (m²k)/W verwendet wird. Aus diesem Grunde wird in den nachfolgend aufgeführten Randbedingungen grundsätzlich der höhere Übergangswiderstand verwendet.

Alle nachfolgenden Details sind vor allem als Darstellung der Randbedingungen angelegt und beinhalten demnach auch keine Maßnahmen zur Minderung der Wärmebrückeneffekte.

10.2 Übersicht

Kellergeschoss	Ψ-Wert (Bbl. 2)	Ψ-Wert (10211)	f_{RSI}-Wert (Bbl. 2)
- Bodenplatte innengedämmt, geringe oder keine Erdanschüttung	1.1	1.2	1.3
- Bodenplatte außengedämmt, geringe oder keine Erdanschüttung	1.4	1.5	1.6
- Bodenplatte innengedämmt, Erdanschüttung > 1m	1.7	1.8	1.9
- Bodenplatte außengedämmt, Erdanschüttung > 1m	1.10	1.11	1.12
Bodenplatte auf Erdreich			
- innengedämmt	2.1	2.2	2.3
- außengedämmt	2.4	2.5	2.6
Kellerdecke			
- innengedämmt, unbeheizter Keller		3.1	3.2
- außengedämmt, unbeheizter Keller		3.3	3.4
- innengedämmt, beheizter Keller		3.5	3.6
Terrassentür			
- innengedämmt, unbeheizter Keller		4.1	4.2
- außengedämmt, unbeheizter Keller		4.3	4.4
- innengedämmt, beheizter Keller		4.5	4.6
Fensterbrüstung			
		5.1	5.2
Fensterlaibung			
		6.1	6.2
Fenstersturz			
		7.1	7.2
Rollladenkasten			
		8.1	8.2
Geschossdecke			
		9.1	9.2
Balkonplatte			
		10.1	10.2
Pfettendach			
- unbeheizter Dachraum		11.1	11.2
- beheizter Dachraum		11.3	11.4
Sparrendach			
- unbeheizter Dachraum		12.1	12.2
- beheizter Dachraum		12.3	12.4
Flachdach			
		13.1	13.2
Ortgang			
		14.1	14.2
Innenwand			
- Sohle, beheizter Keller		15.1	
- Sohle, beheizter Keller, Gebäudetrennwand		15.2	

10 Randbedingungen für die Berechnung

1.1	KG, Bodenplatte innengedämmt, geringe oder keine Erdanschüttung
	Berechnungsart: Ψ-Wert Berechnung nach Beiblatt 2 zur DIN 4008 [2006]

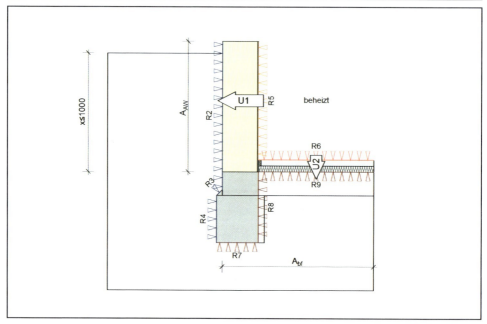

Randbedingungen:

	Grafik	Temperatur [°C]	R_s [(m²K)/W]
R 2-4	▽▽▽▽▽▽	-5	0,04
R 5	▽▽▽▽▽▽	20	0,13
R 6	▽▽▽▽▽▽	20	0,17
R 7-9	▽▽▽▽▽▽	5 [1]	0,00

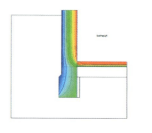

Ungestörte U-Werte:

	Wirkungslänge	Temperatur-Korrekturfaktor
U 1	A_{AW}	1,0
U 2	A_{bf}	0,6 (F_{bf})

Hinweise:

[1] Temperatur gilt nur bei einem F_{bf} = 0,60, für andere F_{bf} siehe z.B. Tabelle 8.

Allgemeiner Hinweis für alle nachfolgenden Details: Werden keine Schnittebenen in den Zeichnungen ausgewiesen, so gilt grundsätzlich d_{min}.

Für U 2 ist entweder der konstruktive Wert oder der stationäre Wert nach DIN EN ISO 13370 zu verwenden, siehe auch Kapitel 8. **Gilt für alle erdberührten Bauteile.**

10.3 Details

KG, Bodenplatte innengedämmt, geringe oder keine Erdanschüttung	1.2
Berechnungsart: Ψ-Wert Berechnung nach DIN EN ISO 10211 [2008]	

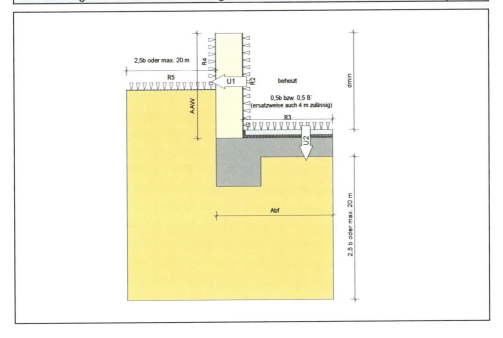

Randbedingungen:

	Grafik	Temperatur [°C]	R_s [(m²K)/W]
R 2	⩔⩔⩔⩔⩔⩔	20	0,13
R 3	⩔⩔⩔⩔⩔⩔	20	0,17
R 4/5	⩔⩔⩔⩔⩔⩔	-5	0,04

Hinweise:

Weitere Hinweise zur Modellierung siehe Kapitel 4 und 8.
Der vertikale Abstand des Erdblockes vom Gebäude darf weiter reduziert werden, wenn beispielsweise ein anderes Gebäude im Abstand < 2,5 b oder 20 m vorhanden ist. In diesem Fall wird die Mitte des Abstandes beider Gebäude als maximale vertikale Ausdehnung des Erdblocks verwendet.

Wird beim Nachweis der Transmissionswärmeverluste der Wandabschnitt hinter der geringen Erdanschüttung separat erfasst, so muss diese Vorgehensweise auch bei der Berechnung des Ψ-Wertes fortgesetzt werden. Dies gilt für alle nachfolgenden Details mit geringer Erdanschüttung und Berechnung nach DIN EN ISO 10211.

10 Randbedingungen für die Berechnung

1.3	KG, Bodenplatte innengedämmt, geringe oder keine Erdanschüttung
	Berechnungsart: f_{RSi}-Wert Berechnung nach Beiblatt 2 zur DIN 4108 [2006]

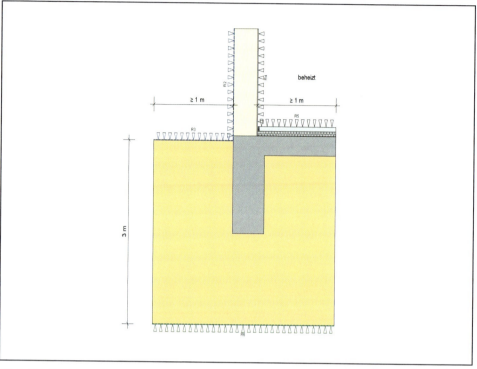

Randbedingungen:

	Grafik	Temperatur [°C]	R_s [(m²K)/W]
R 2-3	▽▽▽▽▽▽	-5	0,04
R 4	▽▽▽▽▽▽	20	0,25
R 5	▽▽▽▽▽▽	20	0,25
R 6	▽▽▽▽▽▽	10	0,00

Hinweise:

DIN EN ISO 10211 hat für den horizontalen Abstand einer vertikalen Ebene innerhalb und außerhalb eines Gebäudes generell das Dreifache der Wanddicke verwendet. Beiblatt 2 benutzt ein Mindestmaß von 1 m.
Beim Nachweis nach DIN EN ISO 10211 kann bei einer geringen Erdanschüttung diese entsprechend der vorgesehenen Ausführung berücksichtigt werden.

10.3 Details

KG, Bodenplatte außengedämmt, geringe oder keine Erdanschüttung	1.4
Berechnungsart: Ψ-Wert Berechnung nach Beiblatt 2 zur DIN 4108 [2006]	

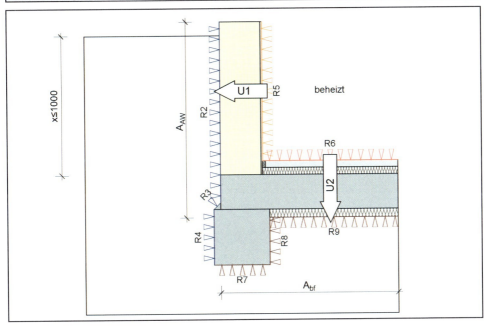

Randbedingungen:

	Grafik	Temperatur [°C]	R_s [(m²K)/W]
R 2-4	▽▽▽▽▽▽	-5	0,04
R 5	▽▽▽▽▽▽	20	0,13
R 6	▽▽▽▽▽▽	20	0,17
R 7-9	▽▽▽▽▽▽	5	0,00

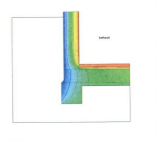

Ungestörte U-Werte:

	Wirkungslänge	Temperatur-Korrekturfaktor
U 1	A_{AW}	1,0
U 2	A_{bf}	0,6 (F_{bf})

Hinweise:

Die Temperatur von 5 °C (R 7-9) resultiert aus der Annahme eines F_{bf} von 0,6. Bei abweichenden Temperaturkorrekturfaktoren ist die Temperatur des Erdreiches unterhalb der Bodenplatte/des Fundaments anzupassen.

10 Randbedingungen für die Berechnung

1.5	KG, Bodenplatte außengedämmt, geringe oder keine Erdanschüttung
	Berechnungsart: Ψ-Wert Berechnung nach DIN EN ISO 10211 [2008]

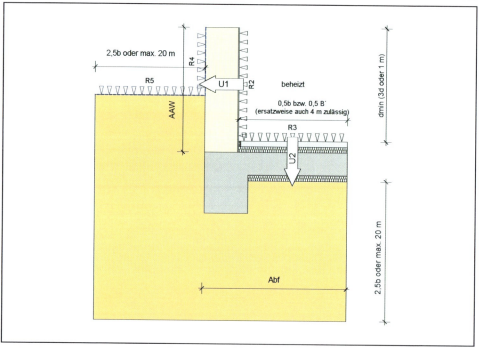

Randbedingungen:

	Grafik	Temperatur [°C]	R_s [(m²K)/W]
R 2	▽▽▽▽▽▽	20	0,13
R 3	▽▽▽▽▽▽	20	0,17
R 4/5	▽▽▽▽▽▽	-5	0,04

Hinweise:

Weitere Hinweise zur Modellierung siehe Kapitel 4 und 8.
Der vertikale Abstand des Erdblockes vom Gebäude darf weiter reduziert werden, wenn beispielsweise ein anderes Gebäude im Abstand < 2,5b oder 20 m vorhanden ist. In diesem Fall wird die Mitte des Abstandes beider Gebäude als maximale vertikale Ausdehnung des Erdblockes verwendet.

10.3 Details

KG, Bodenplatte außengedämmt, geringe oder keine Erdanschüttung	1.6
Berechnungsart: f_{RSI}-Wert Berechnung nach Beiblatt 2 zur DIN 4108 [2006]	

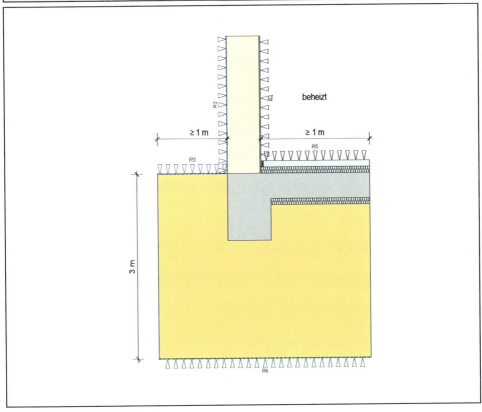

Randbedingungen:

	Grafik	Temperatur [°C]	R_s [(m²K)/W]
R 2/3	▽▽▽▽▽▽▽	-5	0,04
R 4	▽▽▽▽▽▽▽	20	0,25
R 5	▽▽▽▽▽▽▽	20	0,25
R 6	▽▽▽▽▽▽▽	10	0,00

10 Randbedingungen für die Berechnung

1.7	KG, Bodenplatte innengedämmt, Erdanschüttung > 1m
	Berechnungsart: Ψ-Wert Berechnung nach Beiblatt 2 zur DIN 4108 [2006]

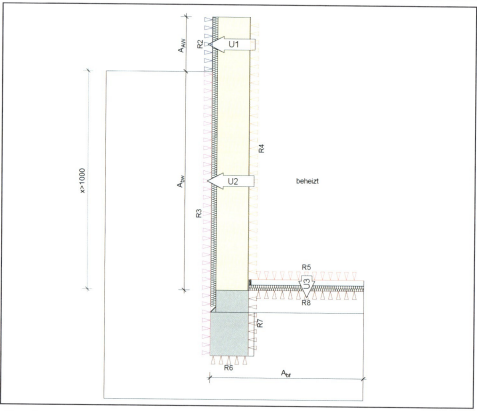

Randbedingungen:

	Grafik	Temperatur [°C]	R_s [(m²K)/W]
R 2	▽▽▽▽▽▽	-5	0,04
R 4	▽▽▽▽▽▽	20	0,13
R 5	▽▽▽▽▽▽	20	0,17
R 3	▽▽▽▽▽▽	5	0,00
R 6-8	▽▽▽▽▽▽	5	0,00

Ungestörte U-Werte:

	Wirkungslänge	Temperatur-Korrekturfaktor
U 1	A_{AW}	1,0
U 2	A_{bw}	0,6 (F_{bw})
U 3	A_{bf}	0,6 (F_{bf})

10.3 Details

KG, Bodenplatte innengedämmt, Erdanschüttung > 1 m	1.8
Berechnungsart: Ψ-Wert Berechnung nach DIN EN ISO 10211 [2008]	

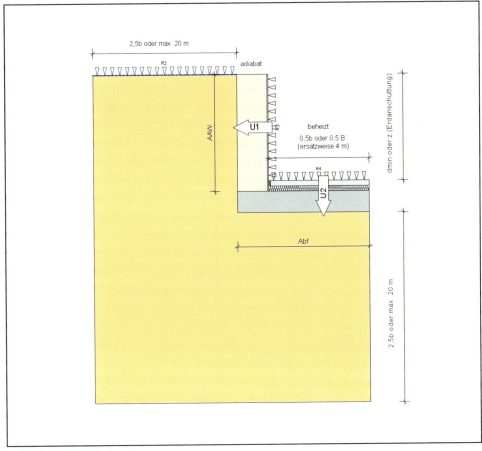

Randbedingungen:

	Grafik	Temperatur [°C]	R_s [(m²K)/W]
R 2	▽▽▽▽▽▽	-5	0,04
R 3	▽▽▽▽▽▽	20	0,13
R 4	▽▽▽▽▽▽	20	0,17

Hinweise:

Wirkungslängen wie unter 1.7. Die Korrekturfaktoren sind wie unter 1.2 beschrieben anzuwenden.

1.9	KG, Bodenplatte innengedämmt, Erdanschüttung > 1 m
	Berechnungsart: f_{RSI}-Wert Berechnung nach Beiblatt 2 zur DIN 4108 [2006]

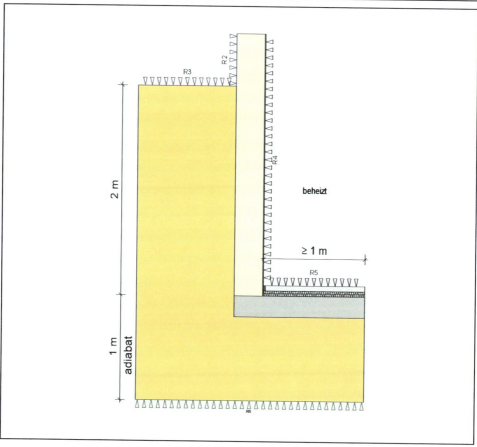

Randbedingungen:

	Grafik	Temperatur [°C]	R_s [(m²K)/W]
R 2/3	▽▽▽▽▽▽	-5	0,04
R 4	▽▽▽▽▽▽	20	0,25
R 5	▽▽▽▽▽▽	20	0,25
R 6	▽▽▽▽▽▽	10	0,00

10.3 Details

KG, Bodenplatte außengedämmt, Erdanschüttung > 1m	1.10
Berechnungsart: Ψ-Wert Berechnung nach Beiblatt 2 zur DIN 4108 [2006]	

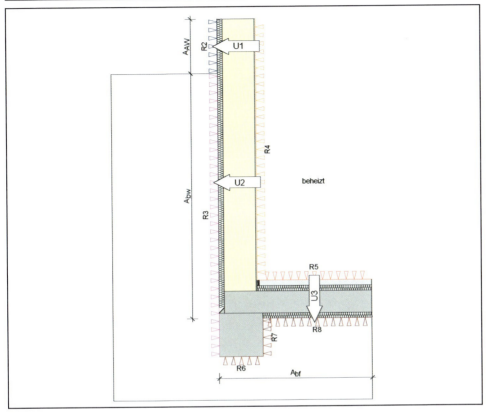

Randbedingungen:

	Grafik	Temperatur [°C]	R_s [(m²K)/W]	
R 2	▽▽▽▽▽▽	-5	0,04	
R 4	▽▽▽▽▽▽	20	0,13	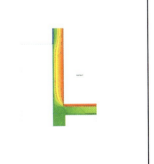
R 5	▽▽▽▽▽▽	20	0,17	
R 3	▽▽▽▽▽▽	5	0,00	
R 6-8	▽▽▽▽▽▽	5	0,00	

Ungestörte U-Werte:

	Wirkungslänge	Temperatur-Korrekturfaktor
U 1	A_{AW}	1,0
U 2	A_{bw}	0,6 (F_{bw})
U 3	A_{bf}	0,6 (F_{bf})

1.11	Keller, Bodenplatte außengedämmt
	Berechnungsart: Ψ-Wert Berechnung nach DIN EN ISO 10211 [2008]

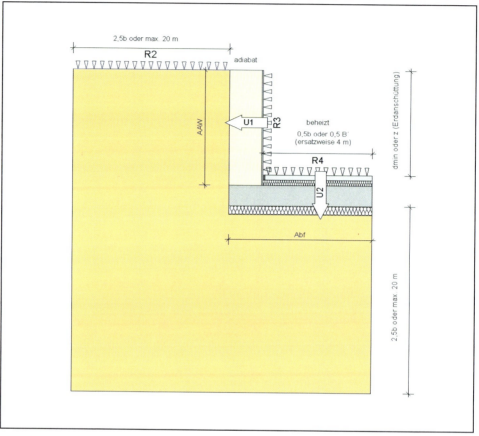

Randbedingungen:

	Grafik	Temperatur [°C]	R_s [(m²K)/W]
R 2	▽▽▽▽▽▽▽	-5	0,04
R 3	▽▽▽▽▽▽▽	20	0,13
R 4	▽▽▽▽▽▽▽	20	0,17

Hinweise:

Weitere Hinweise zur Modellierung sind im Kapitel 4 und 8 enthalten. Ist die Höhe der erdberührten Kellerwand > als die Erdanschüttung, so ist die Randbedingung für den nicht erdberührten Teil wie im Bild 1.8 anzunehmen (-5 °C und R_{se} = 0,04 (m²K/W))

10.3 Details

| KG, Bodenplatte außengedämmt, Erdanschüttung > 1m | 1.12 |
| Berechnungsart: f_{RSI}-Wert Berechnung nach Beiblatt 2 zur DIN 4108 [2006] | |

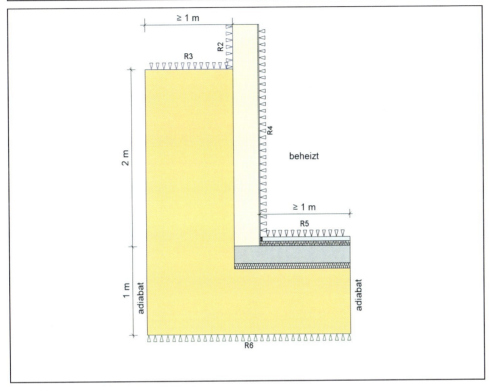

Randbedingungen:

	Grafik	Temperatur [°C]	R_s [(m²K)/W]
R 2/3	▽▽▽▽▽▽▽	-5	0,04
R 4	▽▽▽▽▽▽▽	20	0,25
R 5	▽▽▽▽▽▽▽	20	0,25
R 6	▽▽▽▽▽▽▽	10	0,00

Hinweise:

Beträgt die reale Anschütthöhe weniger als 2 m, so darf beim Nachweis nach Beiblatt 2 zur DIN 4108 trotzdem eine Anschütthöhe von 2 m verwendet werden.

Die Höhe der Wand (R2) ist im Beiblatt 2 zur DIN 4108 nicht festgelegt, da der Einfluss auf die Oberflächentemperatur der Wärmebrücke gering ist. Es wird empfohlen, die Hälfte der noch verbleibenden Wandhöhe bis Unterkante der Kellerdecke zu verwenden.

10 Randbedingungen für die Berechnung

2.1	Bodenplatte auf Erdreich, innengedämmt
	Berechnungsart: Ψ-Wert Berechnung nach Beiblatt 2 zur DIN 4108 [2006]

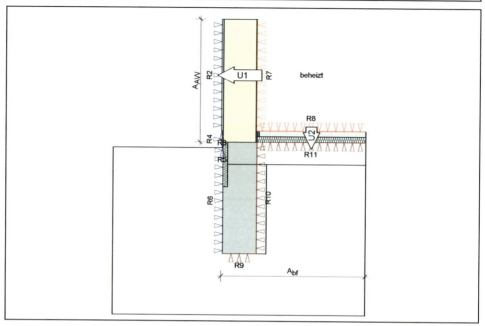

Randbedingungen:

	Grafik	Temperatur [°C]	R_s [(m²K)/W]
R 2-6	▽▽▽▽▽▽▽	-5	0,04
R 7	▽▽▽▽▽▽▽	20	0,13
R 8	▽▽▽▽▽▽▽	20	0,17
R 9-11	▽▽▽▽▽▽▽	5	0,00

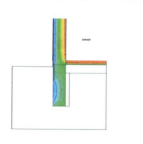

Ungestörte U-Werte:

	Wirkungslänge	Temperatur-Korrekturfaktor
U 1	A_{AW}	1,0
U 2	A_{bf}	0,6 (F_{bf})

10.3 Details

Bodenplatte auf Erdreich, innengedämmt	2.2
Berechnungsart: Ψ-Wert Berechnung nach DIN EN ISO 10211 [2008]	

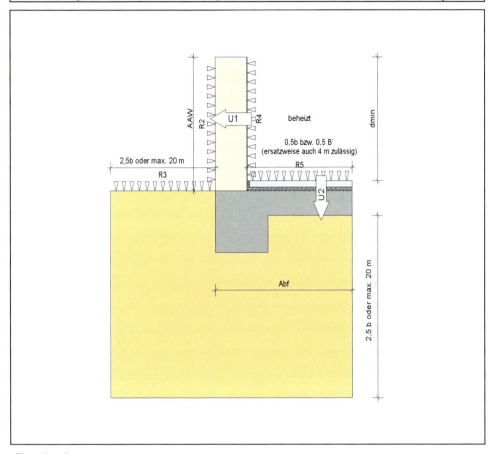

Randbedingungen:

	Grafik	Temperatur [°C]	R_s [(m²K)/W]
R 2-3	▽▽▽▽▽▽	-5	0,04
R 3	▽▽▽▽▽▽	-5	0,04
R 4	▽▽▽▽▽▽	20	0,13
R 5	▽▽▽▽▽▽	20	0,17

Hinweise:

Weitere Hinweise zur Modellierung sind im Kapitel 4 enthalten.

10 Randbedingungen für die Berechnung

2.3	Bodenplatte auf Erdreich, innengedämmt
	Berechnungsart: f_{RSI}-Wert Berechnung nach Beiblatt 2 zur DIN 4108 [2006]

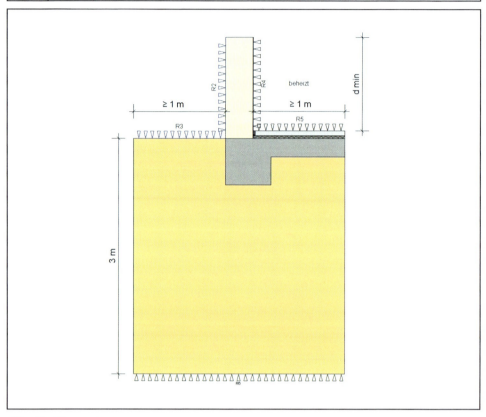

Randbedingungen:

	Grafik	Temperatur [°C]	R_s [(m²K)/W]
R 2/3	▽▽▽▽▽▽	-5	0,04
R 4	▽▽▽▽▽▽	20	0,25
R 5	▽▽▽▽▽▽	20	0,25
R 6	▽▽▽▽▽▽	10	0,00

10.3 Details

Bodenplatte auf Erdreich, außengedämmt	2.4
Berechnungsart: Ψ-Wert Berechnung nach Beiblatt 2 zur DIN 4108 [2006]	

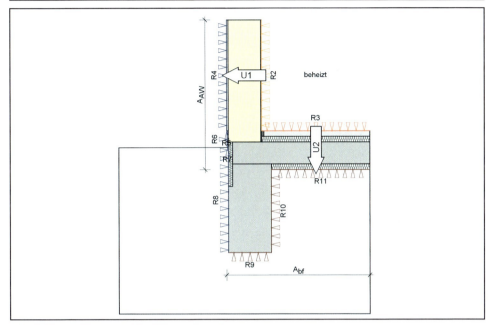

Randbedingungen:

	Grafik	Temperatur [°C]	R_s [(m²K)/W]
R 4-8		-5	0,04
R 2		20	0,13
R 3		20	0,17
R 9-11		5	0,00

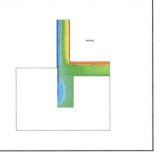

Ungestörte U-Werte:

	Wirkungslänge	Temperatur-Korrekturfaktor
U 1	A_{AW}	1,0
U 2	A_{bf}	0,6 (F_{bf})

10 Randbedingungen für die Berechnung

2.5	Bodenplatte auf Erdreich, außengedämmt
	Berechnungsart: Ψ-Wert Berechnung nach DIN EN ISO 10211 [2008]

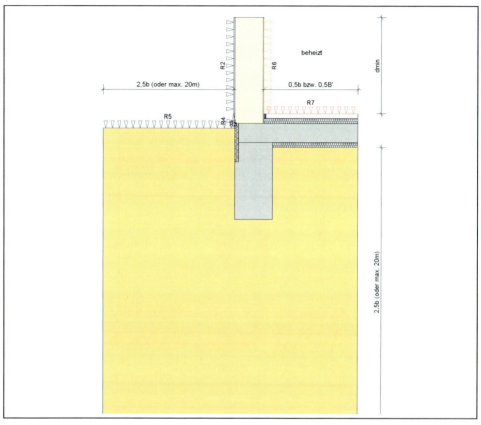

Randbedingungen:

	Grafik	Temperatur [°C]	R_s [(m²K)/W]
R 2-5	▽▽▽▽▽▽▽	-5	0,04
R 6	▽▽▽▽▽▽▽	20	0,13
R 7	▽▽▽▽▽▽▽	20	0,17

Hinweise:
Weitere Hinweise zur Modellierung sind im Kapitel 4 enthalten.

10.3 Details

Bodenplatte auf Erdreich, außengedämmt	2.6
Berechnungsart: f_{RSI}-Wert Berechnung nach Beiblatt 2 zur DIN 4108 [2006]	

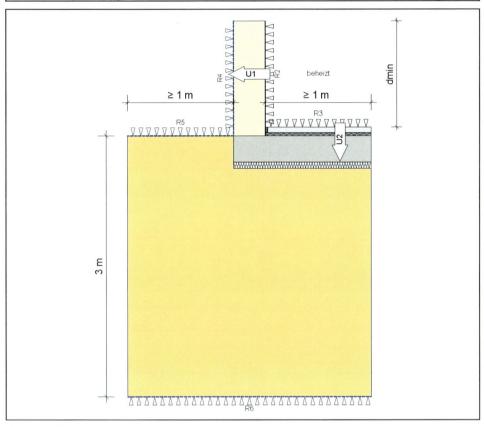

Randbedingungen:

	Grafik	Temperatur [°C]	R_s [(m²K)/W]
R 2/3	▽▽▽▽▽▽	20	0,25
R 4	▽▽▽▽▽▽	-5	0,04
R 5	▽▽▽▽▽▽	-5	0,04
R 6	▽▽▽▽▽▽	10	0,00

10 Randbedingungen für die Berechnung

3.1	Kellerdecke innengedämmt, unbeheizter Keller
	Berechnungsart: Ψ-Wert Berechnung

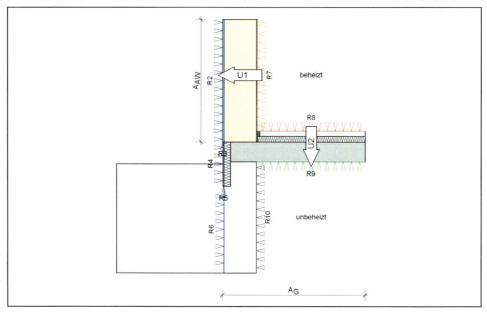

Randbedingungen:

	Grafik	Temperatur [°C]	R_s [(m²K)/W]
R 2-6	▽▽▽▽▽▽	-5	0,04
R 7	▽▽▽▽▽▽	20	0,13
R 8	▽▽▽▽▽▽	20	0,17
R 9	▽▽▽▽▽▽	5	0,17
R 10	▽▽▽▽▽▽	5	0,13

Ungestörte U-Werte:

	Wirkungslänge	Temperatur-Korrekturfaktor
U 1	A_{AW}	1,0
U 2	A_G	0,6 (F_G)

Hinweise:

Keine Unterscheidung zwischen Beiblatt 2 zur DIN 4108 und DIN EN ISO 10211, da in Deutschland im öffentlich-rechtlichen Nachweis nur der zusätzliche Wärmestrom über Wärmebrücken vom beheizten Raum nach außen von Interesse ist. Die Anordnung eines Erdblockes vor der Wand des unbeheizten Kellers beeinflusst diesen Verlustwert nur unwesentlich. Daher kann auch bei Nachweisen nach DIN EN ISO 10211 wie im Beiblatt 2 zur DIN 4108 [2006] beschrieben modelliert werden.

10.3 Details

Kellerdecke innengedämmt, unbeheizter Keller	3.2
Berechnungsart: f_{RSI}-Wert Berechnung	

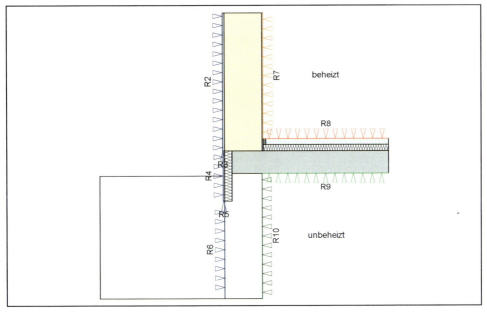

Randbedingungen:

	Grafik	Temperatur [°C]	R_s [(m²K)/W]
R 2-6	▽▽▽▽▽▽	-5	0,04
R 7	▽▽▽▽▽▽	20	0,25
R 8	▽▽▽▽▽▽	20	0,25
R 9	▽▽▽▽▽▽	10	0,17
R 10	▽▽▽▽▽▽	10	0,17

Hinweise:

Bei unbeheizten Tiefgaragen ist für die Berechnung des längenbezogenen Wärmedurchgangskoeffizienten nach Detail 3.1 und für die Berechnung der Oberflächentemperatur nach Detail 3.2 eine Innentemperatur von -5 °C zu verwenden.

Details zum Nachweis der Gleichwertigkeit von Tiefgaragendetails sind bislang noch nicht im Beiblatt 2 zur DIN 4108 [2006] enthalten.

10 Randbedingungen für die Berechnung

3.3	Kellerdecke außengedämmt, unbeheizter Keller
	Berechnungsart: Ψ-Wert Berechnung

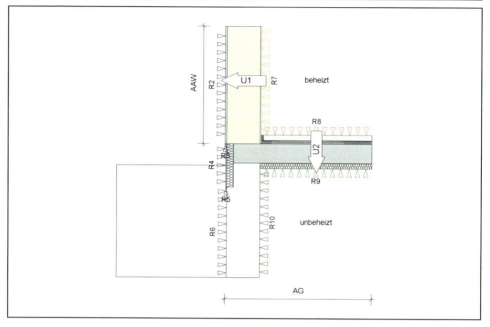

Randbedingungen:

	Grafik	Temperatur [°C]	R_s [(m²K)/W]
R 2-6	▽▽▽▽▽▽	-5	0,04
R 7	▽▽▽▽▽▽	20	0,13
R 8	▽▽▽▽▽▽	20	0,17
R 9	▽▽▽▽▽▽	5	0,17
R 10	▽▽▽▽▽▽	5	0,13

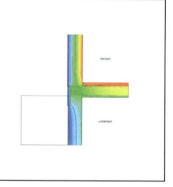

Ungestörte U-Werte:

	Wirkungslänge	Temperatur-Korrekturfaktor
$U\,1$	A_{AW}	1,0
$U\,2$	A_G	0,6 (F_G)

10.3 Details

Kellerdecke außengedämmt, unbeheizter Keller	3.4
Berechnungsart: f_{RSI}-Wert Berechnung	

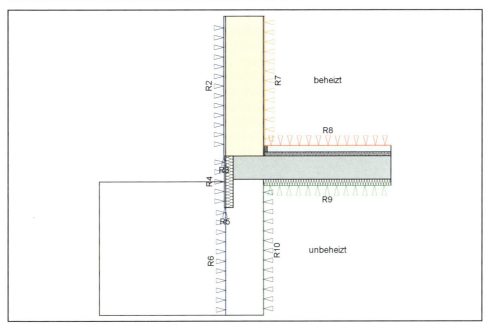

Randbedingungen:

	Grafik	Temperatur [°C]	R_s [(m²K)/W]
R 2-6	▽▽▽▽▽▽	-5	0,04
R 7	▽▽▽▽▽▽	20	0,25
R 8	▽▽▽▽▽▽	20	0,25
R 10	▽▽▽▽▽▽	10	0,17
R 9	▽▽▽▽▽▽	10	0,17

10 Randbedingungen für die Berechnung

3.5	Kellerdecke innengedämmt, beheizter Keller
	Berechnungsart: Ψ-Wert Berechnung

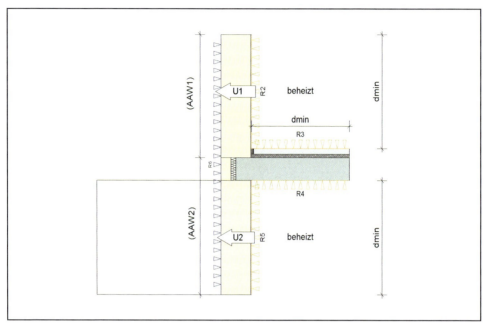

Randbedingungen:

	Grafik	Temperatur [°C]	R_s [(m²K)/W]
R 6	▽▽▽▽▽▽▽	-5	0,04
R 2-5	▽▽▽▽▽▽▽	20	0,13

Ungestörte U-Werte:

	Wirkungslänge	Temperatur-Korrekturfaktor
U 1	A_{AW1}	1,0
U 2	A_{AW2}	1,0

Hinweise:

Alternativ: Verwendung eines Erdblockes vor der Kellerwand beim Nachweis nach DIN EN ISO 10211 mit einem horizontalen Abstand zu einer vertikalen Ebene außerhalb des Gebäudes von 2,5 b oder max. 20 m. Als horizontaler Abstand der vertikalen Schnittkante der Kellerdecken kann d_{min} verwendet werden, da die Kellerdecke kein erdberührtes Bauteil ist.

10.3 Details

Kellerdecke innengedämmt, beheizter Keller	3.6
Berechnungsart: f_{RSI}-Wert Berechnung	

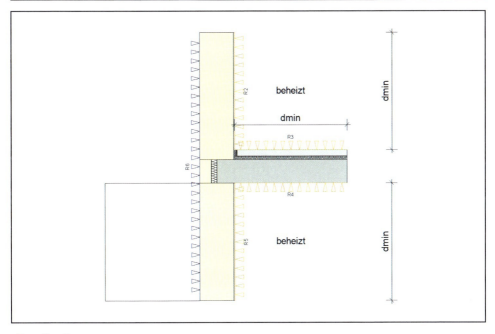

Randbedingungen:

	Grafik	Temperatur [°C]	R_s [(m²K)/W]
R 2-6	▽▽▽▽▽▽	-5	0,04
R 7-10	▽▽▽▽▽▽	20	0,25

10 Randbedingungen für die Berechnung

4.1	Terrassentür innengedämmt, unbeheizter Keller
	Berechnungsart: Ψ-Wert Berechnung

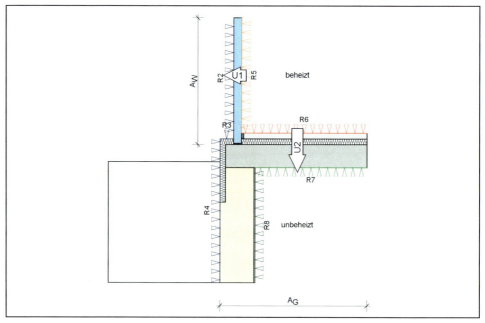

Randbedingungen:

	Grafik	Temperatur [°C]	R_s [(m²K)/W]
R 2-4	▽▽▽▽▽▽	-5	0,04
R 5	▽▽▽▽▽▽	20	0,13
R 6	▽▽▽▽▽▽	20	0,17
R 7	▽▽▽▽▽▽	5	0,17
R 8	▽▽▽▽▽▽	5	0,13

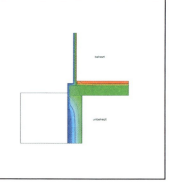

Ungestörte U-Werte:

	Wirkungslänge	Temperatur-Korrekturfaktor
U 1	A_W	1,0
U 2	A_G	0,6 (F_G)

Hinweise:

Siehe Hinweise unter 3.1.

10.3 Details

Terrassentür innengedämmt, unbeheizter Keller	4.2
Berechnungsart: f_{RSI}-Wert Berechnung	

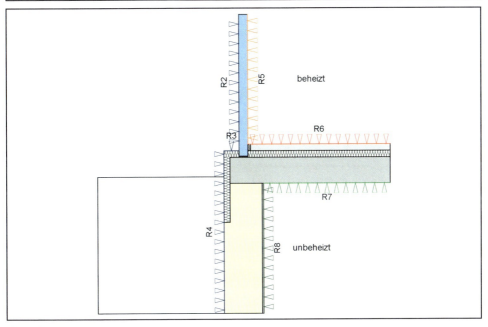

Randbedingungen:

	Grafik	Temperatur [°C]	R_s [(m²K)/W]
R 2-4	▽▽▽▽▽▽	-5	0,04
R 5	▽▽▽▽▽▽	20	0,25
R 6	▽▽▽▽▽▽	20	0,25
R 8	▽▽▽▽▽▽	10	0,17
R 7	▽▽▽▽▽▽	10	0,17

Hinweise:

Begründung für die Verwendung eines R_{si} von 0,25 (m²K)/W auf der Fensteroberfläche siehe allgemeine Vorbemerkungen zu diesem Kapitel. Gilt für alle nachfolgenden Details mit Fensterflächen.

10 Randbedingungen für die Berechnung

4.3	Terrassentür außengedämmt, unbeheizter Keller
	Berechnungsart: Ψ-Wert Berechnung

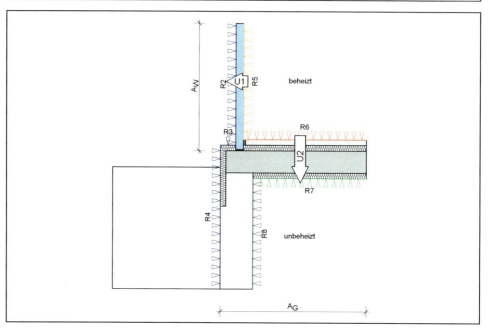

Randbedingungen:

	Grafik	Temperatur [°C]	R_s [(m²K)/W]	
R 2-4	▽▽▽▽▽▽	-5	0,04	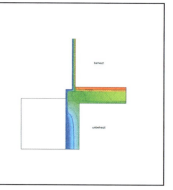
R 5	▽▽▽▽▽▽	20	0,13	
R 6	▽▽▽▽▽▽	20	0,17	
R 7	▽▽▽▽▽▽	5	0,17	
R 8	▽▽▽▽▽▽	5	0,13	

Ungestörte U-Werte:

	Wirkungslänge	Temperatur-Korrekturfaktor
U 1	A_W	1,0
U 2	A_G	0,6 (F_G)

| Terrassentür außengedämmt, unbeheizter Keller | 4.4 |
| Berechnungsart: f_{RSI}-Wert Berechnung | |

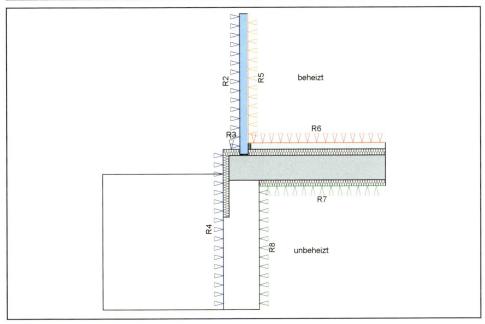

Randbedingungen:

	Grafik	Temperatur [°C]	R_s [(m²K)/W]
R 2-4	▽▽▽▽▽▽▽	-5	0,04
R 5	▽▽▽▽▽▽▽	20	0,25
R 6	▽▽▽▽▽▽▽	20	0,25
R 7	▽▽▽▽▽▽▽	10	0,17
R 8	▽▽▽▽▽▽▽	10	0,17

10 Randbedingungen für die Berechnung

4.5	Terrassentür innengedämmt, beheizter Keller
	Berechnungsart: Ψ-Wert Berechnung

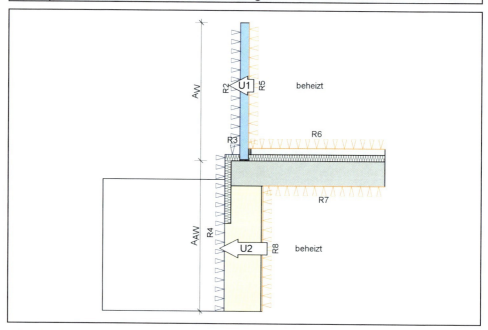

Randbedingungen:

	Grafik	Temperatur [°C]	R_s [(m²K)/W]
R 2-4	▽▽▽▽▽▽▽	-5	0,04
R 5-8	▽▽▽▽▽▽▽	20	0,13

Ungestörte U-Werte:

	Wirkungslänge	Temperatur-Korrekturfaktor
U 1	A_W	1,0
U 2	A_{AW}	1,0

10.3 Details

Terrassentür innengedämmt, beheizter Keller	4.6
Berechnungsart: f_{RSI}-Wert Berechnung	

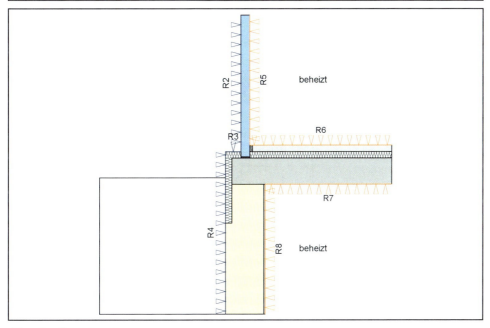

Randbedingungen:

	Grafik	Temperatur [°C]	R_s [(m²K)/W]
R 2-4	▽▽▽▽▽▽	-5	0,04
R 5-8	▽▽▽▽▽▽	20	0,25

10 Randbedingungen für die Berechnung

5.1	Fensterbrüstung
	Berechnungsart: Ψ-Wert Berechnung

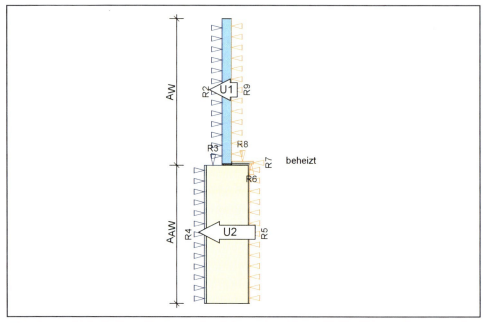

Randbedingungen:

	Grafik	Temperatur [°C]	R_s [(m²K)/W]
R 2-4	▽▽▽▽▽▽	-5	0,04
R 5-9	▽▽▽▽▽▽	20	0,13

Ungestörte U-Werte:

	Wirkungslänge	Temperatur-Korrekturfaktor
U 1	A_W	1,0
U 2	A_{AW}	1,0

10.3 Details

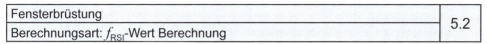

Fensterbrüstung	5.2
Berechnungsart: f_{RSI}-Wert Berechnung	

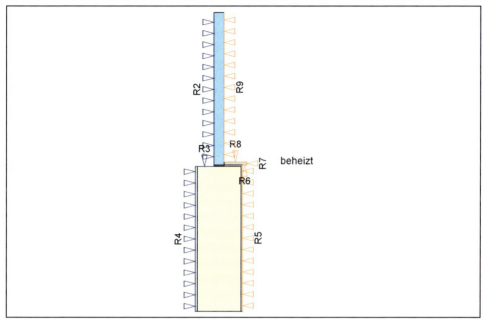

Randbedingungen:

	Grafik	Temperatur [°C]	R_s [(m²K)/W]
R 2-4	▽▽▽▽▽▽	-5	0,04
R 5-9	▽▽▽▽▽▽	20	0,25

10 Randbedingungen für die Berechnung

6.1	Fensterlaibung
	Berechnungsart: Ψ-Wert Berechnung

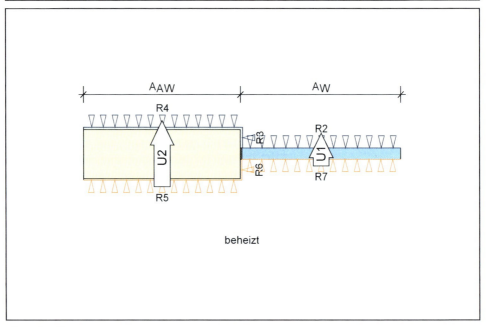

beheizt

Randbedingungen:

	Grafik	Temperatur [°C]	R_s [(m²K)/W]
R 2-4	▽▽▽▽▽▽	-5	0,04
R 5-7	▽▽▽▽▽▽	20	0,13

Ungestörte U-Werte:

	Wirkungslänge	Temperatur-Korrekturfaktor
U 1	A_W	1,0
U 2	A_{AW}	1,0

Fensterlaibung	6.2
Berechnungsart: f_{RSI}-Wert Berechnung	

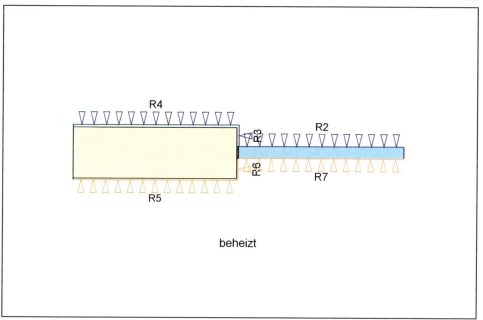

Randbedingungen:

	Grafik	Temperatur [°C]	R_s [(m²K)/W]
R 2-4	▽▽▽▽▽▽▽	-5	0,04
R 5-7	△△△△△△△	20	0,25

10 Randbedingungen für die Berechnung

7.1	Fenstersturz
	Berechnungsart: Ψ-Wert Berechnung

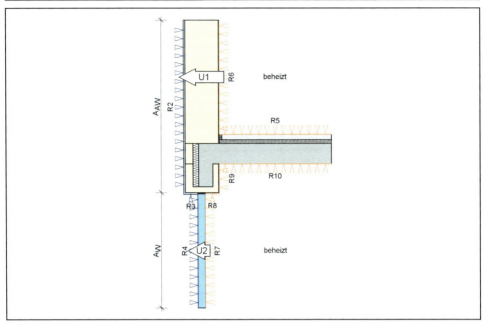

Randbedingungen:

	Grafik	Temperatur [°C]	R_s [(m²K)/W]	
R 2-4	▽▽▽▽▽▽	-5	0,04	
R 5-10	▽▽▽▽▽▽	20	0,13	

Ungestörte U-Werte:

	Wirkungslänge	Temperatur-Korrekturfaktor
U 1	A_{AW}	1,0
U 2	A_W	1,0

10.3 Details

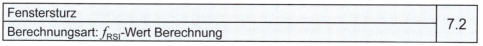

Fenstersturz	7.2
Berechnungsart: f_{RSI}-Wert Berechnung	

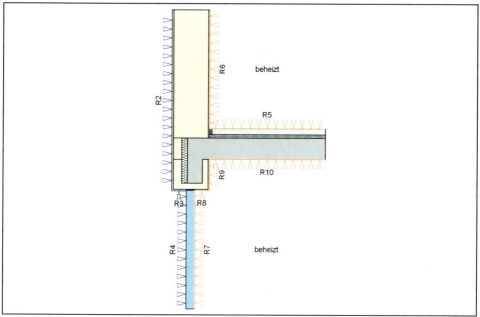

Randbedingungen:

	Grafik	Temperatur [°C]	R_s [(m²K)/W]
R 2-4	▽▽▽▽▽▽▽	-5	0,04
R 5-10	▽▽▽▽▽▽▽	20	0,25

10 Randbedingungen für die Berechnung

8.1	Rollladenkasten
	Berechnungsart: Ψ-Wert Berechnung

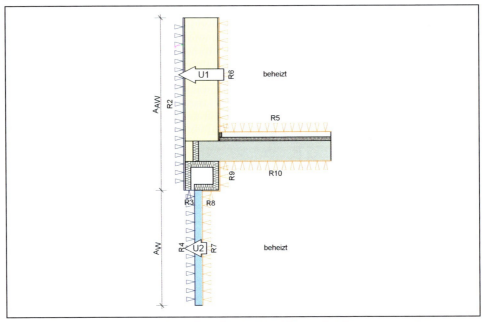

Randbedingungen:

	Grafik	Temperatur [°C]	R_s [(m²K)/W]	
R 2-4	▽▽▽▽▽▽	-5	0,04	
R 5-10	▽▽▽▽▽▽	20	0,13	

Ungestörte U-Werte:

	Wirkungslänge	Temperatur-Korrekturfaktor
U 1	A_W	1,0
U 2	A_{AW}	1,0

Hinweise:

Der Luftraum im Rollladenkasten ist als leicht belüfteter Hohlraum aufzufassen. Daraus wird nach DIN EN ISO 10077-2 [2008] ein Wärmedurchlasswiderstand der Luftschicht oder alternativ deren äquivalente Wärmeleitfähigkeit berechnet . Vereinfachend kann ein Wärmedurchlasswiderstand von 0,18 (m²K)/W verwendet werden.

Nachweis der Gleichwertigkeit nach Beiblatt 2 ist bei monolithischem Mauerwerk immer mit $\lambda_{Mauerwerk}$=0,09 W/(mK) und einer 180 mm Betondecke zu führen.

10.3 Details

Rollladenkasten	8.2
Berechnungsart: f_{RSI}-Wert Berechnung	

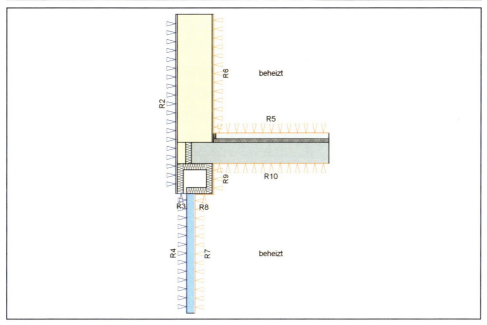

Randbedingungen:

	Grafik	Temperatur [°C]	R_s [(m²K)/W]
R 2-4	▽▽▽▽▽▽	-5	0,04
R 5-10	▽▽▽▽▽▽	20	0,25

217

10 Randbedingungen für die Berechnung

9.1	Geschossdecke
	Berechnungsart: Ψ-Wert Berechnung

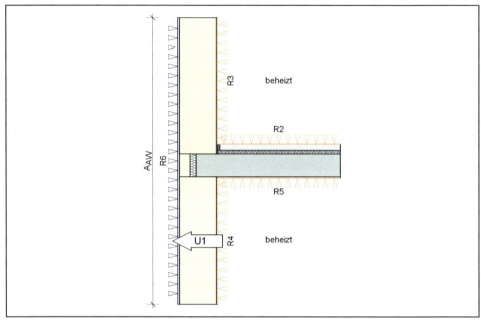

Randbedingungen:

	Grafik	Temperatur [°C]	R_s [(m²K)/W]]
R 6	▽▽▽▽▽▽	-5	0,04
R 2-5	▽▽▽▽▽▽	20	0,13

Ungestörte U-Werte:

	Wirkungslänge	Temperatur-Korrekturfaktor
U 1	A_{AW}	1,0

Geschossdecke	9.2
Berechnungsart: f_{RSI}-Wert Berechnung	

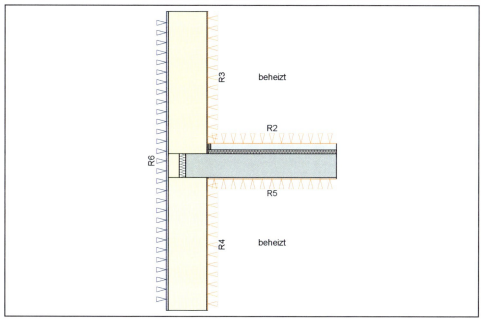

Randbedingungen:

	Grafik	Temperatur [°C]	R_s [(m²K)/W]
R 6	▽▽▽▽▽▽	-5	0,04
R 2-5	▽▽▽▽▽▽	20	0,25
		.	

10 Randbedingungen für die Berechnung

10.1	Balkonplatte
	Berechnungsart: Ψ-Wert Berechnung

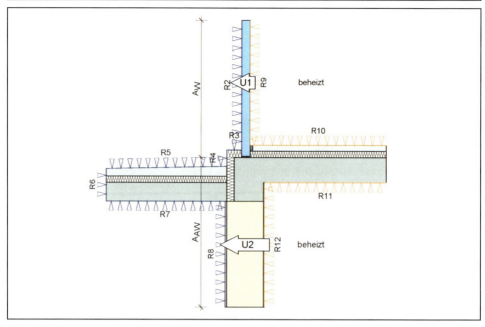

Randbedingungen:

	Grafik	Temperatur [°C]	R_s [(m²K)/W]
R 2-8	▽▽▽▽▽▽	-5	0,04
R 9-12	▽▽▽▽▽▽	20	0,13

Ungestörte U-Werte:

	Wirkungslänge	Temperatur-Korrekturfaktor
U 1	A_W	1,0
U 2	A_{AW}	1,0

Hinweise:

Erfolgt die thermische Trennung mit z.B. Isokörben, so ist für diesen bei der Modellbildung ein homogener Baustoff mit einer äquivalenten Wärmeleitfähigkeit gemäß Herstellerangabe zu verwenden.

Balkonplatte	10.2
Berechnungsart: f_{RSI}-Wert Berechnung	

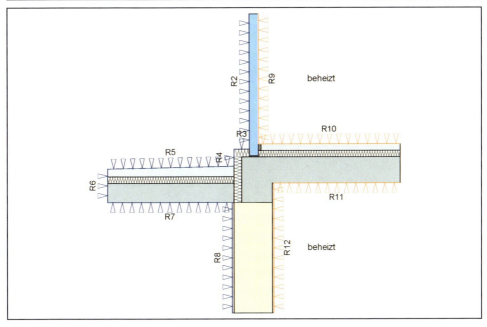

Randbedingungen:

	Grafik	Temperatur [°C]	R_s [(m²K)/W]
R 2-8	▽▽▽▽▽▽	-5	0,04
R 9-12	▽▽▽▽▽▽	20	0,25

Hinweise:

Erfolgt die thermische Trennung mit z.B. Isokörben, so ist für diesen bei der Modellbildung ein homogener Baustoff mit einer äquivalenten Wärmeleitfähigkeit gemäß Herstellerangabe zu verwenden.

10 Randbedingungen für die Berechnung

11.1	Pfettendach, unbeheizter Dachraum
	Berechnungsart: Ψ-Wert Berechnung

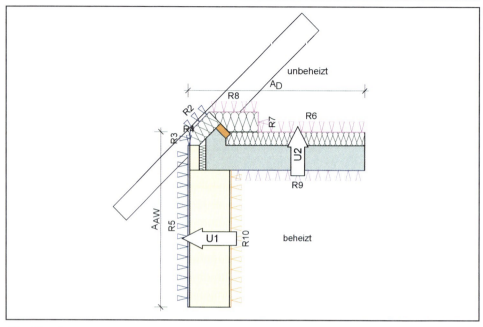

Randbedingungen:

	Grafik	Temperatur [°C]	R_s [(m²K)/W]
R 2-5	▽▽▽▽▽▽	-5	0,04
R 9	▽▽▽▽▽▽	20	0,10
R 10	▽▽▽▽▽▽	20	0,13
R 6-8	▽▽▽▽▽▽	0	0,10

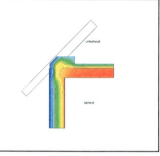

Ungestörte U-Werte:

	Wirkungslänge	Temperatur-Korrekturfaktor
U 1	A_{AW}	1,0
U 2	A_D	0,8 (F_D)

10.3 Details

Pfettendach, unbeheizter Dachraum	11.2
Berechnungsart: f_{RSI}-Wert Berechnung	

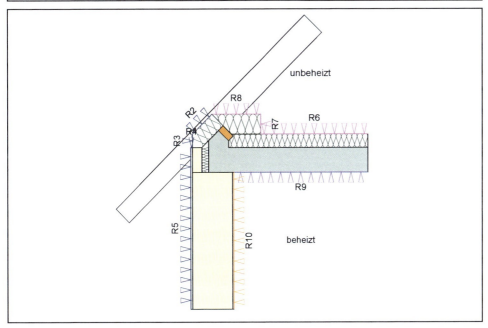

Randbedingungen:

	Grafik	Temperatur [°C]	R_s [(m²K)/W]
R 2-5	▽▽▽▽▽▽	-5	0,04
R 9	▽▽▽▽▽▽	20	0,25
R 10	▽▽▽▽▽▽	20	0,25
R 6-8	▽▽▽▽▽▽	-5	0,10

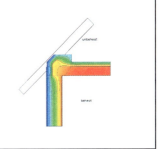

223

11.3	Pfettendach, beheizter Dachraum
	Berechnungsart: Ψ-Wert Berechnung

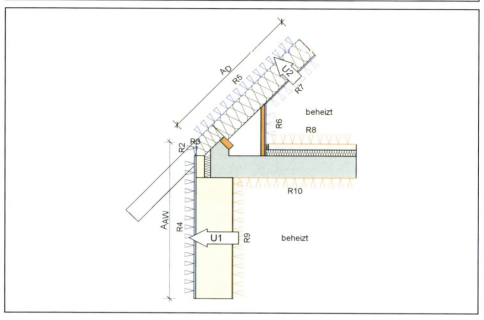

Randbedingungen:

	Grafik	Temperatur [°C]	R_s [(m²K)/W]
R 2-5	▽▽▽▽▽▽	-5	0,04
R 6/9	▽▽▽▽▽▽	20	0,13
R 7	▽▽▽▽▽▽	20	0,10
R 8	▽▽▽▽▽▽	20	0,13
R 10	▽▽▽▽▽▽	20	0,13

Ungestörte U-Werte:

	Wirkungslänge	Temperatur-Korrekturfaktor
U 1	A_{AW}	1,0
U 2	A_D	1,0

Hinweise:

Eine Vereinfachung kann durch Verzicht auf eine Modellierung des Raumes hinter der Abseite erreicht werden.

10.3 Details

Pfettendach, beheizter Dachraum	11.4
Berechnungsart: f_{RSI}-Wert Berechnung	

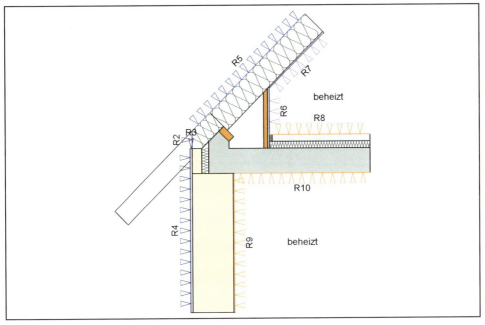

Randbedingungen:

	Grafik	Temperatur [°C]	R_s [(m²K)/W]
R 2-4	▽▽▽▽▽▽▽	-5	0,04
R 5	▽▽▽▽▽▽▽	-5	0,04
R 6-7	▽▽▽▽▽▽▽	20	0,25
R 8-10	▽▽▽▽▽▽▽	20	0,25

Hinweise:

Eine Vereinfachung kann durch Verzicht auf eine Modellierung des Raumes hinter der Abseite erreicht werden.

10 Randbedingungen für die Berechnung

12.1	Sparrendach, unbeheizter Dachraum
	Berechnungsart: Ψ-Wert Berechnung

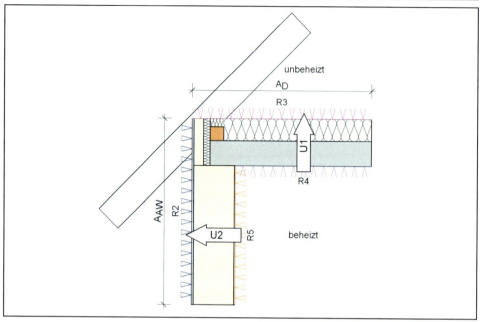

Randbedingungen:

	Grafik	Temperatur [°C]	R_s [(m²K)/W]
R 2	▽▽▽▽▽▽▽	-5	0,04
R 4	▽▽▽▽▽▽▽	20	0,10
R 5	▽▽▽▽▽▽▽	20	0,13
R 3	▽▽▽▽▽▽▽	0	0,10

Ungestörte U-Werte:

	Wirkungslänge	Temperatur-Korrekturfaktor
U 1	A_{AW}	1,0
U 2	A_D	0,8 (F_D)

10.3 Details

Sparrendach, unbeheizter Dachraum	12.2
Berechnungsart: f_{RSI}-Wert Berechnung	

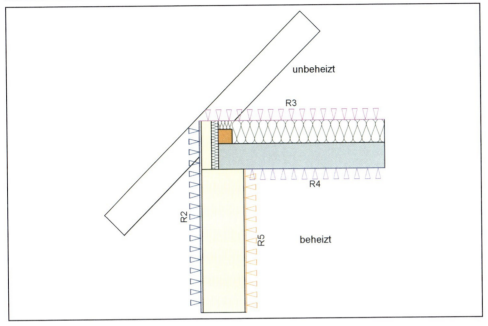

Randbedingungen:

	Grafik	Temperatur [°C]	R_s [(m²K)/W]
R 2	▽▽▽▽▽▽▽	-5	0,04
R 4	▽▽▽▽▽▽▽	20	0,25
R 5	▽▽▽▽▽▽▽	20	0,25
R 3	▽▽▽▽▽▽▽	-5	0,10

10 Randbedingungen für die Berechnung

12.3	Sparrendach, beheizter Dachraum
	Berechnungsart: Ψ-Wert Berechnung

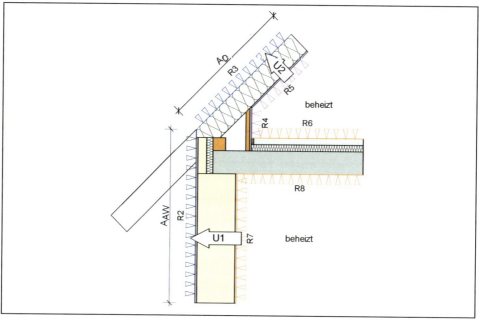

Randbedingungen:

	Grafik	Temperatur [°C]	R_s [(m²K)/W]
R 2-3	▽▽▽▽▽▽▽	-5	0,04
R 4	▽▽▽▽▽▽▽	-5	0,13
R 5	▽▽▽▽▽▽▽	20	0,10
R 6-8	▽▽▽▽▽▽▽	20	0,13

Ungestörte U-Werte:

	Wirkungslänge	Temperatur-Korrekturfaktor
U 1	A_{AW}	1,0
U 2	A_D	1,0

Hinweise:

Eine Vereinfachung kann durch Verzicht auf eine Modellierung des Raumes hinter der Abseite erreicht werden.

10.3 Details

| Sparrendach, beheizter Dachraum | 12.4 |
| Berechnungsart: f_{RSI}-Wert Berechnung | |

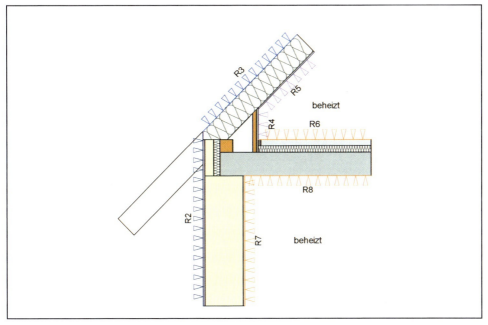

Randbedingungen:

	Grafik	Temperatur [°C]	R_s [(m²K)/W]
R 2	▽▽▽▽▽▽▽	-5	0,04
R 3	▽▽▽▽▽▽▽	-5	0,04
R 4-5	▽▽▽▽▽▽▽	20	0,25
R 6-8	▽▽▽▽▽▽▽	20	0,25

Hinweise:

Eine Vereinfachung kann durch Verzicht auf eine Modellierung des Raumes hinter der Abseite erreicht werden.

10 Randbedingungen für die Berechnung

13.1	Flachdach
	Berechnungsart: Ψ-Wert Berechnung

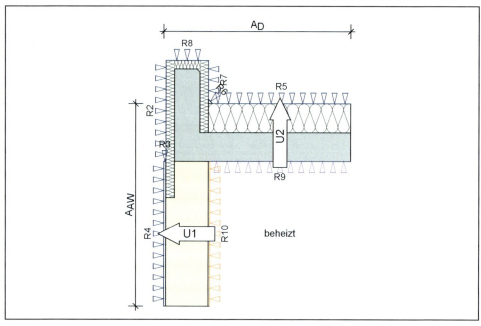

Randbedingungen:

	Grafik	Temperatur [°C]	R_s [(m²K)/W]
R 2-8	▽▽▽▽▽▽	-5	0,04
R 9	▽▽▽▽▽▽	20	0,10
R 10	▽▽▽▽▽▽	20	0,13

Ungestörte U-Werte:

	Wirkungslänge	Temperatur-Korrekturfaktor
U 1	A_{AW}	1,0
U 2	A_D	1,0

10.3 Details

Flachdach	13.2
Berechnungsart: f_{RSI}-Wert Berechnung	

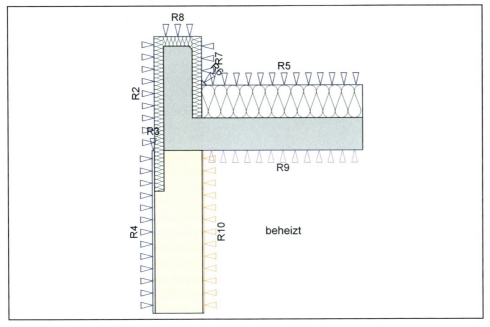

Randbedingungen:

	Grafik	Temperatur [°C]	R_s [(m²K)/W]
R 2-8	▽▽▽▽▽▽▽	-5	0,04
R 9	▽▽▽▽▽▽▽	20	0,25
R 10	▽▽▽▽▽▽▽	20	0,25

14.1	Ortgang
	Berechnungsart: Ψ-Wert Berechnung

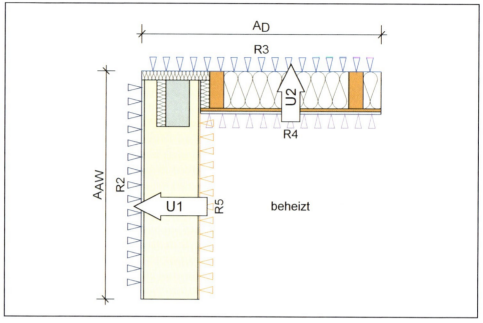

Randbedingungen:

	Grafik	Temperatur [°C]	R_s [(m²K)/W]
R 2	∇∇∇∇∇∇∇	-5	0,04
R 3	∇∇∇∇∇∇∇	-5	0,04
R 4	∇∇∇∇∇∇∇	20	0,10
R 5	∇∇∇∇∇∇∇	20	0,13

Ungestörte U-Werte:

	Wirkungslänge	Temperatur-Korrekturfaktor
U 1	A_{AW}	1,0
U 2	A_D	1,0

Hinweise:

Für den U 2-Wert ist beim Nachweis der Gleichwertigkeit nach Beiblatt 2 zur DIN 4108 [2006] nur der Wert anzuwenden, der sich für das Gefach ergibt. Bei der Berechnung des längenbezogenen Wärmedurchgangskoeffizienten nach DIN EN 10211 [2008] ist der U-Wert für das inhomogene Bauteil nach DIN EN ISO 6946 [2008] zu verwenden. Im letzteren Fall ist in der inhomogenen Konstruktion eine symmetrische Schnittebene vorzusehen.

10.3 Details

Ortgang	14.2
Berechnungsart: f_{RSI}-Wert Berechnung	

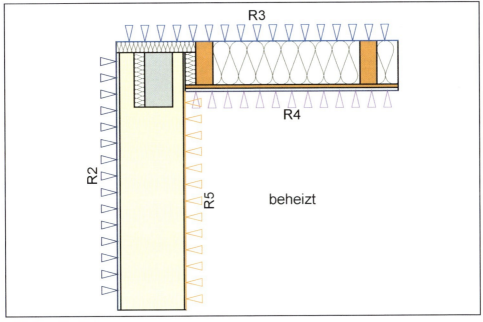

Randbedingungen:

	Grafik	Temperatur [°C]	R_s [(m²K)/W]
R 2	▽▽▽▽▽▽▽	-5	0,04
R 3	▽▽▽▽▽▽▽	-5	0,04
R 4	▽▽▽▽▽▽▽	20	0,25
R 5	▽▽▽▽▽▽▽	20	0,25

Hinweise:

Für den Nachweis der Oberflächentemperatur ist die Konstruktion mit der tatsächlichen Einbaulage der Sparren und dem vorgesehenen Sparrenabstand zu verwenden.

10 Randbedingungen für die Berechnung

15.1	Innenwand, Sohle innengedämmt, beheizter Keller
	Berechnungsart: Ψ-Wert Berechnung

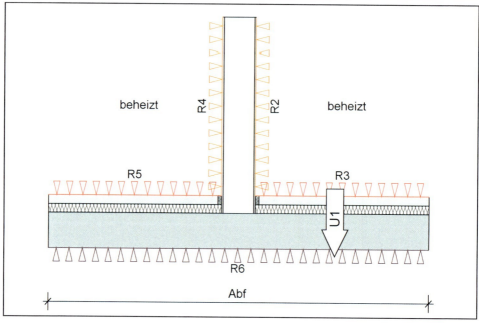

Randbedingungen:

	Grafik	Temperatur [°C]	R_s [(m²K)/W]
R 2/4	▽▽▽▽▽▽▽	20	0,13
R 3/5	▽▽▽▽▽▽▽	20	0,17
R 6	▽▽▽▽▽▽▽	5	0,00

Ungestörte U-Werte:

	Wirkungslänge	Temperatur-Korrekturfaktor
$U\,1$	A_{bf}	0,6

Hinweise:

Weitere Hinweise zur Modellierung sind im Kapitel 4 enthalten.

10.3 Details

Innenwand, Haustrennwand	15.2
Berechnungsart: Ψ-Wert Berechnung	

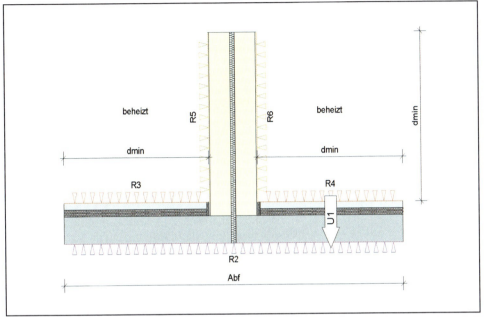

Randbedingungen:

	Grafik	Temperatur [°C]	R_s [(m²K)/W]	
R 2	▽▽▽▽▽▽	5	0,00	
R 3/4	▽▽▽▽▽▽	20	0,17	
R 5/6	▽▽▽▽▽▽	20	0,13	

Ungestörte U-Werte:

	Wirkungslänge	Temperatur-Korrekturfaktor
U 1	A_{bf}	0,6

Hinweise:

Der so ermittelte Ψ-Wert gilt als Zuschlag für die Ermittlung der Transmissionswärmeverluste des gesamten Gebäudes. Sollen die Gebäude einzeln berechnet werden, so kann die Berechnung mit den dargestellten Randbedingungen erfolgen und es werden anschließend die Verluste jeweils zur Hälfte den beiden angrenzenden Gebäuden zugeordnet.

Verzeichnis der verwendeten Normen und Verordnungen

(Ausgabedatum in Klammern)

DIN EN ISO 10211 (2008-04)	Wärmebrücken im Hochbau – Wärmeströme und Oberflächentemperaturen – Detaillierte Berechnungen (ISO 10211:2007); Deutsche Fassung EN ISO 10211:2007
DIN 4108-2 (2013-02)	Wärmeschutz und Energieeinsparung in Gebäuden – Teil 2: Mindestanforderungen an den Wärmeschutz
DIN 4108 Beiblatt 2 (2006-03)	Wärmeschutz und Energie-Einsparung in Gebäuden – Wärmebrücken – Planungs- und Ausführungsbeispiele
DIN EN ISO 10077-1 (2010-05)	Wärmetechnisches Verhalten von Fenstern, Türen und Abschlüssen – Berechnung des Wärmedurchgangskoeffizienten – Teil 1: Allgemeines (ISO 10077-1:2006 + Cor. 1:2009); Deutsche Fassung EN ISO 10077-1:2006 + AC:2009
DIN EN ISO 10077-2 (2012-06)	Wärmetechnisches Verhalten von Fenstern, Türen und Abschlüssen – Berechnung des Wärmedurchgangskoeffizienten – Teil 2: Numerisches Verfahren für Rahmen (ISO 10077-2:2012); Deutsche Fassung EN ISO 10077-2:2012
DIN EN ISO 13370 (2008-04)	Wärmetechnisches Verhalten von Gebäuden – Wärmeübertragung über das Erdreich – Berechnungsverfahren (ISO 13370:2007); Deutsche Fassung EN ISO 13370:2007
DIN EN ISO 13789 (2008-04)	Wärmetechnisches Verhalten von Gebäuden – Spezifischer Transmissions- und Lüftungswärmedurchgangskoeffizient – Berechnungsverfahren (ISO 13789:2007); Deutsche Fassung EN ISO 13789:2007
DIN EN ISO 6946 (2008-04)	Bauteile – Wärmedurchlasswiderstand und Wärmedurchgangskoeffizient – Berechnungsverfahren (ISO 6946:2007); Deutsche Fassung EN ISO 6946:2007
DIN EN ISO 7345 (1996-01)	Wärmeschutz – Physikalische Größen und Definitionen (ISO 7345:1987); Deutsche Fassung EN ISO 7345:1995

Verzeichnis der verwendeten Normen und Verordnungen

DIN EN ISO 10456 (2010-05)	Baustoffe und Bauprodukte – Wärme- und feuchtetechnische Eigenschaften – Tabellierte Bemessungswerte und Verfahren zur Bestimmung der wärmeschutztechnischen Nenn- und Bemessungswerte (ISO 10456:2007 + Cor. 1:2009); Deutsche Fassung EN ISO 10456:2007 + AC:2009
DIN 4108-4 (2013-02)	Wärmeschutz und Energieeinsparung in Gebäuden – Teil 4: Wärme- und feuchtetechnische Bemessungswerte
DIN V 4108-6 (2003-06)	Wärmeschutz und Energie-Einsparung in Gebäuden – Teil 6: Berechnung des Jahresheizwärme- und des Jahresheizenergiebedarfs
DIN V 18599-2 (2011-12)	Energetische Bewertung von Gebäuden – Berechnung des Nutz-, End- und Primärenergiebedarfs für Heizung, Kühlung, Trinkwarmwasser und Beleuchtung – Teil 2: Nutzenergiebedarf für Heizen und Kühlen von Gebäudezonen
DIN EN ISO 13786 (2008-04)	Wärmetechnisches Verhalten von Bauteilen – Dynamisch-thermische Kenngrößen – Berechnungsverfahren (ISO 13786:2007); Deutsche Fassung EN ISO 13786:2007
DIN-Fachbericht 4108-8 (2010-09)	Wärmeschutz und Energie-Einsparung in Gebäuden – Teil 8: Vermeidung von Schimmelwachstum in Wohngebäuden

Literaturverzeichnis

Bogusch, Duzia [2012]	N. Bogusch, Duzia T.; Basiswissen Bauphysik, Grundlagen des Wärme- und Feuchteschutzes, Fraunhofer Verlag, Stuttgart 2012
Blomberg [1996]	Blomberg, Th.: Heat conduction in two and three dimensions, Dissertationsschrift, Department of building physics, Lund University, Sweden, 1996
Cammerer [1995]	Cammerer, W.; Wärme- und Kälteschutz im Bauwesen und in der Industrie. 5. Auflage, Springer-Verlag, Berlin Heidelberg, 1995
Eftring, B. 1990	Eftring, B.: Numerical calculations of thermal processes, the Swedish Council for Building Research. Report R81:1990
Eichler, Pohnert [1975]	Eichler, F.; Pohnert, I.; Bauphysikalische Entwurfslehre, Band 1: Berechnungsgrundlagen des Wärme- und Feuchteschutzes, VEB Verlag für Bauwesen Berlin, 1975
Feist [1999]	Feist, W.: Wärmebrückenfreies Konstruieren, Arbeitskreis kostengünstige Passivhäuser, Protokollband Nr. 16, Passivhausinstitut, Darmstadt 1999
Feist [2004]	Feist, W.: Wärmeverluste durch das Erdreich, Arbeitskreis kostengünstige Passivhäuser, Protokollband Nr. 27, Passivhausinstitut, Darmstadt 1999
Feist [2007]	Wärmebrücken und Tragwerksplanung – die Grenzen des wärmebrückenfreien Konstruierens, Arbeitskreis kostengünstige Passivhäuser, Protokollband Nr. 35, Passivhausinstitut, Darmstadt 2007
Hagentoft [1988]	Hagentoft, C.E,: Hear Loss To the ground from a building, slab on the ground and cellar, Department of building technology, Report TVBH-1001, Lund Institute of Technology, Sweden, 1998
Häupl [2008]	Häupl, P.: Bauphysik, Klima, Wärme, Feuchte, Schall, Verlag Ernst und Sohn, Berlin 2008
Hauser, Stiegel [1990]	Hauser, G.; Stiegel, H.: Wärmebrücken Atlas für den Mauerwerksbaus, Bauverlag, Wiesbaden und Berlin 1990
Hauser [2001]	Wärmebrücken in Bauphysik Kalender 2001, Verlag Ernst und Sohn, Berlin 2001
Heindl et al. [1987]	Heindl, W. et al.: Wärmebrücken, Grundlagen, einfache Formeln, Wärmeverluste, Kondensation, 100 durchgerechnete Baudetails, Springer Verlag Wien und New York, 1987
Hens [2007]	Hens, H.: Building Physics, Heat, Air and Moisture, Verlag Ernst und Sohn Berlin, 2007

Hohmann [2004]	Hohmann et al.: Bauphysikalische Formeln und Tabellen, Woltzers Kluwer, München 2004
Kleber [1969]	Kleber, K.: Praktische Bauphysik unter Berücksichtigung der DIN-Vorschriften, Kohl`s Technischer Verlag, Frankfurt am Main, 1969
Larsson [2005]	Larsson, S., Thomée, V.: Partielle Differentialgleichungen und numerische Methoden, Springer Verlag Berlin, Heidelberg, New York, 2005
Lohmeyer [2001]	Lohmeyer, G.C.O.: Praktische Bauphysik, Eine Einführung mit Berechnungsbeispielen, 4. Auflage, Teubner Verlag Stuttgart, Leipzig, Wiesbaden, 2001
Lutz [2002]	Lutz et al.: Lehrbuch der Bauphysik, Schall, Wärme, Feuchte, Licht, Brand, Klima, 5. Auflage, Teubner Verlag Stuttgart, Leipzig, Wiesbaden, 2002
Mainka, Paschen [1986]	Mainka, G.-W.; Pachen, H.; Wärmebrückenkatalog, Verlag B.G. Teubner Stuttgart, 1986
Müller, Groth [1997]	Günter Müller, Clemens Groth; FEM für Praktiker, die Methode der Finiten Elemente, Expert Verlag Renningen-Malmsheim, 1997
Müller, Groth [2009]	Müller, G.; Groth, C.: FEM für Praktiker, Band 3 Temperaturfelder, Basiswissen und Arbeitsbeispiele, Expert Verlag Renningen-Malmsheim, 2009
Schoch [2009]	Schoch, T.: Mauerwerksbau-Praxis, 2. Auflage, Bauwerk, Berlin 2009
Schoch [2012]	Schoch, T.: Neuer Wärmebrückenkatalog, Beispiele und Erläuterungen nach DIN 4108 Beiblatt 2, 4. Auflage, Bauwerk und Beuth, Berlin 2012
Schoch [2010]	Schoch, T.: EnEV 2009 und DIN V 18599, Wohnbau, Kompaktdarstellung, Kommentar, Praxisbeispiele, 2. Auflage, Bauwerk Verlag Berlin, 2010
Sommerfeld [1992]	Sommerfeld, A.: Partielle Differentialgleichungen der Physik, Verlag Harri Deutsch, Thun, Frankfurt, 1992
Stoffel [1992]	Stoffel, A.: Finite Elemente und Wärmeleitung, Eine Einführung, VCH Verlagsgesellschaft, Weinheim, 1992
Wieland, Heim [1990]	Wieland, H.; Heim, U.: Mehrdimensionale Berechnung von Wärme- und Feuchtigkeitsströmen, Expert Verlag, Ehningen bei Böblingen, 1990
Willems, Schild [2006]	Willems, W.; Schild, K.: 3D-Wärmebrückenkatalog für den Hochbau, Fraunhofer IRB Verlag, Stuttgart 2006
Volland et al. [2012]	Volland, J.: Wärmebrücken, erkennen, optimieren, berechnen, vermeiden, Verlag Rudolf Müller, Köln, 2012

Symbole

3-*D*-Berechnung 129
ΔU_{WB} 68, 113
χ-Wert 130
Ψ-Wert 66, 69, 70, 73, 75, 80, 83, 86, 89, 95, 101, 104, 109, 118, 129, 132, 140, 142, 146, 179 ff.

A

Abstandhalter 87
Adiabatisch 104
Adiabatische Trennlinien 79
Analytische Methode 58
Anfangsbedingung 23
Ansatzfunktion 37, 38, 39
Anschlusslänge 126
Ausbreitungseffekt 51
Ausgleichseffekt 51
Ausrundung 41
Außenecke 111
Außenmaß 92, 104, 133
Außenmaßbezug 92, 96, 114, 118, 133, 140, 146
Außenputz 109
Außentemperatur 76
  monatlich mittlere 76
Außenwandecke 165

B

Balkonplatte 69, 220
Baustelle 155
Beiblatt 2 zur DIN 4108 64
Berechnung der Bauteillängen 167
Berechnungsnetz 32, 33, 37
Betonstütze 62
Bilanz-Innentemperatur 77
Blendrahmen 113
Bodenplatte 76, 93, 95, 96, 98, 99, 100, 103, 137, 161, 180, 181, 182
Bodenplattenlänge 140
Bodenplattenmaß 76, 94, 95, 97, 98, 101, 161
Brüstung 143
Brüstungsdetail 86

D

Dachkonstruktion 161
Dämmung 103
  senkrecht 103
  waagerecht 103
Differenzbildung 32
Differenzialgleichung 23, 24, 25, 26, 31, 36, 37
  elliptische 26
  Linearisierung 26
  partielle 24, 26, 31
Diffusionsmodell 25
DIN 4108-2 65
DIN EN 832 74
DIN EN ISO 10211 64
DIN EN ISO 13370 66
DIN EN ISO 14683 64
DIN-Fachbericht 4108-8 52
DIN V 4108-6 74
DIN V 18599 18, 68, 69, 109, 114, 140, 145, 237, 239
Diskretisierung 32, 36
Diskretisierungsbereich 36
d_{min} 79, 80, 81, 82, 83, 84, 85, 91, 96, 97, 104, 130, 138, 143, 180, 202
Drahtanker 77
Drempel 164
Dübel 77

E

Ecke 136
Ecken 8, 40, 44, 45, 50, 63
Ecktemperatur 43, 50
elektrothermisches Analogon 15
Element 33
Elementgebiet 37
Elementgröße 32
Elementierung 39, 140
Elementränder 39
Elementsteifigkeit 38
Energieeinsparverordnung 65, 74
Energieplushaus 150
EnEV 74, 108, 120, 142, 144, 239
Erdanschüttung 97, 134, 135, 136, 179, 180, 181, 182, 183, 184, 185, 186, 187, 188, 189, 190, 191
Erdberührte Bauteile 77, 93, 94, 103
Erdblock 96, 98, 102, 103, 138
Erdreich 94, 95, 97, 98, 102, 103, 107, 109, 115, 116, 118, 134, 137, 140, 179, 192, 193, 194, 195, 196, 197, 236, 238
Ersatzmodell 42
Erwärmungsfläche 40, 49, 62

F

Faktor 19, 20, 30, 60, 100, 101, 105, 114, 126, 127
  dimensionsloser 43
Fassadenschnitt 143
FEM-Berechnung 39, 43, 48, 72, 146
FEM-Methode 39, 58
Fenster 86, 144
Fensterblock 86, 89, 90, 148, 149
Fensterbrüstung 165, 210
Fensterlaibung 212
Fenstermodellierung 88
Fenstersturz 165, 214
F_G 76, 100, 101, 115, 116, 198, 200, 204, 206
Fick´sches Gesetz 25
Finiten Elemente 36, 37, 39, 54
Finite-Volumen (FVM) 31
Flachdach 230
Flächenreferenzwert 47
Flanken 50

Flankenlänge 143
Flankierendes Bauteil 81
Fluid 12, 13, 14, 26, 28, 30
Formfunktion 38
Fourier 23, 24, 25, 28, 36
f_{RSi} 20, 114, 182
Fundament 136, 166
Fußboden 9, 76, 96, 98, 115
Fußpunkt 100, 154
f-Wert 126
F-Wert 103

G

Gaubendecke 164
Gaubenwand 164
Gauß-Seidel-Methode 39
Gebäudehülle 8, 9, 53, 68, 74, 79, 123
Gefach 161
Gesamtsteifigkeitsmatrix 38
Geschossdecke 218
Gewichtssatz 128
g-Faktor 20
Glas-Rand-Verbund 87, 89
Gleichungslöser 39
Gleichwertigkeit nach Beiblatt 2 108
   Vereinfachungen im Nachweis 121
Gleichwertigkeitsnachweis 78, 112, 114, 116, 140, 142
   Methoden 108
Gradiente 23, 39
   richtungsabhängige 23
Grenzschicht 12, 15, 29
Grenzwert 112

H

Handrechnung 127
Heizperiode 14
H_g 75
Höhenlinien 9
H'_T 74
$H_{T,iu}$ 75
Hüllfläche 150
H_{WB} 78

I

Impuls 15
indirekte Methode 102
Innenmaßbezug 133
Innenputz 119
Innenwand 166, 234
Inneren Wärmequelle 26
Instationäre Berechnung 50
Integration 26, 27
Integrationskonstante 27
Interpolation 37
Inverse Matrix 39
Isokorb 220

Isothermen 9, 10, 11, 12, 13, 49, 53, 54, 82
Isothermenkrümmung 54, 82

K

Kamineffekt 83
Kante 46, 132
Kantenanomalie 48
Kanteneinfluss 49
Kantenregel 46
Kantentemperatur 44, 45, 46, 49, 50, 51, 52, 120, 136
Kapazität 14
Keller 69, 70, 76, 95, 97, 115, 179, 190, 198, 199, 200, 201, 202, 203, 204, 205, 206, 207, 208, 209, 234
Kelleraußenwand 97, 104
Kellerdecke 198
Kerndämmung 111
Knoten 34, 37
Knotentemperatur 37, 38
Konjugierte Gradiente 39
Konvektion 12, 14, 36, 47
Koordinatensystem 23
Kreisbogen-Approximation 93

L

L_{2D} 18, 19, 69, 89, 96, 101, 105, 126, 127, 129, 161
L_{3D} 18, 129, 130, 133
Ladekapazität 14
Laibungsanschluss 155
Lampen 107
Laplace-Gleichung 26, 27, 28, 31
Laplace-Operator 26
Leitfähigkeitsmatrix 38
Leitfähigkeitsverhältnis 55, 56, 57, 58, 59, 60
Leitwert 12, 14, 15, 16, 17, 18, 19, 20, 30, 33, 35, 59, 69, 71, 77, 78, 93, 96, 108, 118, 124, 126, 129, 130
   der flächenbezogene 15
   der thermische 15
Leitwertindex 35
Leitwertmatrix 39, 124, 126
Leitzahl 25. *Siehe* Wärmeleitzahl

M

Massivdecke 68
Matrix 38, 124
Mauerwerk 10
Mindestabstand 80, 82, 83, 84
Mindestwärmeschutz 21, 46, 64, 65, 72, 73
Minimumsprinzip 38
Mitwirkende Länge 126, 148
Modellierung 79, 90, 91, 92, 93, 94, 95, 96, 97, 98, 99
Monolithisches Mauerwerk 88

N

Nabla-Operator 23
Netzdichte 36

Netzgenerierung 37, 39, 58, 82, 86
Normative Grundlagen 64
numerischen Berechnung 58

O

Oberflächentemperatur 33, 40, 42, 43, 44, 45, 41, 52, 53, 57, 58, 59, 91, 126, 145, 178, 180 ff.
Ortgang 164, 232
Ortsableitung 32

P

Pfeildarstellung 10
Pfettendach 222
Photovoltaik 150
Plattenebene 9, 43, 82
Polynom 37, 38
Polynomkoeffizient 37
Proportionalität 36
Proportionalitätsfaktor 12

Q

Quasi linear 22
Quellen 76

R

Rahmen 24, 40, 86, 87, 88, 89, 178, 236
Rahmenanschluss 86
Rahmenanteil 89
Rahmenbreite 87, 88
Randbedingung
 Dirichlet 28, 29
 Neumann 28, 29, 82
 Robin 12, 28, 29, 30
Randbedingung 1. Art 28
Randbedingung 2. Art 29
Randbedingung 3. Art 29
Randbedingungen 5, 7, 11, 12, 13, 14, 15, 19, 20, 21, 23, 25, 28, 29, 31, 33, 34, 43, 46, 52, 56, 58, 63, 64, 65, 66, 69, 70, 72, 74, 76, 91, 100, 103, 107, 204, 205, 206, 207, 208, 209, 210, 211, 212, 213, 214,
Randdämmung 47, 66, 76, 77, 115, 138, 141, 148, 159
Randwertproblem 27, 28
Raum 20
 niedrig beheizt 20
 normal beheizt 20
Regenrinnen 107
Reihenschaltung 16, 17
Relative Luftfeuchte 20, 21, 43, 62, 70
Richtwert 21
 hygienischer 21
Rohdichte 24
Rohr 41
Rollladenkasten 87, 107, 110, 143, 144, 147, 155, 157
R_T 17

S

Schenkellänge 49
Schichten 107
 dünne 107
 metallische 107
Schimmelpilzbildung 8, 43, 45, 51, 64, 70, 123, 178
Schimmelpilzvermeidung 46
Schnittebene 83, 86, 90, 92, 94, 96, 98, 99, 232
 adiabatische 90
Schnittführung 71, 79, 80, 81, 82, 83, 84, 85, 86, 87, 90, 91, 93, 94, 96, 97, 98, 99, 100, 101, 102, 103, 104, 106, 130, 134, 178
 Vereinfachung 106
Senken 76
Simulation 12, 96
Sparrenbereich 104
Sparrendach 226
Stahlbetonstütze 71
Steifigkeitsmatrix 38
Strahlungsaustausch 12, 15, 30
Strahlungsentwärmung 21
Strahlungs-Wärmeübergang 30
Streifenfundament 98
Strömungseigenschaften 30
Sturzdetail 116
Stützstellen 37
Superposition 91
Symmetrie 79, 80, 81, 84, 85, 91
Symmetrieansatz 81
Symmetrieebene 79, 80, 81
Symmetrieverhalten 80

T

Taupunkttemperatur 20, 21, 62, 63
Tauwasser 20, 21, 45, 63, 123, 178
Tauwasservermeidung 46
Temperatur 17
 äußere 17
 Celsius-Temperatur 17
 Formelzeichen 17
 Grenztemperatur 21
 innere 17
 oszillierend 48
 thermodynamische Temperatur 17
Temperaturdifferenz 22
Temperaturfaktor 42, 44, 65, 70, 71, 72, 105, 114, 145
Temperaturfeld 11, 22, 23, 24, 25, 31, 36, 50, 55, 85
Temperaturkorrekturfaktoren 115
Temperaturleitfähigkeit 25
Temperaturlinie 17

Temperaturverlauf 13
Temperaturverteilung 27
Terrassentür 204
Testreferenzjahr 50
Thermischer Kurzschluss 120
Thermobild 8

Thermodynamik 9, 22, 23
  1. Hauptsatz 23
  2. Hauptsatz 23
Thermografie 54
Transmissionswärmeverlust 68, 74, 78, 236

U

Übersichtsplan Wärmebrücken 162
Umgebungstemperatur 24, 29
Ungestörtes Bauteil 83
U-Schale 143
U-Wert 15, 16, 17, 30, 59, 65, 66, 71, 77, 78, 82, 86, 87, 88, 89, 90, 95, 97, 102, 104, 105, 106, 116, 118, 126, 127, 137, 138, 139, 141, 142, 144, 146, 147, 149, 150, 159, 160, 161, 162, 232

V

Vektor 14
Verschiebungseffekt 48, 49
Viertelhohlzylinder 43
Vorwärts-Differenz-Bildung 35

W

Wand-Bodenplattenanschluss 95
Wand-Decken-Anschluss 81
Wandecke 43, 44, 47, 53, 80, 104, 105
Wärme 8, 9, 10, 13, 14, 22, 34, 36, 52, 58, 59, 60, 75, 110, 111, 124, 126, 129, 236, 238, 239
Wärmebrücken 40
  dreidimensionale 129
  geometrisch bedingte 40
  Klassifizierung 40
  punktuelle 47
  stofflich bedingte 7, 53
Wärmebrückenkorrekturwert 68
Wärmebrückentemperatur 27
Wärmebrückenzuschlag 68
Wärmedurchgang 26, 41
Wärmedurchgangskoeffizient 20, 68, 69, 74, 75, 76, 77, 78, 96, 129, 130, 137

Wärmedurchlasswiderstand 8, 16, 20, 21, 27, 34, 40, 42, 43, 44, 46, 52, 53, 55, 62, 65, 72, 73, 76, 112, 113, 115, 145, 161, 216, 236
  Mindestwert 73
Wärmeeinspeicherung 35
Wärmefluss 9, 83
Wärmekapazität 24, 25, 26, 35, 36
Wärmeleiter 50
Wärmeleitfähigkeit 8, 9, 10, 14, 15, 16, 22, 24, 25, 30, 33, 34, 47, 51, 52, 53, 54, 55, 56, 58, 62, 71, 72, 86, 88, 89, 90, 98, 106, 107, 112, 113, 120, 121, 122, 136, 144, 145, 161, 216, 220, 221
Wärmeleitung 14, 22, 23, 25, 36, 38, 239
Wärmeleitungsgleichung 26
Wärmeleitzahl 25, 36

Wärmemenge 13, 14
Wärmequelle 24, 25, 26, 28
Wärmespeicherfähigkeit 10
Wärmespeicherung 36
Wärmestrahlung 36
Wärmestrom 8, 9, 12, 13, 14, 15, 16, 17, 18, 19, 22, 23, 26, 27, 28, 29, 30, 31, 33, 34, 35, 38, 39, 40, 41, 42, 43, 48, 54, 55, 57, 58, 59, 60, 62, 63, 71, 77, 82, 91, 93, 94, 95, 97, 99, 100, 101, 105, 106, 107, 118, 124, 126, 127, 130, 141, 146, 147, 198
Wärmestrombilanz 34
Wärmestromdichte 27, 29
Wärmestromlinie 80
Wärmestromrichtung 30, 31, 82
Wärmestromspitzen 54
Wärmestromverlauf 11, 93, 95
Wärmetransferkoeffizient 74, 76
Wärmeübergangskoeffizient 12, 34
Wärmeübergangsmechanismus 16
Wärmeübergangswiderstand 178
Werksplanung 152
Wirkungslänge 19, 180, 183, 186, 189, 192, 195, 198, 200, 202, 204, 206, 208, 210, 212, 214, 216, 218, 220, 222, 224, 226, 228, 230, 232, 234, 235

Z

Zeitableitung 32
Zeitschritt 24, 28, 35
Zentrales Element 79, 80, 81, 82, 97, 138